Heinrich Richter

Augsburger Blütenkalendar

Als Anleitung zum Selbstbestimmen der phanerogamischen Gewächse für Anfänger

Heinrich Richter

Augsburger Blütenkalendar
Als Anleitung zum Selbstbestimmen der phanerogamischen Gewächse für Anfänger

ISBN/EAN: 9783743629837

Hergestellt in Europa, USA, Kanada, Australien, Japan

Cover: Foto ©berggeist007 / pixelio.de

Weitere Bücher finden Sie auf **www.hansebooks.com**

Augsburger
Blüthenkalender.

Als Anleitung

zum

Selbstbestimmen der phanerogamischen Gewächse

für Anfänger

bearbeitet

von

Heinrich Richter.

Augsburg, 1863.
Selbstverlag des Verfassers.

Augsburger Blüthenkalender.

Verzeichniß und Beschreibung aller um Augsburg wildwachsenden und der allgemein angebauten phanerogamischen Gewächse, nach der Blüthezeit geordnet.

Vorbemerkung.

Nicht die Mehrzahl der Menschen ist so glücklich, schon von „Mutter Natur" mit der feinen Beobachtungsgabe und jenem sichern Takte ausgerüstet zu sein, welche für jedes Studium die Liebe zur Sache wie die damit gepaarte Ausdauer ohne fremdes Zuthun von Tag zu Tag mehrt und stärkt. Gar Vielen muß durch oft nicht ganz zum Wesen der Sache gehörige Beihülfen unter die Arme gegriffen werden, um sie zu den Erfolgen zu führen, welche das Gefühl des Fortschrittes, die Freude des Selbstfindens gewähren. Wo wäre ein solches Verfahren — bei dem heutzutage immer mehr sich verbreitenden Interesse und der an Volks = und Gelehrtenschulen hiefür so kärglich zugemessenen Zeit — mehr geboten, als in den Naturwissenschaften? In der Botanik suchten die sogenannten „Schlüssel," wie die Taschenbücher von Cürie, Lorinfer, Schnizlein, diesem Zwecke auf eine Weise zu dienen, welche diese Werke auch noch den Männern vom Fach zu willkommenen Begleitern auf ihren Ercursionen machte; hingegen die Anfänger, für die diese Bücher auch zunächst nicht sind, finden sich mit denselben häufig nicht zurecht, weil Unterscheidungen angewendet werden, welche sie noch nicht zu beurtheilen im Stande sind, und weil unsere Terminologie einerseits selbst noch Manches zu wünschen übrig läßt, andererseits eben diesen Leuten erst durch den häufigeren Umgang mit den Pflanzen klar und geläufig werden muß. — Macht, wie Schleiden bewiesen hat und alle jetzt thätigen Forscher durch die That zeigen, das Mikroskop den Botaniker, so muß der Anfänger mit Allem, was nicht dem unbewaffneten Auge schon bemerkbar ist, verschont werden, um später, von dem zunächst in die Augen Springenden aus weiter gehend, die feineren, tiefer liegenden Distinktionen zu machen. Sicheres, festes Erkennen einer gewissen Anzahl von Pflanzenarten ist A B C und Grundlage jedes weiteren Studiums dieser Wissenschaft. In den nachfolgenden

Blättern, für Leute bestimmt, welche nur die ersten Vorbegriffe der Botanik sich angeeignet haben, suchte man daher das Selbstbestimmen der Pflanzen dadurch zu erleichtern, daß man dieselben nach der Zeit ihres Aufblühens monatweise ordnete; sodann auf die älteste Eintheilung der Pflanzen in Bäume und Sträucher einerseits, krautartige Gewächse andererseits zurückgriff; hier die morphologisch am leichtesten zu unterscheidende Classe der Monokotyledonen, unter den Dikotyledonen aber die Familien der Cruciferen, Papilionaceen, Umbelliferen, Compositen und die Unterclasse der Blumenblattlosen besonders heraushob, die übrigen Pflanzen aber unter der allgemeinen Bezeichnung „Pflanzen mit Blüthen von verschiedener Gestalt" zusammenfaßte. Am meisten wird es den Fachmännern gegenüber der Rechtfertigung bedürfen, daß von hier an die Farbe der Blüthe als Eintheilungsgrund in die Vorderreihe tritt, weil die Farbe an und für sich als bloßes Wahrnehmungsmerkmal etwas Undefinirbares und überdies bei manchen Pflanzen nicht einmal constant ist. Möchte man dagegen bedenken, daß die Jugend am ersten nach der Farbe fragt, am lebhaftesten von ihr angezogen wird, der Lehrer daher solchem Zuge entgegenzukommen die Pflicht hat und darum jedes allgemein in die Sinne fallende Merkmal zur vollsten Geltung kommen lassen muß, um bei den Schülern freudiges Ergreifen des Gegenstandes und Selbstvertrauen zu wecken!

Weitere Familienunterschiede und Gruppirungen, als die vorhin erwähnten, liegen nicht im Wunsche des Anfängers; er sucht die einzelnen Pflanzen als solche zu erkennen und zu unterscheiden; erst wenn eine größere Anzahl von Arten ihm bekannt ist, erwacht in ihm das Bedürfniß, dieselben zu Gattungen, diese wieder zu Familien u. s. w. zusammenzufassen. Dann haben diese Blätter ihren Zweck erfüllt, und man vertauscht sie mit Koch's Taschenbuch oder Synopsis, oder einer Flora, wie die der preuß. Rheinprovinz von Dr. Wirtgen. Um aber diesem Fortschritte schon auf dieser Stufe Bahn zu machen, wurde überall der Name der natürlichen Familie beigefügt. — Daß Juncaceen, Cyperaceen und Gramineen nicht in die monatlichen Abtheilungen mit aufgenommen wurden, sondern systematisch zusammengestellt das vorliegende Werkchen abschließen, bedarf wohl kaum einer Rechtfertigung. Der Anfänger befaßt sich nicht zunächst mit ihnen, und wenn er sie zu untersuchen und zu bestimmen beginnt, ist er so weit gereift, daß auch ihm die systematische Zusammenstellung erwünschter ist.

Für den Gebrauch dieser Blätter muß ausdrücklich Folgendes erinnert werden: Bekanntlich bieten die Monate für das Aufblühen der Gewächse nur schwankende Gränzen dar; man vergleiche daher jederzeit auch die nämliche Abtheilung der Gewächse des vorhergehenden und des nachfolgenden Monats. Für Pflanzen, welche längere Zeit blühen, ist vom dritten Monat ihres Blühens an auf die Nummer zurückgewiesen, unter welcher im früheren Monate ihre Diagnose zu

finden ist. Insbesondere aber sind im August und September jederzeit auch die im Juli verzeichneten Pflanzen zu vergleichen, weil die
meisten derselben in den erwähnten beiden Monaten, ja gar manche
bei nur einigermaßen günstiger Witterung bis in den Oktober und
November, wenn auch oft in Zwergform, fortblühen.

Die vorliegende Arbeit — wenn auch mit mancherlei Schwierig-
keiten verbunden, da sie wohl die erste in dieser Art sein möchte —
wäre nicht möglich gewesen, wenn nicht durch die mehrere Decennien
fortgehenden, mit unermüdlicher Ausdauer, gründlicher Sachkenntniß
und inniger Liebe zur Sache geführten Forschungen der Herren
Caflisch, Deisch, Dummler, Roger die Augsburger Flora so
gründlich festgestellt worden wäre, daß auf eine Reihe von Jahren
wohl kein neuer Bürger derselben mehr wird gefunden werden. Bei
dem Reichthum dieser Flora, welche eine große Zahl von Alpen-
pflanzen mit den Gewächsen der Ebene vereinigt, wird sie um so
leichter auch für andere nicht allzu heterogene Gebiete als Wegweiser
dienen können. Im Unterrichte wendet sie der Verf. in der Weise
an, daß er jede noch unbekannte Pflanze mittelst dieser Diagnosen
von den Schülern selbst bestimmen läßt.

Möchten diese Blätter bei allen Lehrern, welche es mit Anfän-
gern der Botanik zu thun haben, die freundliche Aufnahme finden,
welche der Liebe entspricht, mit welcher sie ausgearbeitet wurden;
möchten sie dazu beitragen, die Kenntniß der Gewächse und — was
die Hauptsache dabei bleiben muß und sich für offene Gemüther un-
gesucht ergibt — die Bewunderung der Allmacht und Weisheit des
Schöpfers immer mehr auszubreiten! Welche edle Anregung für
Jung und Alt, wenn auf jedem Gange in Gottes freier Natur in
Halm, Blume, Blatt und Frucht liebe Bekannte gefunden werden,
deren Betrachtung immer wieder den Gedanken eine höhere Richtung,
dem Gemüthe eine reinere Stimmung verleiht und den ganzen Menschen den Zug nach Oben verspüren läßt!

Erklärung der Abbreviaturen.

Abh. = Abhang.	fb. (am Ende) = farben.
Ak. = Aecker.	fcht. = feucht.
B. = Blatt, Blätter.	Fr. = Frucht.
beh. = behaart.	Frb. = Fruchtboden.
bef. = besonders.	Frkn. = Fruchtknoten.
Blb. = Blumenblatt.	gem. = gemein.
Blkr. = Blumenkrone.	Gr., Gf. = Griffel.
br. = breit.	h. = hoch.
Bth. = Blüthe.	h. (am Ende) = haarig.
ch (am Ende) = chen.	HB. = Hüllblätter.
cult. = cultivirt.	HK. = Hüllkelch (b. d. Compos.).
Dkb. = Deckblätter.	Hd. = Haide.
dopp. = doppelt.	hzf. = herzförmig.
ellipt. = elliptisch.	K. = Kelch.
f. (am Ende) = förmig.	KB. = Kelchblätter.

Kr. = Krone.
lg. = lang.
lz. = lanzettförmig.
N. = Narbe.
Nb. = Nebenblatt, Nebenblätter.
O. = Ober=
o. = ober.
Pg. = Perigon.
r. (am Ende) = recht (z. B. aufr. = aufrecht.)
rglm. = regelmäßig.
S. = Samen.
f. = sehr.
f. (am Ende) = seits (z. B. untf. = unterseits; obf. = oberseits).
sp. = spaltig.
st. (am Ende) = ständig.
Stbgf. = Staubgefäße.
Stbf. = Staubfäden.
Stgl. = Stengel.

Stpl. = Stempel.
th. (am Ende) = theilig.
Tr. = Traube.
trf. = trocken.
U. = Unter.
Uf. = Ufer.
v. = von.
vk. = verkehrt.
W. oder Wrz. = Wurzel.
w. (am Ende) = wärts (z. B. obw. = oberwärts).
Wd. oder Wld. = Wald, Wälber.
Wf. = Wiesen.
zf. = zusammen.
zw. = zwischen.
Die Nachsylben der Adjectiva und des partic. praes. find meistens weggelassen; die Artikel meistens durch d. angedeutet.

März.

I. Bäume und Sträucher.

A. Mit Kätzchen=Bth.

1. Alnus incana. *DC.* Grau=Erle. 40—70' h. Rinde glatt, silbergrau. Saft an d. Luft rothgelb. Zweige braungrau, nebst den BStielen behaart. Knospen kurzgestielt, weiß behaart. B. eif. spitz; unterf. bläul.=grau, flaumig o. fast filzig, geschärft dopp.=gesägt. Blüht vor d. Belaubung. Stbgf.=Bth. in cylindr. Kätzch. mit 3bth. Schuppen; Stpl.=Bth. in eirunden Zapfen mit meist 2bth. Schuppen. — Lech= und Wertachufer. — Betulineen.

2. A. glutinosa. *Gaertn.* Gem. E. 60—80' h. Rinde dunkel=braun, glatt, reißt aber an ältern Stämmen in kleine 4eckige Täfelchen auf. Saft an d. Luft rothgelb. Zweige braun, oben nebst d. B.=Stielen klebrig, stumpf 3kantig. Knospen langgestielt. B. rundl., f. stumpf, kahl, weit gezähnt, etwas klebrig; Winkel d. Adern unten bärtig. Bth.=Kätzchen schwärzl. — Bäche u. Sümpfe, bef. d. westl. Höhen.

3. Corylus Avellana. *L.* Haselstrauch. 6—20' h. B. rundl.=hzf., zugespitzt, nach d. Bth. sich entwickelnd. Stbf.=Kätzchen zu 2, lg., hängend, mit gelbem Bth.=Staub. Stpl.=Bth. in dicken Knospen, aus benen die rothen N. hervorragen. — Cupuliferen.

B. Bth. nicht in Kätzchen.

a) Rosenfarb bis weiß.

4. Daphne Mezereum. *L.* Seibelbast, Kellerhals. 2—5' h. Strauch. Zweige f. zäh. B. lz., in endst. Büscheln, nach d. Bth. erscheinend. Bth. 4sp., seitenst., sitzend, meist zu 3, wohlriechend. Giftig. — Siebentischwb., Stadtbergen. — Thymeleen.

5. Persica vulgaris. *L.* Pfirfich. 10—20' h. Baum. B. lз., dunkelgrasgrün, meist zurückgebogen, fein= spiß= o. dopp.=gefägt. B.=Stiel kürzer als d. halbe Durchmeffer d. B. Bth. röthl. Fr. rundl., fleischig, Kern grubig. Als Spalier=Baum cult. — Amygdaleen.

6. Prunus armeniaca. *L.* Aprikose. 10—15' h. Baum. B. br.=eif., zugespißt, am Grund hзf., beiderf. kahl, dopp=gezähnt. Bth. rosenfb. Fr. sammtig, Kern glatt. — Amygd.

7. Erica carnea. *L.* Heide. 1/4—11/2' h. Strauch. B. 4= o. mehrzählig, lineal. Bth. fleischroth, fast walzenrund, traubig, meist einerf.=wendig. — Lechauen, Siebentisch=Wd., Meringer=Au. — Ericineen.

b. Gelb.

8. Cornus Mas. *L.* Dürliße. 10—20' h. Strauch, zuweilen Baum. Bth. in kl. Dolden, erscheinen vor d. B. B. gegenst., kurz= gestielt, eirund o. ellipt., zugespißt. Frkn. unterst. Steinfr. längl., roth. — Am Ablaß. Corneen.

Salix. Weide. Siehe April.

II. Krautartige Pflanzen.
A. Compositen.
a. Gelb.

9. Tussilago Farfara. *L.* Huflattich. Bth.=Schäfte 3—6" h., einkörbig, weißwollig, beschuppt. HK. eif., mit gleichartigen, an d. Spiße häutigen Schuppen. Randblümchen in mehreren Reihen stehend. B. grundst., erscheinen nach d. Bth., rundl.=hзf., ausgebissen=gez., später auffallend groß, unten weißfilzig. — Weg= und Ackerränder, Kiesgruben, Kanalufer.

b. Scheibe gelb, Strahl weiß.

10. Bellis perennis. *L.* Gänseblümchen. HK. fast flach, Blättch. f. stumpf. Blumenboden kegelf. B. vk.=eif., gekerbt. Ueberall.

c. Hellpurpurröthl.

11. Petasites officinalis. *Moench.* Peftwurз. Wз.=Stock weit kriechend. B. grundst., lg. gestielt, bis 11/2' br., rundl. hзf., nach d. Bth. erscheinend. Bth.=Schäfte 1/2—1' h., etwas filzig, mit schuppenf. B. HK. eif.; Blättch. in einfacher Reihe und zuleßt viel kürzer als die Bth. Bth.=Körbch. in längl. od. eif. Strauß beisam= men. — Bachuf., scht. Wf.

B. Monokotyledonen.
a. Bth. weiß.

12. Leucojum vernum. *L.* Schneeglöckchen. Schaft 4—12" h., einfach und 1bth. B. lineal. Bth. nickend. Pg. 6th., glockig, Zipfel gleichgroß mit grüner, verdickter Spiße. — Nicht wild. — Amaryllideen.

13. Galanthus nivalis. *L.* Schneetröpfchen. Schaft 3—6" h., 1bth. B. lineal, flach. Bth. nickend. Pg. 6th., die 3 äußern

Zipfel abstehend, die 3 innern aufr., ausgerandet, kürzer. — Garten=
flüchtling. — Amaryll.

C. Dikotyledonen.

a. Kr.=Röhre f. kurz, 4spaltig, unterster Lappen schmäler.

1. Bth.=Stand ährenf. (himmelblau).

14. Veronica verna. *L.* Frühlings=Ehrenpreiß. Stgl.
einzeln, meist einfach, 2—6" h. B. fiederth., tief eingeschnitten; die
untersten eif., ungeth.; die bth.=ständ. lz. Bth.=Stiele f. kurz, bleich.
Bth. f. klein. — Abhg. zw. Miebring u. Bergen. Tr. Abhge. zw.
Hürblingen u. Gablingen. Nur auf Sandboden. — Antirrhineen.

(Hellblau.)

15. V. arvensis. *L.* Feld=E. Stgl. meist f. ästig, 4—10" h.
B. hz.=eif., nur gesägt; die obern ganzrandig. Bth. klein, kurzge=
stielt. — Wf. u. Aeck.

(Lebhaft blau, mit weißen Zipfeln.)

16. V. Buxbaumii. *Tenore.* Burbaum's E. Stgl. niederlie=
gend, 3—12" lg., vom Grund an ästig, beh. B. eif., kerbig gesägt.
WStiele bwinkelst. Bth. lggestielt. FrKapsel zsgedrückt mit ausein=
anderstehenden Lappen, von erhabenen Adern netzf. — Ak.

(Kornblau.)

17. V. triphyllos. *L.* Dreiblättriger E. Drüslgklebrig.
Stgl. 3—6" h. u. wie die Aeste reichbth., lockertraubig. B. fingerig
geth., die untersten ungeth. Bth.=Stiele länger als d. Bth. — Ak.

(Blaßblau mit starker Strahlenzeichnung.)

18. V. praecox. *All.* Früher E. Stgl. einfach o. wenig ästig,
aufr., 3—9" h. B. ungeth., die untern hz.=eif., gleichf.=gekerbt,
stumpf, häufig unten roth; die bth.=stb. lz. Bth.=Stiele länger als
d. Bth. — Ak. zw. Lechhf. u. Statzling, zw. Scherneck u. Affing.

2. Bth.=Stand achselst., Bth einzeln.

(Röthl. blau.)

19. V. hederaefolia. *L.* Epheublättr. E. Graugrüne, be=
haarte Pflanze. Stgl. 4—12" l. B. rundl. hzf., gekerbt, 5= und
3lappig, fleischig. KB. am Grund hzf. Blümchen f. klein. — Gar=
tenland u. Ak.

(Weißl. blau.)

20. V. agrestis. *Fries.* Acker=E. Stiel niederliegend, 4—10" l.
KB. am Grund eif. B. längl. rund, gelbl.=grün. Bth. langge=
stielt. — Ak.

(Dunkelblau.)

21. V. polita. *Fries.* Feiner E. Stgl. niederliegend, 3—10" l.,
KB. am Grund eif. B. rundl, sattgrün. — Ak.

b. Kr. fehlt.; K. blumenblattig, 5b.; HB. 3zählig.

(Blau, selten weiß o. roth.)

22. Anemone Hepatica. *L.* Leberröschen. Bth. himmel=
blau=röthl. HB. ungeth. B. 3lappig; Lappen ganzrandig. — Unter
Gebüsch, Statzling bis Scherneck. — Ranunculaceen.

(Violett, himmelblau, purpurroth, fleischfb.)

23. A. Pulsatilla. *L.* Küchenschelle. Blth. haarig, glockig; Zipfel an d. Spitze ausw. gebogen. HB. gefingert-vielth. B. dopp.-fiederfp. W.-B. 3fach fiederth. mit linealen Zipfeln. — Rosenauberg, Lechf., Mühlbf.

April.

I. Bäume und Sträucher.

A. Mit Kätzchen-Blth.

24. Alnus viridis. *DC.* Grüne Erle. 2—10' h. Strauch. Zweige braunroth, breitgedrückt, kantig. B. beiderf. gleichfarbig, unterf. an d. Rippen kurzh. Fr. breitgeflügelt. — Wd.-Rand b. Wöllenburg. — Betulineen.

Betula. *L.* Birke. Zweige ruthenf. übhängend. Stbf.-Kätzch. walzig mit schilbf. Schuppen, die 6—8 Stbf. mit je 2 Stbbeuteln enthalten. Stpl.-Blth. in walzenrunden Zäpfch. — Betulineen.

25. B. alba. *L.* Weiße B 50—80' h. Baum. Stammrinde weiß, dünnhäutig. Zweige rauh, braunroth, weiß-drüsig, im Alter hängend. B.-Stiel kahl. B. mit starken Hauptrippen, rautenf.-3eckig, zugespitzt, dopp.-gesägt, kahl. — Zw. Deuringen u. Wöllenburg die Hälfte des Wd.-Bestandes.

26. B. pubescens. *Ehrh.* Flaumb. B. 50—90' h., sperr-ästiger Baum. Zweige aufr., fast filzig behaart. BStiel haarig. B. mit starken Haupttrippen, elf., zugespitzt, dopp.-gesägt, in d. Jugend flaumig, später in den Winkeln behaart. — Wd.-Thäler hinter Wöllenburg u. Banacker.

27. B. humilis. *Schrk.* Strauch-B. 3—6' h. Strauch. Zweige weißdrüsig. B. kurzgestielt, netzf. berippt. ohne deutl. Haupttrippen, rundl. eif. o. oval, scharf gesägt; viel kleiner als bei der vorigen. — Wd.-Moore zw. Straßberg u. Banacker, Diebelthal.

28. Populus alba. *L.* Silber-Pappel. 60—80' h. Zweige schneeweiß-filzig. B. rundl.-eif.; B. d. Endzweige hzf., handf.-5lappig, unterf. dicht-weißfilzig. B.-Stiel kürzer als die halbe Blattlänge. — Jägerhaus; sonst hie und da, einzeln. — Salicineen.

29. P. tremula. *L.* Zitter-P. Schlanker Baum, 50—90' h. Zweige der jungen Pflanzen weißgrau behaart, der ältern kahl. B. kreisf., stumpf gezähnt, f. bewegl. B. Stiel mindestens so lang als d. B., nur an jüngern Stämmen kürzer. Kätzchen braun, mit langen, silbergrauen Haaren. — Feuchte, tiefe Lagen der westl. Höhen.

30. P. pyramidalis. *Roz.* Pyramiden-P. 60—100' h. Baum. Aeste aufr., BStiel zf.-gedrückt. B. rautenf., zugespitzt, gesägt, beiderf. kahl. Knospen klebrig. — Als Alleebaum cult.

31. P. nigra. *L.* Schwarze P. 60—90' h. Baum. Aeste sperrig. abstehend. BSt. aufr., fast rund. B. 3eckig.-eif., zugespitzt, gesägt, dick. Knospen balsamisch-harzig. Kätzch. fast unbehaart. — Flußuf., an Straßen.

Salix. *L.* Weide. Zweige zäh, biegsam. B. meist schmal. Kätzch. eif. u. — wenigstens vor d. Aufblühen — silberglänzend. Die 2 Stbf. zu einem einzigen verwachsen. 2häusig. — Salicineen.

A. Wuchs baumartig; o. größerer Strauch. Zweige aufstrebend, meist ruthenf.

a) Bth. zugleich mit den — wenigstens theilweise entwickelten — Laubtrieben vorhanden.

32. Salix fragilis. *L.* Knack=W. 15—40'. Lichtästig, sperrig; Aeste an den Stämmen mit Stpl.=Bth. mehr aufr. Zweige dick, zerbrechl., glänzend. B. lz., lang zugespitzt, 3—5" lg., $1/2$—1"br., ungleich und scharf (einw. gebogen) weißdrüsig=gesägt, beiderf. dunkel= grün, nur in der Jugend etwas seidig. Nb. halbhzf., stumpf=umge= legt. Stbf. 2. — An der Wertach, v. d. Pferseer Brücke abw.

33. S. alba. *L.* Band=W., Silber=W. 40—80'. Die alten Bäume meist hohl. Zweige f. lang u. f. zäh, an der Spitze etwas filzig. B. kurz gestielt, lz., zugespitzt, 3—$3^1/2$" lg., $1/2$" br., klein= gesägt, beiderf. seidig, unterf. graugrün. Stbf. 2. Gr. f. kurz. Deck=B. abfällig. — Ufer, Anlagen.

Var: γ. vitellina. *L.* Dotter=W. Zweige dottergelb oder lebhaft mennigroth.

34. S. amygdalina. *L.* Mandel=W. Baum 15—25'; Strauch 9—15'. Krone buschig, fast kugelig. Rinde weißlich o. braun. Zweige glatt, f. zerbrechl. Knospen glänzend schwarzbraun. B.=Stiel $3/4$" lg. B. 4—5" lg., 1—$1^1/4$" br., lz., zugespitzt, ge= sägt, ganz kahl, bitter riechend u. schmeckend. Nb. halbhzf., rundl., grob gesägt, bleibend, an den jungen Trieben auffallend groß. Stbf. 3. Gr. f. kurz. — Flußuf.

b) Bth. vor den Laubtrieben vorhd. o. diese noch wenig entwickelt.

35. S. daphnoides. *Vill.* Lorbeerblättr. W. Baum 15— 40.' Zweige f. brüchig, purpurroth o. dunkelgelb, bläul. duftig. B. $1^1/2$—3" lg., obf. glänzend dunkelgrün, untf. graugrün, kahl; jüngere weißl. weichh; lz., lang zugespitzt. Kätzch. dick, sitzend, am Grund v. kleinen schuppenf., schwarzbraunen Blättch. gestützt. Stbf. 2. Die Stpl.=Bth.=Kätzch. am Grund ganz blattlos. Gr. verlängert. N. längl. — Lech= und Wertachuf.

36. S. Caprea. *L.* Sahl=W. Baum 20—30', oft strauchig, f. ausgebreitet. Rinde braungrau. Zweige f. lang u. zäh, gelbl. grün o. dunkel rothbraun, fein silbergrau behaart. Knospen fast kahl. B. kurzgestielt, eif., flach zugespitzt, Spitze zurückgekrümmt, schwach wellig gekerbt, obf. kahl, untf. bläul. grün, filzig. Kätzch. silbergrau o. goldgelb; in letzterem Falle wohlriechend. · Knospen u. Aeste der Stpl.=tragenden Stämme kahl. Gr. f. kurz. N. 2spaltig. — Wd. und Heck.

37. S. cinerea. *L.* Aschgraue W. Strauchig, 8—15' h. Zweige graufilzig, im Alter schwarz. Knospen dicht behaart, grau. Kätzchen dick, sitzend. Schuppen derselben an d. Spitze braun. B.

ellipt. o. vk. eif., kurz zugespitzt, obsf. flaumig, untsf. kurzb. filzig. Gr. sf. kurz. N. 2spaltig. — Fchte. Gebüsche, Eichelau, Derching, Bergheim.

38 S. incana. *Schrank.* Graue W. Strauch 10—20'. Zweige braun; jüngere gelbl. u. weichb. B. sf. kurz gestielt, lz.-lineal, zugespitzt, unten filzig grau. Nb. fehlend o. undeutl. Kätzch. schlank, fast sitzend, mit rothen N., meist gebogen. Deck-B. derselben einfach gelbl. grün, a. d. Spitze rostfarben. — Flußuf.

39. S. viminalis. *L.* Korb-W. Strauch 12—20'. Rinde grünl. grau. Zweige gerade, hellgelb o. olivenfarbig, oben oft sammethaarig. B. kurzgestielt, 6" lg., $1/2$—$3/4$" br., etwas runzlig u. geschweift, untsf. seidig u. glänzend. Kätzch. sitzend, nach d. Verblühen gelb. Stpl.-Bth.-Kätzch. schlank; Deck-B. schwarzbraun mit silberweißen Haaren. Gr. verlängert. N. ungeth. — Von Lechhsf. abw., selten

B. Wuchs strauchartig: Hauptäste ziemlich dünn, meist abstehend. Kätzchen erscheinen vor den Laubtrieben.

a. Wuchs aufr.

40. S. nigricans. *Fr.* Schwärzl. W. 4—7', etwas buschig. Zweige steif, dunkelfarbig, oben kurzb. B. verschieden geformt: eif., ellipt., lz., am Grund abgerundet, o. an beiden Enden zugespitzt, meist ungleichseitig, untsf. grauflaumig, ältere kahl; wellig gesägt. Kätzch. dick. Stbf. am Grunde kahl. Kätzch. der Stpl.-Bth.-Stämme verlängert, kurzb. — Flußuf.

41. S. aurita. *L.* Geöhrte W. 5—8', unrglm. u. sperrig. Zweige knotig, steif, glatt, gefurcht, braunroth. B. kurzgestielt, steif und runzlig, vk. eif., stielschmal, mit zurückgebogener kurzer Spitze, $2^1/2$" lg., $1^1/2$" br., obsf. weichh., untsf. graugrün filzig. Nb. sf. groß, nierenf., geschweift-gezähnt. Kätzch. dick. Stbf. am Grund haarig. — Fchte Gebüsche; Diebelthal, Staßling, Zimmerhof.

42. S. purpurea. *L.* Purpur-W. 6—10', oft niederliegend. Rinde im Alter aschgrau. Zweige dünn, glatt, glänzend, dunkelroth, die jüngsten Triebe oft gelb. B. kurz gestielt, lz., vorne breiter zugespitzt, geschärft-gesägt, kahl, flach, o. etwas gebogen, unten dicht, oben entfernter stehend; obsf. dunkelgrün, untsf. duftartig bläul. grün; sf. bitter schmeckend. Kätzch. raupenähnl., mit silberweiß behaarten, an d. Spitze schwarzbraunen Schuppen. Knospen häufig gegenst., oft gedreht. — Uf., fcht. Irst.

b. Wuchs niederliegend.

43. S. repens. *L.* Kriechende W. Zweige dicht; theils erhaben, theils liegend, steif u. kurz, knotig, zäh, meist zimmtbraun. B. aufr., kurzgestielt, ellipt. o. lz., mit kurzer, rückw. gekrümmter Spitze, 1" lg., 4—5''' br., obsf. glänzend dunkelgrün, untsf. dicht seidenh. Nb. lz., spitz, abfällig. Kätzch. sitzend. N. gelbl., eif., 2spaltig. — Moorgründe der westl. Höhen, Diebelthal, Lechuf., Staßling.

44. Carpinus Betulus. *L.* Weißbuche, Hagebuche. Waldbaum 60—80' h. Rinde grau, glatt. Stamm fast kantig. B.-
Knospen längl. eif., B. scharf dopp.-gesägt, jung nach den Seitennerven
gefaltet. Bth. 1häusig. Stbf.-Kätzch. walzenf., zieml. dick, röthl.,
mit 8—14 Stbf. Stpl.-Bth.-Kätzch. dünn, schlaff, grün, mit großen
HB. Fr. v. bleibenden Pg.-Saum gekrönt. — Einzeln in Laubwd.,
Hk. — Cupuliferen.

Quercus. L. Eiche. Stbf.-Bth. in fadenf., hängenden Kätzch.
Stpl.-Bth. in 1bth. Hülle, deren Schuppen in das Eichelbecherchen
verwachsen. Rinde rauh, rissig. B. leierf. ausgebuchtet. Cupul.

45. Q. sessiliflora. *Sm.* Stein-, Winter-E. 50—80'.
Aeste wagr. Krone ausgebreitet buchtig, nicht f. dicht. B. lang
gestielt, am Grund keilig verschmälert, seicht-buchtig, bleiben den
Winter über dürr an d. Zweigen hängen. Fr. gehäuft, sitzend o.
ganz kurz gestielt. — Wld. d. westlichen Höhen.

46. Q. pedunculata. *Ehrh.* Kern-, Stiel-, Sommer-E.
60—150'. Krone weniger ausgebreitet. B. buchtig gelappt, kahl,
kurz gestielt, am Grund hzf. ausgerandet. Fr. größer als bei Q.
sess., an Stielen, die länger als die B.-Stiele sind. Blüht 2 Wochen
früher als Q. sess. — Wld. d. westl. Höhen.

B. Bth. nicht in Kätzch.
a. Weiß.

Prunus. L. K. unterst., 1b., 5sp. Kr. 5b. Stbf. viele. Frkn.
frei. Gr. 1. Saftige Steinfrucht. — Amygdaleen.

47. P. spinosa. *L.* Schlehdorn. Strauch 3—12', dornig,
vor Entwicklung d. B. blühend. Zweige weich., in Dornen endigend. B.-Knospen abstehend. Bth.-Stiele einzeln, kahl. B. ellipt.,
zugespitzt. Fr. kugelig, aufr., blau bereift. — Wld., Hk., trk. Hügel.

48. P. insititia. *L.* Haberschlehe. Baum und Strauch
12—20', oft dornig. Zweige kahl o. weichh. B.-Knospen aufr.
B. meist hängend, ellipt., obf. kahl, untf. nebst d. 2bth. Bth.Stielen
weichh., tief dopp.-gesägt. Fr. kugelig, überhängend, dopp. so groß
als die Schlehen, herb. — Waldränder, Scherneck.

49. P. domestica. *L.* Zwetschge. 15—30'. Zweige kahl.
Rinde der jüngern Zweige blutroth. Bth.-Stiele flaumig, 2bth.
B.Knospen abstehend. B. stehend, ellipt., gesägt, meist beiderf.
flaumig; etwas runzlig. Bth. grünl. weiß. Fr. eif., ellipsoidisch.
— Cult.

50. P. avium. *L.* Süßkirsche. 30—40'. Aeste nicht hängend,
wirtelig. Bth. in Dolden, um einen B.-Büschel zu 2—3 gehäuft.
B. an d. Seite d. Zweige büschelig, ellipt. vk. eirund, zugespitzt,
stumpflich dopp. gesägt, matt, untf. in d. Jugend flaumig. Fr. eihzf.
— Cult. u. in Wld., Derching.

51. P. Cerasus. *L.* Kirsche. Aeste hängend; Zweige weit
abstehend. Bth.-Dolden gehäuft und zerstreut. B. ellipt., kahl,

glänzend, etwas lederig. Fr. niedergedrückt-kugelig. — Cult. u. in Wlb.,
Kobel.

52. P. Padus. *L.* Traubenkirsche, Elsenbeere. Strauch
und Baum 20—30' h. Zweige dunkel-violettbraun. Bth.-Trauben
an den Seiten b. Aeste auf b. Gipfel kurzer, beblätterter Zweige
überhängend. B.-Knospen aufr., lg. kegelf. B. ellipt., zugespitzt,
fein gesägt, unten weißl. Fr. kugelig, schwarz, erbsengroß. — Hk., Wlb.

53. P. Mahaleb. *L.* Mahaleb-K. Strauch, durch Cultur
baumartig, 10—20'. Rinde und Holz wohlriechend, graubraun,
warzig getüpfelt. Bth. in gewölbtem, 5—10 bth. Ebenstrauß. B.-
Knospen kurz-kegelf., 6schuppig. B. eirund, schwach hzf., kleingesägt.
Fr. rundl., schwarz, etwas über Erbsengröße. — Anlagen vor dem
Hallthor.

b. Gelb.
(Papilionacee.)

54. Cytisus Laburnum. *L.* Gem. Bohnenbaum. Strauch
10—20', oft Baum bis 40.' Aeste u. Zweige stielrund, dunkelgrün,
glatt o. angedrückt kurzh. B. langgestielt, 3zählig. Blättch. ellipt.,
kurzgestielt, obf. kahl, untf. angedrückt-weißh. Bth. in langen, reichbth., hängenden Trauben, aus kurzen Seitenästen entspringend; Fahne
groß, herabgebogen; Schiffch. schließt die Stbf. ein. Narbe behaart.
— Cult.

55. Viscum album. *L.* Mistel: Schmarotzer-Sträuchlein.
1—4' h., auf Eichen, Obstbäumen ꝛc., grünl.-gelb, wiederholt gabelig.
B. lederig, gegenst., lz. spatelig, gelbgrün. Bth. endst., sitzend, meist
5zählig, knäuelig. Beere weiß, durchschimmernd, mit klebrigem Stoffe.
— Loranthaceen..

c. Grünl. und röthl.

Ribes. *L.* Sträucher mit dünnen, gebogenen, weißrindigen
Zweigen. Fr. beerenartig, mit b. verwelkten K.-Saum gekrönt. —
Grossularieen.

(Grünl. weiß.)

56. R. Grossularia. *L.* Stachelbeere. Strauch 2—6', sehr
buschig. B. 3lappig, in Büscheln, die von 3th. Stacheln gestützt
werden. B. Stiel zottig. Bth.-Stand 1—3blumig. Beere braunroth o. grün, groß. — Hk., in Gärten cult.

57. R. rubrum. *L.* Johannisbeere. Strauch 3—6'. Aeste
wehrlos. Deck-B. eif. B. fast 5lappig. Bth. in hängenden, kahlen,
gelbgrünen Trauben. Beeren roth o. weiß. — Hk. b. Wöllenburg.

58. R. nigrum. *L.* Schwarze Joh.-B. Strauch 3—6'.
Aeste wehrlos. Deck-B. schmal lz., kürzer als b. Bth.-Stiel. B.
5lappig, untf. drüsig-punctirt. Bth. in hängenden, weichh., grünl.
Trauben. Beeren schwarz, süßl. und eigenthüml. gewürzt. — Hk.
um Lechh., an der Paar bei Harthf.

Ulmus. *L.* Ulme. Ansehnl. Baum, 60—90'. B. u. Aeste
untf. flaumh. Rinde feinrissig, schwärzl. braun. Wipfel ausgebreitet.

B. wechselst., eirund, zugespitzt, dopp. gesägt. Bth. vor d. B. erscheinend, klein, grünl., in seitl. Büscheln. Platte, kreisrunde Flügelfrüchte. — Urticeen.

59. U. campestris. *L.* Feld=Rüster. Bth. sitzend, röthl. u. grün. B. langgestielt, der ungleiche Laubtheil angewachsen, Zähne gerade, auffallend rauh. Großer Baum mit ausgebreiteter abgerundeter Krone. — In Wld. einzeln, in Anlagen.

60. U. effusa. *Willd.* Langstielige U. Stamm u. Aeste maserig u. dicht klein=zweigig. B. langgestielt, der ungleiche Lappen angewachsen, Zähne einwärts gebogen. — Zwischen Mühlhausen u. Scherneck; Anlagen.

d. Rostb.

61. Hippophaë rhamnoides. *L.* Sanddorn. Strauch 6— 10', zuweilen baumartig 12—15'. Aeste mit gespreizten, dornspitzigen Aestchen u. fast rostfarbigem Ueberzug. B. wechselst., fast sitzend, hart, lineal lz., stumpf, ganzrandig, silbergrau, in Büscheln. Beeren glänzend pomeranzenfarbig. — Kiesbänke u. zuweilen überschwemmtes Land. — Elaeagneen.

e. Braun.

62. Fraxinus excelsior. *L.* Esche. Baum 60—80'. Rinde glatt, hellgrau. Zweige dicklich. Knospen schwarz. Schuppen rostb. Bth. ohne Blumenblätter, in schlaffen Rispen; vor d. B. erscheinend; Staubbeutel schwarz. B. 3—6 paarig gefiedert; Fiedern sitzend, zugespitzt, gesägt. Fr. geflügelt, lg., schmal, büschelweise beis. — Meringer Au; Alleen. — Oleaceen.

f. Lila, blau, röthl., weiß.

63. Syringa vulgaris. *L.* Gem. Flieder, welscher Hollunder. Strauch 5—15', oft baumartig bis 20'. B. hzf., zugespitzt, gegenst. Bth. in aufr., vielbth., wohlriechenden Sträußen. Kr. 4spaltig, trichterf. Fr. eine Kapsel. — Cult. — Oleaceen.

II. Krautartige Pflanzen.

A. Cruciferen.

a. Weiß.

64. Draba verna. *L.* Frühes Hungerblümchen. Niedriges, dürftiges Pflänzchen. Schäfte fast fadenf., blattlos, 1—4" h, W.=B eine kleine Rosette bildend, dicht auf dem Boden, lz., spitz, gegen den Grund verschmälert. KB. aufr. Platte d. Blb. halb2sp. Schötch. eif=längl. — Ak., Hd.

65. Cochlearia officinalis. *L.* Gebräuchl. Löffelkraut. WB. gestielt, breit=eif., durch einen seichten Ausschnitt hzf.; stglst. B. eif., gezähnt; ob. B. mit tief hzf. Grunde umfassend. K. abstehend. Schötch. kugelig, v. kurzen Gf. gekrönt. — An Quellen zw. Statzling u. Derching; gesellig.

66. Capsella Bursa pastoris. *Mönch.* Gem. Hirtentäschlein. Stgl. steif, 4—18" h., ästig. B. schrotsägef.=fiedersp.; Zipfel eif.=3eckig; die ob. stglst. ungeth. KB. etwas abstehend. Schötch. 3eckig=vkhzf., flach. — Fast aller Orten.

67. Cardamine amara *L.* Bitteres Schaumkraut. Stgl.
½—1' h., kantig, gefurcht. B. gefiedert; Fiedern der ob. B. längl.,
der unt. rundl.=eif., alle eckig gezähnt. Blb. 3mal so lang als d.
K., wenig länger als die Stbgf. Staubbeutel violett. N. 2lappig.
— An und in fließendem Waffer, Grb.

b. Lila, selten weiß.

68. C. pratensis. *L.* Wiesen=Sch. St. 8—16" h., aufr.,
kahl, oben gestreift. B. gefiedert; Fiedern der ob. Stglb. schmal=
lz., der unt. fast rund und geschweift; das unpaarige Endblättchen
größer. Blb. 3mal so lang als d. K., dopp. so lang als das Stbgf.
Staubbeutel gelb. — Fcht. Wf., Wld., an Bächen.

c. Gelb.

Brassica. *L.* Kohl. Schoten längl., Klappen conver, mit
einem einzigen geraden Rückennerven. — Cult.

69. B. oleracea. *L.* Gemüse=K. K. aufr., geschlossen. B.
ganz kahl und graugrün. Wird in verschiedenen Varietäten cultivirt:
a) B. offen, wellig: Grün=K., Blau=K., Braunkohl;
b) B. geschlossen, Köpfe bildend: Weißkraut, Blaukraut;
c) B. zwischen den Nerven blasig vertieft; jung Köpfe bildend,
   später ausgebreitet: Wirsing;
d) Blumenstiele fleischig verwachsen, eine weißliche, gedrungene
   Doldentraube bildend: Carviol o. Blumenkohl;
e) Stgl. unter den B. kugelig angeschwollen: Kohlrabi.

70. B. Rapa. *L.* Rübe. K. zuletzt wagrecht abstehend. B.
beiderf. behaart, grasgrün. Schoten fast aufr. Trauben beim Aufblühen flach, die offenen Blumen höher als die Knospen. Wird cultiv.
a) B. dünn; S. ölreich: Reps;
b) B. dick, fleischig, eßbar:
   fast rund, mit einem Schwanze: Waffer= o. weiße Rübe;
   längl., kegelf.: bayrische Rübe.

71. B. Napus. *L.* Erd=Rübe. K. halb=offen. B. untf.
kahl, graugrün. Schoten abstehend. Wird cultiv.:
a) B. dünn; S. ölreich: Kohlreps;
b) B. fleischig, dick, eßbar: Bodenrübe.

B. Papilionacee.

72. Orobus vernus. *L.* Frühlings=Walderbse. Stgl.
einfach. B. 3paarig gefiedert, ohne Endfieder; Fiedern breit=eif.,
zugespitzt. Blth. in Trauben, zu 4—6, purpurn, später blau. Gf.
gegen die Spitze hin rund, auf d. Innenseite weichh. Hülse zieml.
rund. S. fast kugelig. — Laub=Wld. bei Mühlhf.

C. Monokotyledonen.

a. Gelb.

Perig. Saum ausgebreitet, 6th.

73. Narcissus Pseudo - Narcissus. *L.* Josephsblume.
Schaft bis 1' h., zsgedrückt, 2schneidig, 1blth. B. lineal, etwas rinnig.

Neben=Kr. auf dem Schlund das tellerf. Pg., glockig, so lang als jeder der 6 Pg.=Zipfel. In der Mitte ein Honigkranz. — Unter Hk. b. d. Merz'schen Fabrik. — Amaryllideen.

Pg. 6b.

74. Tulipa sylvestris. *L.* Wilde Tulpe. Zwiebel eif. Schaft 1' h., aufr., beblättert. Blh. vor d. Aufblühen überhängend. Die innern Pg.=Zipfel u. die Stbgf. am Grunde bärtig. Frkn. Zeckig. N. aufsitzend. — Hk. südl. der Lotzbeck'schen Tabakmühle. — Liliaceen.

75. Gagea arvensis. *Schult.* Feld=Gagee. Aus 2 rundl. Zwiebeln, die eine mit, die andere ("Nebenzwiebel", im folgenden Jahre Blh. tragend) ohne W. Fasern. WB. 2, lineal, rinnig, zurückgekrümmt. Schaft 2—6" h. Blhst. B. 2, gegenst. Blh.= Stiele ästig, ebensträußig, zottig. Pg.=B. lz., spitz, mit grünem Rückenstreifen. Stbbeutel aufr. — Oberhausen, Pfersee, Derching. — Liliaceen.

76. G. lutea. *Schult.* Gelbe G. Aus einer eif. Zwiebel, welche den Schaft und ein lineal=Iz., plötzl. zugespitztes B. trägt. Blhst. B. 2, fast gegenst. Schaft ½—1' h. Blh.=Stiele einfach, doldig, kahl. Pg.=B. längl., stumpf, mit grünem Rückenstreifen. — Stabibergen, Statzling, Derching, Wolfertshf.

b. Weiß.

P. 6b.

77. Ornithogalum umbellatum. *L.* Dolbiger Milchstern. Schaft 4—12" h. B. lineal, kahl. Blh. sternf., in Ebensträußen, außen grün mit weißem Rande. Stbgf. einfach, Iz. — Ak. u. Wf., Pfannenstiel, Ziegelstadel, Lechhf. — Liliaceen.

78. O. nutans. L. Nickender M. Blh. in Trauben, zuletzt einerf. wendig, ins Grüne spielend, außen grün mit weißem Rande. Stgf. 3zähnig, abwechselnd um die Hälfte kürzer. Schaft ½—1½' h. B. lineal, kahl. — Hk. b. d. Merz'schen Fabrik.

c. Hellpurpurn.

Pg. 6b.

79. Fritillaria Meleagris. *L.* Schachblume. Stgl. 1—2 bth. B. lineal, rinnig, wechselst. Blb. an d. Spitze auswr. gebogen, würfelf.=dunkler=gefleckt; auch weiß, ungefleckt. — Lechauen, Gerst= hofen gegenüber. — Liliaceen.

d. Blau mit weißl. Zähnen. Pg. eif., 6zähn.

80. Muscari botryoides. *Mill.* Steifblättr. Bisamhya= zinthe. Blh. fast kugelf., überhängend, an d. Mündung einge= schnürt, mit kurzem, 6zähnigem Saum, in dichter Traube an d. Spitze des 4—8" h. Schafts. B. grasartig. — Eichelau, Mergenthau, Haunstetten. — Liliaceen.

Pg. 6b., abstehend, fast glockig.

81. Scilla bifolia. *L.* Zweib. Meerzwiebel. Zwiebel 2b. Schaft 2—8" h., stielrund, 1—20bth. Blh.=Stiele aufr. B. ab=

stehend o. zurückgekrümmt, lz. lineal, rinnig, in eine stielrunde Spitze zsgerollt. Dkbl. fehlend. Stbgf. ganz unten an den Grund des Pg. angewachsen. — In Hecken bei Schlippsheim. — Liliaceen.

D. Labiaten.

a. Hell violett mit dunklern Flecken am Schlund und auf d. Gr. d. U.=Lippe.

82. Glechoma hederacea. *L.* Gem. Gundelrebe. Stgl. kriechend, ½—2' lg. B. gekerbt, nierenf. Quirle 6btg. OLippe flach, gerade, 2sp. K. röhrig, 5zähnig, Zähne in eine Granne zuge= spitzt, ⅓ so lang als die Röhre. — Fchte Hk. u. Raine.

Lamium. Taubnessel. OLippe helmf. ULippe mit vk. hzf. Mittellappen, jeder Seitenlappen zu einem spitzen, nicht hohlen Zähn= chen verkümmert. Röhrenschlund aufgeblasen. Bth. in Quirlen.

b. Purpurn.

83. L. amplexicaule. *L.* Stengelumfassende T. Stgl. ½—1½' h., aufstrebend o. schief aufr. B. rundl. nierenf., stumpf gekerbt, die ob. stglumfass. BkrRöhre gerade. KZähne zsschlie= ßend. — Af.

84. L. purpureum. *L.* Rothe T. Stgl. ¼—¾' h. B. ge= stielt, eihzf., ungleich gekerbt gesägt. Bkr.=Röhre gerade, obhalb des Grundes verengert, innen haarig geringelt. KZähne nach d. BthZeit abstehend. — Ak., Hk.

c. Weiß.

85. L. album. *L.* Weiße T. Stgl. 1—2' h. B. eihzf., zugespitzt, ungleich gesägt. Bkr.=Röhre inwendig mit einer Haarleiste, unter derselben zsgezogen, gekrümmt aufstrebend. Schlundränder mit 3 kleinen und einem längern Zähnchen bezeichnet. — Gebüsche, Hk., Wg.= u. Wiesenränder.

E. Blumenblattlose.

Schmutzigbraun.

86. Asarum europaeum. *L.* Europ. Haselwurz. Stgl. größtentheils unterirdisch, an d. Spitze mit 2 gestielten, nierenf., untfl. meist rothen, oft firnißglänzenden B. Pg. unscheinbar unter den B. verborgen, glockig mit 3sp. Saum, lederartig dick, schmutzig=braun= roth. Gf. mit 6 sternf. N. Giftig. — Schattige Wld., Meringer= Au. — Aristolochiaceen.

87. Mercurialis perennis. *L.* Ausdauerndes Bingelkraut. WStock kriechend. Stgl. ½—1' h. B. gestielt, eif. längl. o. lz., gegenst. Pg. 3th. Bth. 2häusig. Stbgf.=Bth. in unterbrochenen Aehren, mit 8—12 Stbgf. Stpl.=Bth. lang gestielt, büschelf. beisammen mit 2 Stbf. ohne Staubbeutel und einer 2köpfigen, borstigen Kapsel. Giftig. — Straßberg, Friedb. Sägmühle. — Euphorbiaceen.

F. Pflanzen mit Bth. von verschiedener Gestalt.

1. Wasserpflanzen.

a. Grünl. weiß.

88. Ranunculus paucistamineus *Tsch.* Zwölfmänniger Hahnenfuß. Stgl. schwimmend. B. untergetaucht, gestielt, nach

allen Seiten abstehend, fadenfein zertheilt, haarfein zugespitzt. Stbf.
gewöhnl. nur 12. Blb. nur wenig länger als d. K. — Grb. b.
Lechebene. — **Ranunculaceen.**

b. Ohne K. u. Bkr.

Callitriche. *L.* Wasserstern. Bth. in b. Bachseln. Stbgf. 1;
Frkn. 1, 4kantig, 4fächerig; Gf. 2, pfriemlich. N. ungetheilt. DeckB.
2, gegenst., blumenblattig. B. zu 4 ins Kreuz gestellt. — **Calli-
trichineen.**

89. C. stagnalis. *Scop.* Breitblättr. W. Stgl. 2—12" lg.
Alle B. vk. eif. DeckB. sichelf. an d. Spitze zsneigend. Gf. nach
dem Verblühen abw. gebogen. Fr. kreisrund, mit flügelig gekielten
Kanten. — Grb. b. Hürblingen.

90. C. platycarpa. *Kütz.* Breitfrüchtiger W. Untere
B. der Aeste lineal, obere vk. eif. DeckB. gebogen, aber an d Spitze
nicht hakig. Gf. zuletzt zurückgekrümmt Kanten der Fr. flügelig
gekielt. — Grb. b. Lechebene, Niedring.

91. C. vernalis. *Kütz.* Frühlings-W. Kleines, schmächtiges
Pflänzchen. Unt. B. b. Aeste lineal, obere vk. eif. DeckB. etwas
gebogen. Gf. aufr., bald verschwindend. Kanten der Fr. spitzgekielt.
— In Grb. häufig.

92. C. hamulata. *Kütz.* Hakenblüthiger W. Unt. B. b.
Aeste lineal, ob. vk. eif. DeckB. kreis-sichelf., an der Spitze hakig.
Stbf. kürzer als das DeckB. Gf. f. lang, spreizend. Kanten der Fr.
schmal geflügelt. — Altwasser b. d. Wolfszahn.

2. Landpflanzen.

a. Weiß; K. 6—9b., glockig nickend, außen oft röthl.

93. Anemone nemorosa. *L.* Busch-Windröschen.
Stbgf. u. Stpl. viele. Unter der Bth. eine 3b., tief eingeschnittene,
gestielte Hülle. BStiele fast so lang als das B. Blättch. eingeschnitten gesägt, das mittlere 3 sp., die seltenst. 2sp. — Gebüsche
u. Waldränder. — **Ranunculaceen.**

K. u. Kr. 5b.

94. Holosteum umbellatum. *L.* Doldenblüthige Spurre.
W. meist vielstengelig, mit aufsteigenden, 2—8" h. Stgln. B. sitzend,
eif., die unt. rosettig, längl. Die kleinen Bth. zu 3—15 in weit-
strahligen Dolden, deren Stiele nach dem Verblühen straff abw. geschlagen sind. Blb. gezähnt. Gf. 3. Pflanze graugrün, meist kahl,
selten drüsig. — Aecker, häufig. — **Alsineen.**

95. Stellaria media. *Vill.* Gem. Sternmiere, Vogel-
kraut. Stgl. niedrig, aufstrebend, 3—18" lg., einzeilig behaart,
glänzend grün, dichte Rasen bildend. B. eif., kurz zugespitzt, gestielt;
die ob. sitzend. Die kl. Bth. gabel- u. endst., nicht in Döldchen.
Blb. tief 2th., nicht länger als d. am Grunde abgerundete K. —
Cultiv. Ld., Grb., Wegränder. — **Alsineen.**

Kr. 5b; K. 5th. mit 5 Nb.

96. Potentilla Fragariastrum. *Ehrh.* Erdbeerartiges

Fingerkraut. W.=B. 3zählig; Blättch. runbl.=eif., gesägt, gestutzt, obs. zieml. kahl, untf. ziemlich zottig. Das stengelst. B. 3zählig. Stgl. schwach, niederliegend. — Obsch. b. Eichelau. — Rosaceen.

Kr. 5b., K. halb verwachsen mit ben Frkn.

97. **Saxifraga tridactylites.** *L.* Dreigefingerter Stein= brech. Stgl. einzeln, beblättert, 2 – 6" h., ästig, meist weitsparrig, drüsg klebrig. WB. vk.=eif.=spatelig, 3th., Iggestielt; bie stglst. ab= wechselnd, handf.= 3—5sp. BthStiele 1bth., 2beckblättrig, bas eine kleiner. — Ak. am Kobel, bei Friebb., Wolfertshf. — Saxifrageen.

K. 2b.; Bkr trichterf., an einer Seite bis zum Grund gespalten, Saum
5lappig, 3 Zipfel kleiner.

98. **Montia minor.** *Gml.* Kleine Montie. Kleines, flei= schiges Pflänzchen. Stgl. niederliegend o. aufstrebend, 1 — 3" h. B. gegenst., spatelf. abgestumpft. Bth. in 2—5bth. Trauben. Stbf. 3. Gf. s. kurz. N. 3. S. knötig rauh. — Sandige Ak. b. Peterhof. — Portulaceen.

(Weiß, ins bläul. o. röthl.) KSaum schwach 3zähn., Kr. rglm., trichterf, 5sp.

99. **Valerianella olitoria.** *Mönch.* Rapunzel=Feldsalat. Stgl. 4kantig, wiederholt gabelästig, 2—10". B. gegenst., stglumfass., lineal = zungenf. o. spatelig = längl. Bth. in kl., kopfig = gedrungenen Trugbolden. Früchtch. oben mit gezahntem KRand. Die ersten BTriebe im Frühjahr als Salat allgemein gebräuchlich. — Ak. — Valerianeen.

b. Gelb.

Kr. o. blb..=ähnl. K. 5b.

100. **Anemone ranunculoides.** *L.* Ranunkelartiges Winb= rös chen. Hüll=B. gestielt, 3zählig; BStiele mehrmals kürzer als b. B.; Blättch. eingeschnitten gesägt. Bth. meist zu 2, außen flaumh. K. blumenblattig; KB. oval, seicht ausgerandet, untf. flaumh. — Abhg. bei Friebbg. gegen Wolfartshf. — Ranun= culaceen.

K. 3—5b.; Kr. 5—8b.

101. **Ranunculus Ficaria.** *L.* Feigwurzliger Hahnen= fuß. W. vielknollig, aus verdickten Fasern gebildet. Stgl. auf= strebend. B. gestielt, rundl.=hzf., bie unt. geschweift, bie ob. eckig, glänzend. K. blumenblattig, meist 3b. — Fchte, schattige Orte, Hf. — Ranunc.

K. u. Kr. 5b.

102. **R. auricomus.** *L.* Goldgelber H. Von ben blumen= blattigen KB. oft mehrere verkümmert. Stgl. vielbth., gegen 1' h. WB. hz.=nierenf., ganz o. gekerbt o. handf.=5th., mit am Grund scheidigen BStielen. StglB. fingerf. geth.; Zipfel lineal o. lz., spreizend. — Eichelau, Pfersee.

Kr. 5b.

103. **R. montanus.** *Willd.* Berg=H. Stgl. 1—2 bth., nicht

3

hohl. WB. handf. geth.; Zipfel vkeif., 3fp., stumpfl. gezähnt. Das unt. stglst. B. 5th. mit handf. spreizenden, linealen Zipfeln; das ob. 3fp. Frb. borstig. — Siebentischw., Lechf., zw. Wöllenburg u. Bergheim.

K. blumenblattig, 5b.

104. Caltha palustris. *L.* Dotterblume. Stgl aufsteigend, ½—1¼' h., dick, röhrig, saftig. B. groß, nierenf., fein gekerbt, gestielt, glänzend glatt. BthHülle groß. Kapseln 5—18, in einen Quirl gestellt. — Grb., Bäche, schte Wf. — Ranunc.

Blb. 5; K. 10fp.

105. Potentilla anserina. *L.* Gänse-Fingerkraut. Stgl. rankenartig, kriechend. B. unterbrochen gefiedert, vielpaarig; Blättch. längl., geschärft-gesägt, untf. weiß, selbeglänzend. BthStiele einzeln. — Rosaceen.

106. P. verna. *L.* Frühlings-F. Stämmchen gestreckt, oft wurzelnd. Stgl. in dichten Rasen, aufstrebend und wie die Bth.-Stiele rauhh. B. am Rand u. an d. Adern mit langen, seidenartig glänzenden Haaren. Die unt. B. 5- und 7zählig; Blättch. längl.-vk-eif.; Sägezähne meist 4 beiders. — Tr. Hügel u. Grasplätze.

(Citronengelb.)

Bkr. 1b, tellerf., 5fp.; K. 5fp.;

107. Primula officinalis. *Jacq.* Gebräuchl. Schlüsselblume. Schaft 3—10'' h. u. nebst Dolde u. Unterseite der eif. o. etwas hzf., in den geflügelten, gezähnelten BStiel hinablaufenden, wellig gekerbten B. filzig-sammtig. BthStiele doldig. K. Zähne eif., kurz zugespitzt. BkrSaum glockig concav. Bth. wohlriechend, 5 safrangelbe Flecken am Schlund. — Wsn. u. Wld. — Primulaceen.

(Schwefelgelb.)

108. P. elatior. *Jacq.* Garten-S. Schaft ½—1' h., nebst Dolde und Unterseite b. B. kurzh.; Haare der BthStiele so lang als der Durchmesser der BthStiele. KZähne zugespitzt. Bkr. Saum flach. Bth. mit dottergelbem Kreis am Schlund. — Wsn., Wld.

(Goldgelb.)

Bkr. fehlend; K. 4fp.

109. Chrysosplenium alternifolium. *L.* Wechselblättr. Milzkraut. Stgl. glasartig glänzend, bleichgrün, 2—4'' h. B. wechselst., nierenf., tief gekerbt. BthHüllen in kl., 4lappigen, von gelben Deck B. gestützten Blümchen, einen Ebenstrauß bildend; die Mittelbth. gewöhnl. 5fp. mit 10 Stbgf. — Schattige Quellensümpfe. — Saxifrageen.

c. Grün.

Bkr. Saum 5th.

110. Adoxa Moschatellina. *L.* Gem. Bisamkraut. Schmäch-

tiges, hellgrünes Pflänzchen. WStock, schuppig, weiß. Unt. B.
lg. gestielt, 3zählig; StglB. 2, gegenst., mit 3th. Blättch. Bkr.
rabf., Röhre f. kurz; Saum flach; Stbgf. 10, Gf. 5. Blümch. zu
5 in einem Köpfch. beif., besonders bei feuchtem, warmem Wetter
nach Moschus riechend. — Hf. u. Gebüsche, Wolfartshf., Statzling,
zw. Stabtbergen und Leitershofen. — Caprifoliaceen.

d. Rosenfarben.

Kr. 2lippig.

111. Lathraea Squamaria. *L.* Gem. Schuppenwurz.
Schaft 3—8" h., dicht mit fleischigen Schuppen besetzt. Bth. hän-
gend, einerseitswendig, in dichter Traube. Bkr. den Labiaten ähn-
lich; OLippe helmf., ULippe 3sp. — In fcht. Laubwäldern auf
Baumwurzeln, bei Deuringen, Wöllenburg, Derching, Statzling. —
Orobancheen.

e. Lila bis blau.

Kb. 5, am Grund mit Anhängseln; Blb. 5, ungleich, das unt. am größten,
gespornt.

Viola. *L.* Veilchen. Stbgf. mit dem Stbk. faft kegelf.
zsgestellt, nicht verwachsen; die 2 unt. am Grund mit 2 spornf. Anhängseln, welche von dem Sporn des unt. Blb. gedeckt find. —
Violarieen.

(Blaß lila.)

112. V. hirta. *L.* Kurzh. B. Ohne Ausläufer; doch treibt die
W. auch seitenft. Stämmch., die sich zuweilen in kurze Ausläufer
umwandeln. B. hz.-eif., gekerbt-gesägt, obf. flaumh., untf. nebft
den B.-Stielen kurzh. ¡Unt. Nb. eif., ob. lz., nebft den Fransen am
Rande kahl; die Fransen kürzer als der Querdurchmesser der Nb. Kb.
ftumpf. Blb. ausgerandet, das mittlere bärtig; geruchlos. N. in ein
herabgebogenes Schnäbelch. verschmälert. Kpfel. weichh. — Wb., Gbfch.

113. V. mirabilis. *L.* Wunder-B. Im erften Frühling
ungeftengelt, einachfig; später mit 3—8" h., aufr., einreihig beh.
Stgln. Die erften Bth. wurzelft., mit Bkr., unfruchtb.; die spätern
kronenlos, fruchtb. B. breit hzf., kurz zugespitzt, kleingekerbt, in
der erften Entwicklung tutenf. zsgerollt, unt. faft nierenf. BStiele
am Kiel haarig. Nb. längl. Iz. zugespitzt, die ob. mit kurzen Borft-
chen gewimpert o. etwas gezähnelt. Kb. lz. Bth. wohlriechend. N.
in ein herabgebogenes Schnäbelch. verschmälert. — Gbfch. am Lech
b. St. Stephan.

(Blaßlila o. milchweiß.)

114. V. stagnina. *Kitaibel.* Gräben-B. Stgl. aufr., kahl.
B. aus hzf. Grund längl. Iz. BStiel obw. etwas geflügelt. Die
mittl. ftglft. Nb. Iz., zugespitzt gefranft gesägt, halb so lg. als der
BStiel. Kb. spitz. Sporn so lang als die Anhängsel des K. —
Torfmoore am Weg nach Derching.

(Dunkellila, selten hellblau; im Grund weiß; das unpaar. B. mit 5 gesät-
tigteren Linien.)

115. V. odorata. *L.* Wohlriechendes B. Mit langen,

wagr. Ausläufern. Ohne Stgl. B. breit eif., tief hzf., an den Sommerausläufern nierenf., hzf., fein beh. Kb. stumpf. Bth. wohlriechend; das unt. Blb. ausgerandet, die 4 ob. abgerundet stumpf, ein wenig schmäler. FrStiele niedergestreckt, an der Spitze gerade. — Hk. zw. d. rothen u. Hallthor; Klinkerthor.

(Blaßblau.)

116. V. collina. *Besser.* Hügel=V. Ohne Ausläufer und ohne Stgl. B. hzf., obf. flaumig, untf. nebst den BStielen kurzh. Kb. stumpf. Blb. (das untere ausgenommen) kaum ausgerandet, die seitenst. fast bartlos. BthStiele niedergestreckt, an der Spitze gerade. — Meringerau am Lech; waldige Höhe bei Derching.

(Violett.)

117. V. arcnaria. *DC.* Sand=V. Rasenf., feinbeh., mit B. Rosette u. niederliegenden, aufstrebenden, von sehr kurzem Flaum graugrünl. o. kahlen Stgln. Alle B. nierenf., kleingekerbt. Nb. eif. längl., gefranst gesägt, mehrmals kürzer als der BStiel. Kb. längl. lz., spitz. Ob. Blb. vk. längl. eif.; Sporn kaum dopp. so lg. als die KAnhängsel. N. in ein herabgebogenes Schnäbelch. verschmälert. Kapsel eif., spitzl., fein beh. filzig. — Hd., Wb., Meringerau, am Ablaß, Siebentischwald, Friedbergerau.

(Röthl. violett.)

118. V. sylvcstris. *Lam.* Wald=V. Mit BRosette und niederliegenden aufstrebenden, bis 9″ h., kahlen o. etwas flaumh. Stgln. B. deutl. hzf. u. eif. o. fast nierenf., kurz zugespitzt; die unt. hzf., stumpfer. BStiele flügellos. Die mittl. stglst. Nb. lz., nach vorn verschmälert, gefranst gesägt, mehrmals kürzer als der B=Stiel. Kb. lz., zugespitzt. Blb. auseinanderfahrend? die ob. vk. längl. eif.; Sporn fast 3mal so lang als die KAnhängsel, dünn, mit der Bkr. von gleicher Farbe. N. in ein herabgebogenes Schnäbelch. verschmälert. Kapsel längl., spitz. — Gbsch., Wld.

(Gesättigt blau mit gelbl. weißem Sporn.)

119. V. canina. *L.* Hunds = V. Ohne BRosette. Stgl. niederliegend u. aufstrebend, kahl u. etwas flaumh., 1″—1′ h. B. aus hzf. Grund längl. eif., gegen die Spitze allmälig schmäler, ganz kahl, Ränder etwas ausw. geschweift; die unt. stumpf; BStiele flügellos. Die mittl. stglst. Nb. längl. lz., gefranst gesägt, kürzer als die halbe Länge des BStiels. Kb. eif. lz., verschmälert spitz; Sporn fast dopp. so lg. als die Anhängsel des K., mit einer Längsrinne. N. in ein herabgebogenes Schnäbelch. verschmälert. Kapsel abgestutzt, stumpf, mit kurzem Spitzch. — Wb., Hk.

(Blau, weiß und gelb.)

120. V. tricolor. *L.* Dreifb. V. Stiefmütterch. W. einfach. Stgl. aufr. o. aufstrebend, ästig, ¼—1′ h. B. gekerbt, unt. hzeif., ob. längl. o. lz. Nb. blattartig, leierf. fiedersp., mit verlängertem, gekerbtem Mittelzipfel. Sporn fast dopp. so lg. als die Anhängsel des K. Gf. oben keulig, mit großer, krugf. beh. N. — Al.

(Dunkelblau.)

Kr. röhrig, mit 5fp. Saum; K. mit aufr. Abschnitten.

120. Gentiana verna. *L* Frühlings = Enzian. Stgl. im Boden versteckt, 2—3" h., 1bth. B. 3nervig, ellipt. o. Iz., nach dem Grunde schmäler, die wurzelst. rosettig. Kanten des K. schmal geflügelt; Flügel gleich. Btr. im Schlund nackt. — Hb., Trft., Moorwf. — Gentianeen.

(Zuerst roth, dann violett.)

Kr. röhrig, mit 5fp. Saum; K. 5zähnig u. eckig.

122. Pulmonaria officinalis. *L.* Gebräuchl. Lungen= kraut. Stgl. runbl., saftig, ½—1' h. Grundst. B. gestielt, hzf.; BStiel schmal geflügelt. Stglst. B. ungestielt, breit Iz. Bth. in Trauben. K. rauhh; Schlund mit 5 Haarpinselchen. Kr. trichterf., am Schlund bauchig mit 5 Haarbüscheln. — Hk. u. Wlb. b. östl. u. westl. Höhen. — Boragineen.

(Zuerst roth, dann violett bis azurblau.)

123. P. angustifolia. *L.* Schmalblättr. L. Stgl borstig behaart, ½—¾' h. Grundst. B. ellipt.=Iz. u. Iz., in den geflügelten BStiel verlaufend. StglB. sitzend. Btr. = Schlund unterhalb des bärtigen Kreises behaart. Nüsse abstehend beh. — Auen, Gbsch. u. Grb. b. Lech= u. Wertachebene.

(Weißlich mit blauen Streifen.)

Btr. 1b., mit f. kurzer Röhre u. 4fp. Saum.

124. Veronica serpyllifolia. *L.* Quenbelblättr. Ehren= preis. Rasenf., bis 6" h. B. eif. u. längl., etwas gekerbt, die untersten kleiner, rundl., die btbst. Iz., ganzrandig. BthStielchen aufr., so lang als der K. Bth. in lockern, endst. Trauben. — Gras= plätze, Wf. u. Wb. — Antirrhineen.

Mai.

I. Bäume und Sträucher.

A. Mit Kätzchen-Bth.

a. Mit Laub-B.

Morus. *L.* Maulbeerbaum. 15—25′ h.; auch in Hecken gezogen. B. wechselst., kurz gestielt, ganz und gelappt, stumpf gezähnt. Stbf.-Kätzch. 4th., mit ovalen Zipfeln, 4 Stbgf. Stplbth. zsgedrängt, mit 4b. Hülle. — Urticaceen.

125. M. alba. *L.* Weißer M. Stplbth. ungefähr so lang als der BthStiel. Pg. am Rande kahl. N. kahl. Fr. weiß. B. glatt. Cult.

126. M. nigra. *L.* Schwarzer M. Stplbth.-Kätzch. fast sitzend, vielmal länger als b. BthStiel. Pg. am Rande, wie die N., rauhh. Fr. weiß. B. rauh, unten behaart, lappig eingeschnitten. Rinde aschgrau. Cult.

127. Juglans regia. *L.* Wallnußbaum. 40—80′. Krone ausgebreitet u. dicht. Rinde glatt, weißgrau. B. gestielt, 5—9zählig gefiedert; Fiedern f. kurz gestielt, oval, 4″ lg., 2″ br., hellgrün, kahl; gerieben wohlriechend. Stbgf.-Bth, in lg., bräunl. grünen, hängenden Kätzch.; Stplbth. einzeln o. zu 2—5 an der Spitze der Zweige. Cult. — Juglandeen.

128. Fagus sylvatica. *L.* Gem. Buche, Rothbuche. 40—120′. Krone dicht belaubt. Rinde grau, glatt. B. kurz gestielt, eif., 3″ lg., 2″ br., fest, glänzend grün, kahl, untf. etwas behaart, am Rande gewellt und gewimpert, vorn undeutl. gezähnt. Stbf.-Kätzch. kugelig, in den BWinkeln an wolligen Stielen, je 8—13 Stbf. in einem Blümchen. Stplbth. zu 2 an den Spitzen der Zweige auf kürzeren, dicken, aufr., behaarten Stielen, in einer von dachziegelf., lg. u. schmalen DeckB. gebildeten Hülle. Fr. 2 dreikantige, mit fester, brauner Haut überzogene Nüsse („Bucheln") in einer weichstacheligen, halb4sp. Kapsel. — Scherneck, Mühlhf., Straßbg. einzeln. — Cupuliferen.

b. Mit Nadel-B.

129. Juniperus communis. *L.* Gem. Wachholder. Strauch, zuweilen baumartig. B. („Nadeln") zu 3, weit abstehend, gerade, hart u. steif, stachelspitzig, ½″ lg., bleibend. 2häuslg. Stbgf.-Bth. kleine, kegelf. Kätzch. in den BWinkeln; die 3—6 Stbbeutel an den schildf. Stbblättern („Filamenten") angewachsen. Stplbth. ebenfalls in den BWinkeln; nur die 3 obern Schüppch. vergrößern sich

zu einer 3samigen „Scheinbeere", welche im Herbst des 2ten Jahres reift. — Wld. u. Hb. — Coniferen.

130. Pinus sylvestris. *L.* Fohre, Kiefer. 50—100'. Rinde aschgrau o. zimmtbraun, rissig. Aeste aufw. strebend, bei jüngern Bäumen quirlf. um den Stamm, bei ältern abwechselnd. 1häuftg. Stbgf.-Bth. in kleinen Büscheln, welche zs. ein gelbes, längl. Kätzch. bilden, rings um die jüngern Triebe. Stplbth. an den Spitzen der Zweige in kleinen, rothen Kätzch. Fr. ein ei-kegelf. Zapfen, dessen längl. Schuppen an der Spitze 3eckig und verdickt sind; Stiel so lang als der Zapfen; reift im Herbst des 2ten Jahres. B. zu 2 beis., rings um die Zweige, steif, schmal lineal, außen gewölbt, innen fast rinnenf., 1½—2" lg., lauchgrün, bleibend. — Lechauen und östl. Höhen; auf d. westl. Höhen nur vereinzelt. — Coniferen.

131. P. Larix. *L.* Lerche. 50—60'. Zweige bogenf. herabhängend. B. zu vielen in Büscheln, an den Sommerzweigen einzeln, krautig weich, glatt, hellgrün, 1" lg., im Herbst abfallend. 1häuftg. Stbgf.-Bth. gelb, in eirunbl., ¼" lg. Büscheln; Stplbth. größer, roth. Zapfen 1" lg., längl. eif., an beiden Enden stumpf. — Angepflanzt: Siebentisch, Deuringen, Leitershofen.

132. P. Picea. *L.* Weißtanne, Edeltanne. 80—120'. Krone pyramidenf. Aeste wagr., die untern etwas niedergebogen. Rinde glatt, weißl. B. einzeln, in 2 Reihen auf entgegengesetzten Seiten der Zweige kammf. gestellt, an jüngern Zweigen unregelm. vertheilt, 1" lg., an der Spitze ausgeschnitten, oben glänzend grün mit einer tiefen Furche, unten heller mit 2 weißen Linien. 1häuftg. Stbgf.-Bth.-Kätzchen in den Anheftungswinkeln der B. unterhalb der jüngsten Triebe, 1" lg. Stplbth.-Kätzchen dunkler. Zapfen aufr., walzenf., 4—5" lg.; DeckB. herausragend; Schuppen s. stumpf, angedrückt, abfallend; Spindel bleibend. — Auf den östl. und westl. Höhen fast nur einzeln.

133. P. Abies. *L.* Fichte, Rothtanne. 80—120'. Krone u. Aeste der P. Picea ähnlich. Rinde rothbraun u. blätterig. B. zerstreut, einzeln, am Stamm rundum stehend u. fast anliegend, steif, zsgedrückt, fast 4kantig, stachelspitzig, an der Spitze gelbl. grün. 1häuftg. Stbgf.-Bth. in den WWinkeln der vorjährigen Zweige, hellröthl. Stplbth. an den Spitzen der jungen Triebe. Zapfen 4—5" lg., abw. hängend, nach beiden Enden verdünnt, bei der Reife ganz abfallend; Schuppen ausgebissen gezähnelt. — Vorherrschender Waldbaum unserer Gegend.

B. Bth. nicht in Kätzchen.

a. Weiß.
K. 5th.; Blbl. 5.

134. Aesculus Hippocastanum. *L.* Roßkastanie. 50—80'. Knospen klebrig. B. 7zählig gefingert. Bth. in ansehnl., aufr. Trauben. K. glockig.KrB. ungleich. — Cult. — Hippocastaneen.

135. Staphylea pinnata. *L.* Fieberblättr. Pimpernuß.
Strauch 10—20'; auch baumartig. Zweige rund. B. gefiedert;
Fiedern 5—7, ellipt. zugespitzt, kahl, fein gesägt. Bth. glockig, in
wenigblumigen, hängenden Trauben. Fr. in häutiger, aufgeblasener
Kapsel. — Anlagen vor dem rothen und Jakober Thor. — Cela-
strineen.

136. Spiraca chamaedryfolia. *L.* Scamanderblättr.
Spierstaude. Aestchen rund, glatt. B. kreisrund eif., am Grund
keilf., zieml. ganzrandig, etwas lappig. Bth. in Ebensträußen.
Klappen aus breiterem Grund lz. pfrieml. Stbgf. so lg. als die Blbl.
— Anlagen. — Rosaceen.

137. Sp. opulifolia. *L.* Schneeballblättr. Sp. B. im
Umfang eif. rundl.; 3lappig gesägt. K. glockenförmig. Stbbeutel
purpuren. — Anlagen.

138. Crataegus Oxyacantha. *L.* Gem. Weißdorn. Dor-
niger Strauch, 5--10'. Rinde glatt, röthl. grau. Aeste verworren.
B. 3—5lappig, ungleich gesägt, obf. glänzend, kahl, länger als breit.
NB. nierenf., rund= u. starkgezähnt. Bth. mit 2—3 Gf. u. rothen
Staubbeuteln; in Doldentrauben. BthStiele und Aestchen kahl. Fr.
eine blutrothe, mehlig=saftige, ovale Beere, „Mehlbeere." — Gbsch.,
Wsf., Hck. — Pomaceen.

139. C. monogyna. *Jacq.* Eingriffliger W. 8—16'.
Rinde heller. B. 3—5fp., fast eben so breit als lang, scharf gesägt,
obf. nicht glänzend, jüngere zottig. NB. lg. u. schmal, spitz u. fein
gesägt. Bth. mit 1 Gf. BthStiele zottig. Aestch. kahl. Fr. eine
größere, hochrothe, fast kugelige 1samige Beere. — Hck. b. Leitershofen.

140. Pyrus communis. *L.* Gem. Birnbaum. 20—90'.
Wipfel hoch u. blätterreich. Aeste aufstrebend. Knospen spitz. B.
glänzend glatt, so lang als der BStiel. Bth. zu 6—12 in Dolden.
Fr. am Stiel nicht eingedrückt. — Pomaceen.

141. P. Malus. *L.* Gem. Apfelbaum. 20—30'. Wipfel
mehr breit, weniger hoch und blätterreich. Aeste mehr wagr. Knospen stumpf. BStiel halb so lang als das unten etwas wollige B.
Bth. zu 3—6 in Dolden, ins Röthliche spielend. Fr. am Stiel
eingedrückt.

142. Sorbus Aucuparia. *L.* Vogelbeerbaum. 15—50'.
Rinde grau, rissig. B. 5—7paarig gefiedert mit einem Endfieder;
Fiedern längl.=lanz, 2" lg., ½" br., scharf gesägt; jung behaart,
später kahl und glänzend. Knospen, junge Aeste, BStiele, USeite
der B., BthStiele und K. filzig, gegen den Herbst kahl. Bth. in
Trugdolden, weiß. Beeren roth, erbsengroß. — Wld., Gbsch., in
Alleen. — Pomac.

Fingerkraut. W.=B. 3zählig; Blättch. runbl.=eif., gesägt, gestutzt, obf. zieml. kahl, untf. ziemlich zottig. Das stengelst. B. 3zählig. Stgl. schwach, niederliegend. — Gbsch. b. Eichelau. — Rosaceen.

Kr. 5b., K. halb verwachsen mit den Frkn.

97. **Saxifraga tridactylites.** *L.* Dreigefingerter Stein-brech. Stgl. einzeln, beblättert, 2 – 6" h., ästig, meist weitsparrig, drüsig klebrig. WB. bk.=eif.=spatelig, 3th., lggestielt; die stglst. ab-wechselnd, handf.= 3—5sp. BthStiele 1bth., 2deckblättrig, das eine kleiner. — Ak. am Kobel, bei Friebb., Wolfertshf. — Saxifrageen.

K. 2b.; Bkr trichterf., an einer Seite bis zum Grund gespalten, Saum 5lappig, 3 Zipfel kleiner.

98. **Montia minor.** *Gml.* Kleine Montie. Kleines, flei-schiges Pflänzchen. Stgl. niederliegend o. aufstrebend, 1 – 3" h. B. gegenst., spatelf. abgestumpft. Bth. in 2—5bth. Trauben. Stbf. 3. Gf. f. kurz. N. 3. S. knötig rauh. — Sandige Ak. b. Peterhof. — Portulaceen.

(Weiß, ins bläul. o. röthl.) KSaum schwach 3zähn., Kr. rglm., trichterf, 5sp.

99. **Valerianella olitoria.** *Mönch.* Rapunzel=Feldsalat. Stgl. 4kantig, wiederholt gabelästig, 2—10". B. gegenst., stglumfass., lineal = zungenf. o. spatelig = längl. Bth. in kl., kopfig = gedrungenen Trugdolden. Früchtch. oben mit gezahntem KRand. Die ersten BTriebe im Frühjahr als Salat allgemein gebräuchlich. — Ak. — Valerianeen.

b. Gelb.

Kr. o. blb..=ähnl. K. 5b.

100. **Anemone ranunculoides.** *L.* Ranunkelartiges Wind-röschen. Hüll=B. gestielt, 3zählig; BStiele mehrmals kürzer als b. B.; Blättch. eingeschnitten gesägt. Bth. meist zu 2, außen flaumh. K. blumenblattig; KB. oval, seicht ausgerandet, untf. flaumh. — Abhg. bei Friebbg. gegen Wolfartshf. — Ranun-culaceen.

K. 3—5b.; Kr. 5—8b.

101. **Ranunculus Ficaria.** *L.* Feigwurzliger Hahnen-fuß. W. vielknollig, aus verdickten Fasern gebildet. Stgl. auf-strebend. B. gestielt, runbl.=hzf., die unt. geschweift, die ob. eckig, glänzend. K. blumenblattig, meist 3b. — Fchte, schattige Orte, Hf. — Ranunc.

K. u. Kr. 5b.

102. **R. auricomus.** *L.* Goldgelber H. Von den blumen-blattigen KB. oft mehrere verkümmert. Stgl. vielbth., gegen 1' h. WB. hz. = nierenf., ganz o. gekerbt o. handf.=5th., mit am Grund scheibigen BStlelen. StglB. fingerf. geth.; Zipfel lineal o. lz., spreizend. — Eichelau, Pfersee.

Kr. 5b.

103. **R. montanus.** *Willd.* Berg=H. Stgl. 1—2 bth., nicht

hohl. WB. handf. geth.; Zipfel vkeif., 3ſp., ſtumpfl. gezähnt. Das unt. ſtglſt. B. 5th. mit handf. ſpreizenden, linealen Zipfeln; das ob. 3ſp. Frb. borſtig. — Siebentiſchw., Lechf., zw. Wöllenburg u. Bergheim.

K. blumenblattig, 5b.

104. Caltha palustris. *L.* Dotterblume. Stgl aufſteigend, ½—1¼' h., dick, röhrig, ſaftig. B. groß, nierenf., fein gekerbt, geſtielt, glänzend glatt. BthHülle groß. Kapſeln 5—18, in einen Quirl geſtellt. — Grb., Bäche, ſchte Wſ. — Ranunc.

Blb. 5; K. 10ſp.

105. Potentilla anserina. *L.* Gänſe=Fingerkraut. Stgl. rankenartig, kriechend. B. unterbrochen gefiedert, vielpaarig; Blättch. längl., geſchärft=geſägt, untſ. weiß, ſeibeglänzend. BthStiele einzeln. — Rosaceen.

106. P. verna. *L.* Frühlings=F. Stämmchen geſtreckt, oft wurzelnd. Stgl. in dichten Raſen, aufſtrebend und wie die Bth.=Stiele rauhh. B. am Rand u. an d. Adern mit langen, ſeibenartig glänzenden Haaren. Die unt. B. 5= und 7zählig; Blättch. längl.=vk=eif.; Sägezähne meiſt 4 beiderſ. — Tr. Hügel u. Grasplätze.

(Citronengelb.)

Bfr. 1b, tellerf., 5ſp.; K. 5ſp.;

107. Primula officinalis. *Jacq.* Gebräuchl. Schlüsselblume. Schaft 3—10'' h. u. nebſt Dolde u. Unterſeite der eif. o. etwas hzf., in den geflügelten, gezähnelten BStiel hinablaufenden, wellig gekerbten B. filzig = ſammtig. BthStiele doldig. K. Zähne eif., kurz zugeſpitzt. BkrSaum glockig concav. Bth. wohlriechend, 5 ſafrangelbe Flecken am Schlund. — Wſn. u. Wld. — Primulaceen.

(Schwefelgelb.)

108. P. elatior. *Jacq.* Garten=S. Schaft ½—1' h., nebſt Dolde und Unterſeite d. B. kurzh.; Haare der BthStiele ſo lang als der Durchmeſſer der BthStiele. KZähne zugeſpitzt. Bkr. Saum flach. Bth. mit dottergelbem Kreis am Schlund. — Wſn., Wld.

(Goldgelb.)

Bkr. fehlend; K. 4ſp.

109. Chrysosplenium alternifolium. *L.* Wechſelblättr. Milzkraut. Stgl. glasartig glänzend, bleichgrün, 2—4'' h. B. wechſelſt., nierenf., tief gekerbt. BthHüllen in kl., 4lappigen, von gelben Deck B. geſtützten Blümchen, einen Ebenſtrauß bildend; die Mittelbth. gewöhnl. 5ſp. mit 10 Stbgf. — Schattige Quellenſümpfe. — Saxifrageen.

c. Grün.

Bkr. Saum 5th.

110. Adoxa Moschatellina. *L.* Gem. Biſamkraut. Schmäch-

tiges, hellgrünes Pflänzchen. WStock, schuppig, weiß. Unt. B.
lg. gestielt, 3zählig; StglB. 2, gegenst., mit 3th. Blättch. Bfr.
rabf., Röhre f. kurz; Saum flach; Stbgf. 10, Gf. 5. Blümch. zu
5 in einem Köpfch. beif., besonders bei feuchtem, warmem Wetter
nach Moschus riechend — Hk. u. Gebüsche, Wolfartshf., Statzling,
zw. Stabtbergen und Leitershofen. — Caprifoliaceen.

d. Rosenfarben.
Kr. 2lippig.
111. Lathraea Squamaria. *L.* Gem. Schuppenwurz.
Schaft 3—8" h., dicht mit fleischigen Schuppen besetzt. Bth. hängend, einerseitswendig, in dichter Traube. Bfr. den Labiaten ähnlich; OLippe helmf., ULippe 3sp. — In fcht. Laubwäldern auf
Baumwurzeln, bei Deuringen, Wöllenburg, Derching, Statzling. —
Orobancheen.

e. Lila bis blau.
Kb. 5, am Grund mit Anhängseln; Blb. 5, ungleich, das unt. am größten,
gespornt.

Viola. *L.* Veilchen. Stbgf. mit dem Stbk. fast kegelf.
zsgestellt, nicht verwachsen; die 2 unt. am Grund mit 2 spornf. Anhängseln, welche von dem Sporn des unt. Blb. gedeckt sind. —
Violarieen.

(Blaß lila.)
112. V. hirta. *L.* Kurzh. V. Ohne Ausläufer; doch treibt die
W. auch seitenst. Stämmch., die sich zuweilen in kurze Ausläufer
umwandeln. B. hz.-eif., gekerbt-gesägt, obs. flaumh., untf. nebst
den B.-Sielen kurzh. ¿Unt. Nb. eif., ob. lz., nebst den Franfen am
Rande kahl; die Franfen kürzer als der Querburchmesser der Nb. Kb.
stumpf. Blb. ausgerandet, das mittlere bärtig; geruchlos. N. in ein
herabgebogenes Schnäbelch. verschmälert. Kpsel. weichh. — Wb., Gbfch.
113. V. mirabilis. *L.* Wunder-V. Im ersten Frühling
ungestengelt, einachsig; später mit 3—8" h., aufr., einreihig beh.
Stgln. Die ersten Bth. wurzelst., mit Bfr., unfruchtb.; die spätern
kronenlos, fruchtb. B. breit hzf., kurz zugespitzt, kleingekerbt, in
der ersten Entwicklung tutenf. zsgerollt, unt. fast nierenf. BStiele
am Kiel haarig. Nb. längl. Iz. zugespitzt, die ob. mit kurzen Borst-
chen gewimpert o. etwas gezähnelt. Kb. Iz. Bth. wohlriechend. N.
in ein herabgebogenes Schnäbelch. verschmälert. — Gbfch. am Lech
b. St. Stephan.
(Blaßlila o. milchweiß.)
114. V. stagnina. *Kitaibel.* Gräben-V. Stgl. aufr., kahl.
B. aus hzf. Grund längl. Iz. BStiel obw. etwas geflügelt. Die
mittl. stglst. Nb. lz., zugespitzt gefranst gesägt, halb so lg. als der
BStiel. Kb. spitz. Sporn so lang als die Anhängsel des K. —
Torfmoore am Weg nach Derching.
(Dunkellila, selten hellblau; im Grund weiß; das unpaar. B. mit 5 gesät-tigteren Linien.)
115. V. odorata. *L.* Wohlriechendes V. Mit langen,

wagr. Ausläufern. Ohne Stgl. B. breit eif., tief hzf., an den Sommerausläufern nierenf., hzf., fein beh. Kb. stumpf. Bth. wohlriechend; das unt. Blb. ausgerandet, die 4 ob. abgerundet stumpf, ein wenig schmäler. FrStiele niedergestreckt, an der Spitze gerade. — Hf. zw. d. rothen u. Hallthor; Klinkerthor.

(Blaßblau.)

116. V. collina. *Besser.* Hügel=V. Ohne Ausläufer und ohne Stgl. B. hzf., obf. flaumig, untf. nebst den BStielen kurzh. Kb. stumpf. Blb. (das untere ausgenommen) kaum ausgerandet, die seitenst. fast bartlos. BthStiele niedergestreckt, an der Spitze gerade. — Meringerau am Lech; waldige Höhe bei Derching.

(Violett.)

117. V. arenaria. *DC.* Sand=V. Rasenf., feinbeh., mit B. Rosette u niederliegenden, aufstrebenden, von sehr kurzem Flaum graugrünl. o. kahlen Stgln. Alle B. niereuf., kleingekerbt. Nb. eif. längl., gefranst gesägt, mehrmals kürzer als der BStiel. Kb. längl. lz., spitz. Ob. Blb. vk. längl. eif.; Sporn kaum dopp. so lg. als die KAnhängsel. N. in ein herabgebogenes Schnäbelch. verschmälert. Kapsel eif., spitzl., fein beh. filzig. — Hb., Wd., Meringerau, am Ablaß, Siebentischwald, Friedbergerau.

(Röthl. violett.)

118. V. sylvestris. *Lam.* Wald=V. Mit BRosette und niederliegenden aufstrebenden, bis 9″ h., kahlen o. etwas flaumh. Stgln. B. deutl. hzf. u. eif. o. fast nierenf., kurz zugespitzt; die unt. hzf., stumpfer. BStiele flügellos. Die mittl. stglst. Nb. lz., nach vorn verschmälert, gefranst gesägt, mehrmals kürzer als der B=Stiel. Kb. lz., zugespitzt. Blb. auseinanderfahrend, die ob. vk. längl. eif.; Sporn fast 3mal so lang als die KAnhängsel, dünn, mit der Bkr. von gleicher Farbe. N. in ein herabgebogenes Schnäbelch. verschmälert. Kapsel längl., spitz. — Obsch., Wld.

(Gesättigt blau mit gelbl. weißem Sporn.)

119. V. canina. *L.* Hunds = V. Ohne BRosette. Stgl. niederliegend u. aufstrebend, kahl u etwas flaumh., 1″—1′ h. B. aus hzf. Grund längl. eif., gegen die Spitze allmälig schmäler, ganz kahl, Ränder etwas ausw. geschweift; die unt. stumpf; BStiele flügellos. Die mittl. stglst. Nb. längl. lz., gefranst gesägt, kürzer als die halbe Länge des BStiels. Kb. eif. lz., verschmälert spitz; Sporn fast dopp. so lg. als die Anhängsel des K., mit einer Längsrinne. N. in ein herabgebogenes Schnäbelch. verschmälert. Kapsel abgestutzt, stumpf, mit kurzem Spitzch. — Wd., Hf.

(Blau, weiß und gelb.)

120. V. tricolor. *L.* Dreifb. V. Stiefmütterch. W. einfach. Stgl. aufr. o. aufstrebend, ästig, ¼—1′ h. B. gekerbt, unt. hzeif., ob. längl. o. lz. Nb. blattartig, leierf. fiedersp., mit verlängertem, gekerbtem Mittelzipfel. Sporn fast dopp. so lg. als die Anhängsel des K. Gf. oben keulig, mit großer, trugf. beh. N. — Af.

(Dunkelblau.)

Kr. röhrig, mit 5sp. Saum; K. mit aufr. Abschnitten.

120. Gentiana verna. *L* Frühlings-Enzian. Stgl. im Boden versteckt, 2—3″ h., 1blh. B. 3nervig, ellipt. o. lз., nach dem Grunde schmäler, die wurzelst. rosettig. Kanten des K. schmal geflügelt; Flügel gleich. Blr. im Schlund nackt. — Hb., Trft., Moorwf. — Gentianeen.

(Zuerst roth, dann violett.)

Kr. röhrig, mit 5sp. Saum; K. 5zähnig u. eckig.

122. Pulmonaria officinalis. *L.* Gebräuchl. Lungenkraut. Stgl. runbl., saftig, ½—1′ h. Grundst. B. gestielt, hзf.; BStiel schmal geflügelt. Stglst. B. ungestielt, breit lз. Blth. in Trauben. K. rauhh; Schlund mit 5 Haarpinselchen. Kr. trichterf., am Schlund bauchig mit 5 Haarbüscheln. — Hk. u. Wlb. b. östl. u. westl. Höhen. — Boragineen.

(Zuerst roth, dann violett bis azurblau.)

123. P. angustifolia. *L.* Schmalblättr. L. Styl borstig behaart, ½—¾′ h. Grundst. B. ellipt.-lз. u. lз., in den geflügelten BStiel verlaufend. StglB. sitzend. Blr.-Schlund unterhalb des bärtigen Kreises behaart. Nüsse abstehend beh. — Auen, Gbsch. u. Grb. d. Lech- u. Wertachebene.

(Weißlich mit blauen Streifen.)

Blr. 1b., mit s. kurzer Röhre u. 4sp. Saum.

124. Veronica serpyllifolia. *L.* Quenbelblättr. Ehrenpreis. Rasenf., bis 6″ h. B. eif. u. längl., etwas gekerbt, die untersten kleiner, runbl., die blhst. lз., ganzrandig. BlhStielchen aufr., so lang als der K. Blth. in lockern, endst. Trauben. — Grasplätze, Wf. u. Wd. — Antirrhineen.

Mai.

I. Bäume und Sträucher.

A. Mit Kätzchen-Bth.

a. Mit Laub-B.

Morus. *L.* Maulbeerbaum. 15—25' h.; auch in Hecken gezogen. B. wechselst., kurz gestielt, ganz und gelappt, stumpf ge- zähnt. Stbf.-Kätzch. 4th., mit ovalen Zipfeln, 4 Stbgf. Stplbth. zsgedrängt, mit 4b. Hülle. — Urticaceen.

125. M. alba. *L.* Weißer M. Stplbth. ungefähr so lang als der BthStiel. Pg. am Rande kahl. N. kahl. Fr. weiß. B. glatt. Cult.

126. M. nigra. *L.* Schwarzer M. Stplbth.-Kätzch. fast sitzend, vielmal länger als b. BthStiel. Pg. am Rande, wie die N., rauhh. Fr. weiß. B. rauh, unten behaart, lappig eingeschnitten. Rinde aschgrau. Cult.

127. Juglans regia. *L.* Wallnußbaum. 40—80'. Krone ausgebreitet u. dicht. Rinde glatt, weißgrau. B. gestielt, 5—9zählig gefiedert; Fiedern f. kurz gestielt, oval, 4" lg., 2" br., hellgrün, kahl; gerieben wohlriechend. Stbgf.-Bth, in lg., bräunl. grünen, hängen- den Kätzch.; Stplbth. einzeln o. zu 2—5 an der Spitze der Zweige. Cult. — Juglandeen.

128. Fagus sylvatica. *L.* Gem. Buche, Rothbuche. 40— 120'. Krone dicht belaubt. Rinde grau, glatt. B. kurz gestielt, eif., 3" lg., 2" br., fest, glänzend grün, kahl, unlf. etwas behaart, am Rande gewellt und gewimpert, vorn undeutl. gezähnt. Stbf.- Kätzch. kugelig, in den BWinkeln an wolligen Stielen, je 8—13 Stbf. in einem Blümchen. Stplbth. zu 2 an den Spitzen der Zweige auf kürzeren, dicken, aufr., behaarten Stielen, in einer von dach- ziegelf., lg. u. schmalen DeckB. gebildeten Hülle. Fr. 2 dreikantige, mit fester, brauner Haut überzogene Nüsse („Bucheln") in einer weichstacheligen, halb4sp. Kapsel. — Scherneck, Mühlhf., Straßbg. einzeln. — Cupuliferen.

b. Mit Nadel-B.

129. Juniperus communis. *L.* Gem. Wachholder. Strauch, zuweilen baumartig. B. („Nadeln") zu 3, weit abstehend, gerade, hart u. steif, stachelspitzig, 1/2" lg., bleibend. 2häusig. Stbgf.-Bth. kleine, kegelf. Kätzch. in den BWinkeln; die 3—6 Stbbeutel an den schildf. Stbblättern („Filamenten") angewachsen. Stplbth. eben- falls in den BWinkeln; nur die 3 obern Schüppch. vergrößern sich

zu einer 3samigen „Scheinbeere", welche im Herbst des 2ten Jahres reift. — Wld. u. Hd. — Coniferen.

130. Pinus sylvestris. *L.* Fohre, Kiefer. 50 — 100'. Rinde aschgrau o. zimmtbraun, rissig. Aeste aufw. strebend, bei jüngern Bäumen quirlf. um den Stamm, bei ältern abwechselnd. 1häusig. Stbgf.-Bth. in kleinen Büscheln, welche zs. ein gelbes, längl. Kätzch. bilden, rings um die jüngern Triebe. Stplbth. an den Spitzen der Zweige in kleinen, rothen Kätzch. Fr. ein ei-kegelf. Zapfen, dessen längl. Schuppen an der Spitze 3eckig und verdickt sind; Stiel so lang als der Zapfen; reift im Herbst des 2ten Jahres. B. zu 2 beis., rings um die Zweige, steif, schmal lineal, außen gewölbt, innen fast rinnenf., 1½—2" lg., lauchgrün, bleibend. — Lechauen und östl. Höhen; auf d. westl. Höhen nur vereinzelt. — Coniferen.

131. P. Larix. *L.* Lerche. 50—60'. Zweige bogenf. herabhängend. B. zu vielen in Büscheln, an den Sommerzweigen einzeln, krautig weich, glatt, hellgrün, 1" lg., im Herbst abfallend. 1häusig. Stbgf.-Bth. gelb, in eirunbl., ¼" lg. Büscheln; Stplbth. größer, roth. Zapfen 1" lg., längl. eif., an beiden Enden stumpf. — Angepflanzt: Siebentisch, Deuringen, Leitershofen.

. **132.** P. Picea. *L.* Weißtanne, Edeltanne. 80—120'. Krone pyramidenf. Aeste wagr., die untern etwas niedergebogen. Rinde glatt, weißl. B. einzeln, in 2 Reihen auf entgegengesetzten Seiten der Zweige kammf. gestellt, an jüngern Zweigen unregelm. vertheilt, 1" lg., an der Spitze ausgeschnitten, oben glänzend grün mit einer tiefen Furche, unten heller mit 2 weißen Linien. 1häusig. Stbgf.-Bth.-Kätzchen in den Anheftungswinkeln der B. unterhalb der jüngsten Triebe, 1" lg. Stplbth.-Kätzchen dunkler. Zapfen aufr., walzenf., 4—5" lg.; DeckB. herausragend; Schuppen f. stumpf, angedrückt, abfallend; Spindel bleibend. — Auf den östl. und westl. Höhen fast nur einzeln.

133. P. Abies. *L.* Fichte, Rothtanne. 80—120'. Krone u. Aeste der P. Picea ähnlich. Rinde rothbraun u. blätterig. B. zerstreut, einzeln, am Stamm rundum stehend u. fast anliegend, steif, zsgedrückt, fast 4kantig, stachelspitzig, an der Spitze gelbl. grün. 1häusig. Stbgf.-Bth. in den BWinkeln der vorjährigen Zweige, hellröthl. Stplbth. an den Spitzen der jungen Triebe. Zapfen 4—5" lg., abw. hängend, nach beiden Enden verdünnt, bei der Reife ganz abfallend; Schuppen ausgebissen gezähnelt. — Vorherrschender Waldbaum unserer Gegend.

B. Bth. nicht in Kätzchen.

a. Weiß.

K. 5th.; Blbl. 5.

134. Aesculus Hippocastanum. *L.* Roßkastanie. 50—80'. Knospen klebrig. B. 7zählig gefingert. Bth. in ansehnl., aufr. Trauben. K. glockig.KrB. ungleich. — Cult. — Hippocastaneen.

135. Staphylea pinnata. *L.* Fieberblättr. Pimpernuß.
Strauch 10—20'; auch baumartig. Zweige rund. B. gefiedert;
Fiedern 5—7, ellipt. zugespitzt, kahl, fein gesägt. Bth. glockig, in
wenigblumigen, hängenden Trauben. Fr. in häutiger, aufgeblasener
Kapsel. — Anlagen vor dem rothen und Jakober Thor. — Cela-
strineen.

136. Spiraea chamaedryfolia. *L.* Scamanderblättr.
Spierstaude. Aestchen rund, glatt. B. kreisrund eif., am Grund
keilf., zieml. ganzrandig, etwas lappig. Bth. in Ebensträußen.
Klappen aus breiterem Grund lz. pfrieml. Stbgf. so lg. als die Blbl.
— Anlagen. — Rosaceen.

137. Sp. opulifolia. *L.* Schneeballblättr. Sp. B. im
Umfang eif. rundl.; 3lappig gesägt. K. glockenförmig. Stbbeutel
purpuren. — Anlagen.

138. Crataegus Oxyacantha. *L.* Gem. Weißdorn. Dor-
niger Strauch, 5--10'. Rinde glatt, röthl. grau. Aeste verworren.
B. 3—5lappig, ungleich gesägt, obf. glänzend, kahl, länger als breit.
NB. nierenf., rund= u. starkgezähnt. Bth. mit 2—3 Gf. u. rothen
Staubbeuteln; in Doldentrauben. BthStiele und Aestchen kahl. Fr.
eine blutrothe, mehlig=saftige, ovale Beere, „Mehlbeere." — Gbfch.,
Wf., Hck. — Pomaceen.

139. C. monogyna. *Jacq.* Eingriffliger W. 8—16'.
Rinde heller. B. 3—5sp., fast eben so breit als lang, scharf gesägt,
obf. nicht glänzend, jüngere zottig. NB. lg. u. schmal, spitz u. fein
gesägt. Bth. mit 1 Gf. BthStiele zottig. Aestch. kahl. Fr. eine
größere, hochrothe, fast kugelige 1samige Beere. — Hck. b. Letters=
hofen.

140. Pyrus communis. *L.* Gem. Birnbaum. 20—90'.
Wipfel hoch u. blätterreich. Aeste aufstrebend. Knospen spitz. B.
glänzend glatt, so lang als der BStiel. Bth. zu 6—12 in Dolden.
Fr. am Stiel nicht eingedrückt. — Pomaceen.

141. P. Malus. *L.* Gem. Apfelbaum. 20—30'. Wipfel
mehr breit, weniger hoch und blätterreich. Aeste mehr wagr. Knos=
pen stumpf. BStiel halb so lang als das unten etwas wollige B.
Bth. zu 3—6 in Dolden, ins Röthliche spielend. Fr. am Stiel
eingedrückt.

142. Sorbus Aucuparia. *L.* Vogelbeerbaum. 15—50'.
Rinde grau, rissig. B. 5—7paarig gefiedert mit einem Endfieder;
Fiedern längl.=lanz, 2" lg., ½" br., scharf gesägt; jung behaart;
später kahl und glänzend. Knospen, junge Aeste, BStiele, USeite
der B., BthStiele und K. filzig, gegen den Herbst kahl. Bth. in
Trugdolden, weiß. Beeren roth, erbsengroß. — Wld., Gbfch., in
Alleen. — Pomac.

(Gelbl. weiß.)

K. u. Bkr.=Saum. 5sp.

143. Sambucus racemosa. *L.* Trauben=Hollunder. Strauch 6—10'. Mark der Aeste gelb o. gelbbraun. B. meist 5zählig ge= fiedert; Fiedern lang 1z.; ZweiDrüsen am Grund des BStiels. Bth. eben auf den Frkn. angewachsen, in eif., aufr. Rispen. Beeren 3samig, scharlachroth. — Kobel, Wolfertshf., Derching. — Capri- foliaceen.

(Weißl., in's Röthl. übergehend.)

KSaum 5zähn.; Bkr. röhrig, unregelm. 5sp., 2lippig.

144. Lonicera Caprifolium. *DC.* Durchwachsenes Geis= blatt. Rankender Strauch, 6—40'. B. gegenst., die unt. längl., stiellos; die mittl. s. stumpf; die ob. vom Stamm durchwachsen. Bth. stark duftend, zu 6 in Quirlen; am Ende des Zweiges ein ungestielter BthKopf. Fr. scharlachrothe Doppelbeeren. — Zierstrauch, cult. — Caprif.

(Bkr. weiß, Saum rosenroth, 5zähnig.)

145. Arctostaphylos officinalis. *Wimm. & Grab.* Gebräuchl. Bärentraube. Kriechender, immergrüner Strauch, 2—3'. Zweige knotig und sperrig, dicht belaubt. B. dick und fest, lederig, vk. eif., ungleich kleingesägt, stumpf, kahl, am Grunde ganzrandig u. gewim- pert; obs. glänzend dunkelgrün, untf. bleichgrün, netzartig. Bth. in kurzen, endst. Trauben. Stbbeutel schwarzroth, an der Spitze mit zwei Häkchen. Beeren roth. — Meringer=Au, obh. des Jägerhauses. — Ericineen.

(Weiß.)

KSaum 4zähnig; Blbl. 4.

146. Cornus sanguinea. *L.* Rother Hartriegel. Strauch, 6—16'. Zweige aufr., im Herbst und Winter blutroth, kahl und glänzend. B. ellipt., obs. fein angedrückt=, untf. abstehend=behaart, aber nicht filzig, obs. tiefnervig; im Herbst dunkelroth. Bth. in flachen Trugdolden. Blumen oberst. BStiele kurz, angedrückt=behaart. Beere rund, schwarz, weiß punktirt. — Wld., Hck. — Corneen.

KSaum 4—5th. Blb. 4—5.

147. Philadelphus coronarius. *L.* Wohlriechender Pfei- fenstrauch, Kandelblüthe. 5—7'. Zweige rothbraun. B. ge- genst., kurz gestielt, ellipt., zugespitzt, obs. kahl, untf. zerstreut kurzh.; entfernt spitz gezähnelt. BthTrauben von starkem Geruch; die Gipfel- bth. oft 5gliedrig, die übrigen 4gliedrig. Blb. länger als die Stbgf., oval, stumpf. Gf. tief 4sp. Kapselfr. — In Hecken gezogen; hie und da verwildert. — Philadelpheen.

b. Gelb.

(Papilionacee.)

148. Cytisus ratisbonensis. *Schffr.* Regensburger Bohnen- baum. Strauch 1—3', ausgebreitet, in allen Theilen angedrückt-

4

seidenh. Aestch. aufstrebend. B. 3zählig; Blättch. obf. kahl. Bth. seitenst., meist gezweit; Fahne groß, herabgebogen; N. mit Haaren umgeben. — Wldränder, Lechf., Wertachthal.

K. -u. Kr. 6b.

149. Berberis vulgaris. *L.* Gem. Berberitze. Strauch 4—10', mit gelbl. Holz u. 3th. Dornen. B. vk. eif., gewimpert=gesägt, unten büschelig, ungleich groß, oben zu 2, gleich groß. Bth.= Trauben vielth., niederhängend. Beeren roth, 3samig. — Hck. bef der Lech= u. Wertachauen. — Berberideen.

c. Grünl.

K. 5th.; Blr. 5b.

Acer. *L.* Ahorn. B. 5lappig. Fr. 2flügelig, in 2 nicht aufspringende, nußartige Früchtch. sich trennend.

150. A. pseudo-platanus. *L.* Weißer A. 60—90'. B. 5" lg., 6" br., spitzbuchtig, ungleich= u. stumpf=sägezähnig, obf. glänzend dunkelgrün, untf. meergrün; Lappen zugespitzt; dem Weinlaub ähnl. BStiele nicht milchend Knospen dünn, grünl. BthTrauben hängend, verlängert, am Grund zsgesetzt. FrFlügel etwas abstehend. — Wld. b. Ost= u. Westseite; Alleen. — Acerineen.

151. A. platanoides. *L.* Spitz=A. 50—80'. B. mit 5 langspitzigen Lappen, 3—4" lg., rundbuchtig, beiderf. glänzend und kahl, untf. nur f. fein rippenh. BStiele weißmilchend. Knospen dunkelroth. Ebensträuße aufr. FrFlügel weit auseinanderfahrend. — Allee zw. rothem u. Schwibbogen=Thor.

152. A. campestre. *L.* Feld=A. 10—30'. Rinde an den ältern Zweigen aufgelaufen rissig, weißgrau. B. 2—2½" lg. und br., steif, stumpf gespitzt, untf. welchh.; Zipfel ungezähnt, der mittl. stumpf=3lappig; den Johannisbeer=B. ähnl. BStiel weiß=milchend. Ebensträuße aufr. FrFlügel wagr. auseinanderfahrend. — Vorwld. b. Ostseite; Derching.

K. 4sp.; Blb. 4.

153. Evonymus europaeus *L.* Gem. Spindelbaum. Strauch u. Baum, 6—15'. Aeltere Triebe 4kantig; jüngere rund, grün u. glatt. B. lz. o. ellipt., zugespitzt, 3½" lg., 1¼" br., klein=gesägt, kahl. Bth. in sperrigen Rispen. Kapseln meist 4lappig, stumpfkantig, glatt, hellcarminroth ("Pfaffenkäpplein"); Same weiß mit gelber Haut. — Wf, Hk. — Celastrineen.

d. Blaß rosenroth.

K. 5sp.; Blb. 5

154. Cydonia vulgaris. *Pers.* Gem. Quitte. Strauch 10 —20', manchmal Baum. Aeste sperrig; junge Zweige filzig. B. kurzgestielt, eif., fast hzf., ganzrandig, beiderf. filzig, obf. zuletzt kahl. Bth. einzeln. Fr. goldgelb mit weißem Filz überzogen, bald Aepfeln, bald Birnen ähnl., mit dem Butzen aus den noch grünen KZipfeln bekrönt. — Cult. — Pomaceen.

155. Spiraea salicifolia. *L.* Weidenb. Spierstaude. Strauch, 3—4′ h. B. längl. Iz., ungleich=, fast dopp. gesägt. Bth. in gedrungenen Rispen. Nb. klein. — Anlagen — Rosaceen.

e. Hellviolett.

156. Lycium europaeum. *L.* Gem. Bocksdorn Strauch. Zweige ruthenf., übergebogen B. Iz., am Grund verschmälert. Blumen einzeln; Blumenröhre dopp. so lg. als der Saum. Stbf. 5, bärtig. Frkn. in der Blume. — Cult. — Solaneen.

f. Blau.

K. 5th.; BlrSaum 5lappig.

157. Vinca minor. *L.* Kleines Singrün. Kriechender Strauch, ³/₄—2′. Bthtragende Aeste aufr. B. Iz.=ellipt., 1³/₄″ lg., ½″ br., kurz gestielt, die obern an beiden Enden spitzig. Bth. einzeln, mit flachem Saum. — Deuringen, Leitershofen, Mühlhf, Haunstetten. — Apocineen.

II. Krautartige Pflanzen.

A. Cruciferen.

a. Weiß.

Vgl. 64—67.

158 Thlaspi arvense. *L.* Acker=Täschelkraut. Stgl. ½—1′ h., aufr., obw. ästig. B. pfeilf., graugrün, fettig. FrAehren lang, weitläufig Schötch. pfenniggroß, oval, breit geflügelt, ausgerandet, flach. S. der Länge nach gestreift. — Ak. u. Gartenland allenthalben.

159. Th. perfoliatum. *L.* Durchwachsenes T. Stgl. einfach o. v. Grund an ästig, 2—10″ h. StglB. hz = bis pfeilf. umfass., geschweift klein gezähnt, seltner ganzrandig, größer als die wenigen grundst. B. Bth. in Doldenträubch., ins Graugrünl. übergehend. FrAehren lang. Schötch. breit ausgerandet, schmal geflügelt, kleiner als bei d. vor. S. glatt, in jedem Fach zu 4 — Hck., Flußuf., Aeck.; Gersthofen, Pfersee.

160. Teesdalea nudicaulis. *R. Brown.* Nacktstengliger Bauernsenf. Schaft einfach o. ästig, nackt o. kaum beblättert, 2—6″ h. B. rosettig am Boden, leierf. fiedersp. Blb. ungleich, äußere länger. Schötch. klein, oval, geflügelt, oben ausgerandet. — Sandige Ack. b. Lützelburg.

(Gelbl. weiß.)

161. Turritis glabra. *L.* Kahles Thurmkraut. Ganze Pflanze blaugrau bereift. Stgl. steif=aufr., astlos, 2—4′ h., mit vielen pfeilf. o. tief hzf. umfass., kahlen B. WB. gezähnt o. schrot=sägef., von 3gabligen Haaren rauh. K. nur schlaff aufr. Schoten sehr lang, lineal, steif=aufr., von beiden Seiten flach zsgedrückt. — Trck. Grasplätze; Lechf, Kobel, Derching.

162. Sisymbrium Alliaria. *Scop.* Knoblauchs = Raute.

Stgl. 1—3' h. B. ungeth.; die unt. nierenf., grob=geschweift=gekerbt; die ob. hz.=eif., spitz gezähnt. Schoten mit den gleichdicken Stielen längl. aufsteigend, vielmal länger als das Bthstielch. — Hck., Wldrd, Wolfertshausen, Derching; Hck. um Oberhausen.

163. S. Thalianum. *Gaud.* Thal's Rauke. Stgl. aufr., schwach, 3—12" h., einfach o. ästig, wenig beblättert. B. längl. Iz., ungeth., stumpfl., entfernt gezähnelt, mit zerstreuten 2—3gabligen Haaren; die wnrzelst. rosettig, längl. spatelf., gezähnelt, in den BStiel verschmälert. Bth. klein, in Trauben. Schoten lineal, von Nadeldicke, auf den abstehenden, haarf. BthStielen aufstrebend. — Trck. Ack. b. östl. u. westl. Höhen.

b. Gelb.

Bg. 69 – 71.

164. S. Sophia. *L.* Feinblättriger N. Stgl. 1—3' h., steif, obw. kurz feinh. B. aufs feinste 3fach=gefiedert, von Sternhaaren grau. BthStielchen dopp. so lang als der offene K. Blb. so lang als der K. u. kürzer. Schoten abstehend. — Schutthaufen; Grb. bei dem städt. Ziegelstadel.

165. Barbaraea vulgaris. *R. Brown.* Gem. Barbarakraut. Stgl. aufr., 1—1½' h., von der Mitte an in abstehende BthAeste aufgelöst. B. leierf., Endlappen f. groß; die seitenst. 4paarig; ob. B. ungeth., gezähnt. BthTraube aufr., während des Aufblühens gedrungen. K. aufr. Blb. dopp. so lang als der K. FrStiele abstehend. Schoten lineal, stielrund, dopp. so dick als ihr Stielch. — Straßengrb., schte Plätze.

166. Biscutella laevigata. *L.* Gem. Brillenschote. W. mehrköpfig. Stgl. dünn, steif, 8—18" h. WB. längl., in den BStiel verschmälert. StglB. längl., halbstglumfass., behaart; die obern lineal. Schötch. von der Seite her flach zsgedrückt, am Grund u an der Spitze ausgerandet, von der Form einer Brille mit dicht zsgerückten Gläsern. — Wf., Wld b Wertachthales u. b. Lechebene.

e. Violett.

Bg. 68.

167. Hesperis matronalis. *L.* Gem. Nachtviole. Stgl. aufr., einfach, 1—2' h., an der Spitze ästig. B. ei=lz., zugespitzt, gezähnt. Bth. in Doldentrauben u. rispenf. K. aufr., mit 2 sackartigen Vertiefungen am Grunde. Blb. vk.=eif., f. stumpf, mit einem hervorspringenden Spitzchen. N. mit 2 Platten. Schoten stielrund, wulstig. Riecht Abends angenehm. — Gartenflüchtling auf Schutthaufen zc.

B. Papilionaceen.

a. Weiß.

168. **Pisum sativum.** *L.* Gem. Erbse. B. 2—3paarig gefiedert, zieml. groß; Blättch. eif., am Rand wellig. Nb. ei=halb=hzf. BthStiele 2—vielbth. K. 5sp. Fahne groß, rückw. geschlagen. S. kugelrund. — Cult.

b. Gelb.

169. **Anthyllis Vulneraria.** *L.* Gem. Wundklee. Viel=stengelig; Stgl. am Grund liegend oder aufsteigend. Unt. B. lg. gestielt, meist einfach; StglB. gefiedert, Fiedern ungleich, der endst. größer. Bth. in gezweiten Köpfch. mit fingerig geth. Dkb. K. auf=geblasen, 5zähnig; Zähne eif. Hülse zsgedrückt, 1samig. — Wf., Trst.

170. **Lotus corniculatus.** *L.* Gehörnter Schotenklee. Stgl. liegend. Bth. in Dolden, meist zu 5 beis. KZähne vor dem Blühen anliegend, pfrieml., fast gleich, so lang als die Röhre. Schiffch. rautenf., rechtwinklig aufsteigend, geschnäbelt. Flügel am Rand zsstoßend. Hülse stielrund, lg., v. d. zugespitzten Gf. gehörnt. Blättch. gedreit. — Fchte Wf., Wld.

171. **Hippocrepis comosa.** *L.* Schopfiger Hufeisenklee. Stgl. ausgebreitet, 1/3—1' lg. B. 5—-7paarig gefiedert. Bth. in einfacher, 6 12bth Dolden. BthStiel länger als das B. K. kurz, glockig, 5zähnig, fast 2lippig. Schiffch zugespitzt=geschnäbelt. Hülse fast in Form eines Hufeisens gebogen, kahl; Glieder gekrümmt, rauh, Gelenke eingedrückt. — Tr. Wf., Hd., Flußufer.

c. Purpurn.

172. **Trifolium pratense.** *L.* Wiesenklee. Stgl. aufstre=bend, 1/2—11/2' h. B. gedreit, anliegend behaart; Blättch. eif. o. ellipt. Nb. eif., abgebrochen begrannt. Bth sitzend, in behüllte, kugelige, zuletzt eif., meist gepaarte Köpfe zsgestellt, v. d. BAnsätzen getragen. K. flaumig, kürzer als die Hälfte der Bkr.; bleibend, unten in eine Röhre zsgewachsen; Zähne fädl., gewimpert. — Wf., Ack.; cult.

d. bunt: Fahne hellviolett, Flügel purpurn, Schiffch. weiß.

173. **Pisum arvense.** *L.* Zuckererbse, Stock=E. K. 5sp. Nb. ei=halbhzf. B. 2—3paarig. Blättch. ellipt. o. eif., kleingekerbt. BthStiele lang, meist 2bth. S. kantig eingedrückt, graugrün mit braunen Punkten. — Cult. u. verwildert.

C. Umbelliferen.

a. Weiß o. röthl.

174. **Sanicula europaea.** *L.* Gem. Sanikel. W. handf. geth. Stgl. einfach, armblättr., kahl, 3/4—11/2' h. WB. handf. geth. Dolden kopff., 3—5strahlig; Döldchen fast kugelig geknäuelt. ZwttterBth. sitzend, StbgfBth. f. kurz gestielt. Fr. fast kugelig, mit

hakigen Stacheln dicht bedeckt, auf dem Querdurchschnitt fast stiel=
rund; Früchtch. ohne Riefen, reichstriemig. — Gbsch., Wldrd.; Deu=
ringen, Derching, Wolfertshf.

175. **Pimpinella magna.** *L.* **Großer Bibernell.** Stgl.
kantig, gefurcht, beblättert, 2—3' h. B. einfach gefiedert, glatt;
Fiedern kurz gestielt, eif. o. längl., eingeschnitten, gesägt, der NB.
breiter, fast rundl. Dolden wenigstrahlig, vor dem Aufblühen nickend.
Gf. länger als der Frkn. Fr. längl. eif., v. d. Seite zusammenge=
zogen, kahl, mit dem kiffenf. Stplpolster und den zurückgebogenen
Gff. gekrönt. Früchtch. mit 5 fädl., gleichen Riefen — Wf., Gbsch.

b. Weiß.

176. **Carum Carvi.** *L.* **Gem. Kümmel.** W. spindelig. Stgl.
kantig, 1—2' h. B. dopp.=gefiedert, quirlst.; Fiedern linienf., die
unt. Paare an den gemeinsch. BStiel kreuzweise gestellt. BStiel
am Grunde scheidig. Beide Hüllen fehlend. KSaum kaum wahr=
nehmbar. Blb. ausgerandet. Fr. von der Seite zsgedrückt, längl.,
glatt. Früchtch. 5riefig, Thälchen 1striemig. — Wf. u. Wegrd.

D. Compositen.
a. Weiß u. hellpurpurn.

177. **Gnaphalium dioicum.** *L.* **Frühlings=Ruhrkraut.**
Kleines, weißfilziges Pflänzch. Stgl. 2—5" h., einfach. Ausläufer
gestreckt, wurzelnd. WB. vk. eif. spatellg, obf. kahl, untf. schnee=
weiß filzig. StB. sämmtl. fast gleich, lineal lz., an den Stgl. an=
gedrückt. HüllK. rosenroth o. schneeweiß, trockenhäutig, fast kugelig.
Bth. in gedrungenen Ebensträußchen. — Hb., v. d. Siebentischwald ꝛc.

b. Gelb.

178. **Aposeris foetida.** *Less.* **Nickender Drahtstengel.**
Schaft 1bth. WB. schrotsägef.=fiederth. Hülle und EKrone doppelt,
die äußere haarig, die innere grannig. — Meringer=Au obh. des
Jägerhaufes.

179. **Leontodon hastilis.** *L.* **Spießlicher Löwenzahn.**
W. abgebissen. Schaft ½—1' h., 1köpfig, blattlos o. mit 1—2
Schuppen besetzt, an b. Spitze dicker. HK. dachig. B. längl. lz.,
in den BStiel verschmälert, gezähnt o. fiebersp. gabelhaarig. Innere
Strahlen der Haarkrone federig, am breiten Grunde klein gesägt, die
äußern kurz und blos rauh. — Raine, tr. Wf.

180. **Tragopogon orientalis.** *L.* **Orientalischer Bocks=
bart.** Stgl. 1—3' h., milchend. B. lineal, gekielt, häufig wellenf.,
an der Spitze spiralf. gewunden. HK. einfach, 8b.; Blättch. am
Grund verwachsen. BthStiele gleich, am obern Ende ein wenig
verdickt. Bth. meist länger als der HK. EKrone gestielt. Sämmtl.
Blumen zungenf. — Wf.

181. **Scorzonera humilis.** *L.* **Niedere Schwarzwurz.**
W. mit schuppigem Schopf, milchend. Schaft ½—1' h., oben

weißl. wollig, mit 2—3 linealen, schuppenf. B. besetzt, 1—3köpfig.
WB. längl, lz. o. lineal lz. HüllK. meist wollig, halb so lg. als
die Blh. KSchuppen angedrückt, dachig. Frb. nackt. SKrone nicht
gestielt, federig, d. h. die Härchen an den Seiten wieder mit kleinen
Härchen besetzt. — Fcht. Moorgründe der Lechebene, des Wertach=
thals und der westl. Höhen, tr. Hd. auf d. Lechfeld, Lechufer.

182. Taraxacum officinale. *Wigg.* Gebräuchl. Pfaffen=
röhrlein. Schaft hohl, milchend, oft wollig, 1köpfig. B. längl.
fiebersp. = schrotsägef. o. ungeth, gezähnt o. ganzrandig. HK. dachig
mit unbeutl. AußenK. Frb. nackt. Blh. vielreihig. S. lineal bf.
eif., gerieft, etwas zsgedrückt, obw. schuppig=weichstachelig. SKrone
haarig, kugelrund. — Wf., Wd., uncult. Orte.

(Blaßgelb.)

183. Sonchus oleraceus. *L.* Gem. Gänsedistel. Milchend.
Stgl. 1—3' h., kahl, mit doldig ebensträuß. Aesten B. meist schrot=
sägef. o. fiebersp. o. leierf. o. ungeth., mit spitzen Oehrchen. HK.
kahl, nach dem Verblühen am Grunde bauchig. S. auf jeder Fläche
mit 5 Streifen und querrunzlig. SKrone einfach. — Uncult. Ld.,
Schutt.

(Sattgelb.)

184. S. asper. *Vill.* Rauhe G. Milchend. Stgl. rauh,
1—3' h., mit doldig ebensträuß. Aesten. B. dunkelgrün, dornig=
gezähnt, Oehrch. stumpf. K. nach dem Verblühen auffallend zuge=
spitzt und bauchig erweitert. S. jeders. 3 Streifen, aber ohne Run=
zeln. — Cult. Ld., Ak.

Crepis L. Pippau. HK. mit Schuppen am Grund, die gleich=
sam eine zweite Hülle bilden. Frb. nackt. Sämmtl. Blumen zun=
genf. S. stielrund o. wenig zsgedrückt, 10—30rießig. SKrone
haarig, einfach, aufsitzend. Strahlen haarfein.

185. C. praemorsa. *Tausch.* Abgebissener P. WStock ab=
gebissen. Schaft ½—2' h., blattlos, traubig. Trauben am Grund
zsgesetzt; die unt. BthStiele 2—3köpfig, die ob. 1köpfig. B. grundst.,
oval=längl., am Grund verschmälert, gezähnelt, flaumig. Samen
10—13rießig. SKrone schneeweiß, weich. — Lechauen, Ablaß,
Wolfszahn.

186. C. biennis. *L.* Zweijähriger P. Stgl. aufr., be=
blättert, etwas steifh., 2—4' h., an der Spitze ästig=ebensträuß. Blth.
in ansehnl. Rispen. Schuppen des AußenK. abstehend o. schlaff
anliegend. B. groß, schrotsägef. o. fiebersp., die stengelst. mit kurz
geöhrt = gezähntem Grund fast stglumfass.; die ob. ganzrandig. S.
13rießig. SKrone einfach=haarig, schneeweiß. — Wg.= u. Akrbr.,
Grasplätze.

187. C. virens. *Vill.* Grüner o. schlitzblättr. P. Ganze
Pflanze kahl, lebhaft grün. Stgl. ½—1½' h., oft zu vielen, be=
blättert, oben vielfach verästelt, eckig. B. meist schrotsägef. o. fiebersp.,
die ob. stglst. lineal, flach, am Grund pfeilf. Schuppen des AußenK.

anliegend. BlhKöpfe klein, in Ebensträußen. S. lineal=längl., 10=
riesig, an der Spitze etwas schmäler, glatt, bräunl. grau. — Wg.,
Ak., Trft.

188. C. paludosa. *Moench.* Sumpf=P. Stgl. aufr., ästig,
ebensträußig, 1—2' h. B. kahl; die unt. längl., spitz, schrotsägef.
gezähnt, am Grund verschmälert, die ob. et=lz., am Grund hzf.,
stglumfass., lg. zugespitzt, f. spitz. Blättch. des HK. lz., drüsig be=
haart, die äußern 1/3 so lang. S. 10riesig. — Nass. Wf. zw.
Statzling u. Friedbg., Schmutterthal; Wldth. der westl. Höhen.

189. Hieracium Pilosella. *L.* Gem. Habichtskraut,
Mausöhrlein. Schaft nackt, ungeth., 1köpfig, 1/4—1' h. Blh.=
Stiele verlängert, aufr. Ausläufer weithin kriechend, unfruchtbar o.
blhtragend; letztere an der Spitze aufstrebend. B. am Boden liegend,
vk.=ei=lzf., o. lz., borstig behaart, untf. graufilzig. HK. dachig, kurz
walzlich, zuletzt eif. Frb. nackt. Randst. Blh. untf. mit einem
Purpurstreifen. S. stielrund. SKrone nicht gestielt, haarig; Strah=
len haarfein, scharf, zerbrechlich. — Raine, Wsf., Wld.

190. Senecio vulgaris *L.* Gem. Greiskraut. Sgl. 1/4—
1' h. B. kahl o. spinnwebig wollig, fiederfp., die ob. mit geöhrl=
tem Grund stglumfass. Blättch. des HK. mit schwarzer Spitze. Blh.
sämmtlich röhrenf. — Gärten, Ak.

E. Labiaten.
Blau.

191. Ajuga reptans. *L.* Kriechender Günsel. Stgl. bis
1/2' h., fast kahl, mit kriechenden Ausläufern. B. längl.=vk.=eif.,
schwach kerbig gesägt, fast kahl. WB. größer als die StglB., eine
Rosette bildend. Blh. in gedrängter Aehre. OLippe f. kurz, nur
aus 2 Läppch. bestehend; ULippe 3lappig. — Wsf., Gebsch.

192. A. genevensis. *L.* Haariger G. Stgl. 1/4 — 1' h.
und nebst den B. zottig behaart. Unt. DeckB. 3lappig, seltener
gezähnt o. ganzrandig. W.= u. StglB. gleich groß. Keine Aus=
läufer. — Ak., Wsf., Grb., Raine.

(Purpurroth; ULippe lila, purpurn gefleckt, selten hell fleischfb. o. weiß.)

193. Lamium maculatum. *L.* Gefleckter Bienensaug.
Stgl. 1—3' h., unten niederliegend, oben aufstrebend. B. ei=hzf.,
kurz zugespitzt, ungleich gesägt. BkrRöhre gekrümmt, aufstrebend,
üb. d. Grund bauchig erweitert, üb. d. Erweiterung quer eingeschnürt
und inwendig mit einer Haarleiste. Rand des Schlunds abgerundet,
bbrf. mit einem pfrieml. Zähnch. OLippe gewölbt. Stbk bärtig.
— Gbsch., Hk., Zäune.

F. Blumenblattlose.
a. Grün.

194. Blitum bonus Henricus. *Meyer.* Ausbauernder Erd=
beerspinat. Stgl. 1/2—2 1/2' h. B. 3eckig=spießf., ganzrandig, die
end= und bwinkelst. Aehren zfgesetzt. FrPg. saftlos. — Schutt,
Straßengrb. Chenopodeen.

195. Scleranthus perennis. *L.* Ausbauernder Knaul.
Niedrige, am Boden liegende, graugrüne, 2th.=ästige Büschch. mit
2—8" h. Stgln. B. gegenst., lineal=pfrieml., dickl. Dckb. kürzer
als die in Dolbentrauben stehenden Bth. K. 5sp. KZipfel längl. lineal,
abgerundet stumpf, mit breitem, weißem Hautrande, zur FrZeit gerade
vorgestreckt, an der Spitze zsgeneigt. — Ak, Raine der östl. Seite,
Daslug. — Sclerantheen.

Grün (Schlund gelb). KRöhre glockig, Saum 8th.

196. Alchemilla vulgaris. *L.* Gem. Frauenmantel. Stgl.
aufstrebend, 4—10" h. WB. kreisrund, 7—9lappig, anfangs ge=
faltet; Lappen ringsum gesägt. Bth. klein, in endst. Dolbentrauben.
Gf. aus der Seite des Frkn. hervortretend. Nuß im bleibenden K.
— Trft., Wf., an Wlb. — Sanguisorbeen.

b. Röthlich.

Rumex. *L.* Sauerampfer. BthHülle 6th.; die 3 innern
Abschnitte mit der 3kantigen Fr. auswachsend. — Polygoneen.

197. R. Acetosa. *L.* Großer S. Stgl. 1—1½ h. mit
pfeil= o. spießf., sauern B. Nb. geschlitzt gezähnt. Bth. unscheinb.,
in Rispen; 2häuslg. Die 3 äußern Blättch. der Stplbth.=Hülle zu=
rückgeschlagen. — Wf., auch cult.

198. R. Acetosella. *L.* Kleiner S. Stgl. ¼—1' h., auf=
strebend. B. längl. o. lineal=lz., gewöhnl. spießf., dicklich, sauer.
Bth. 2häuslg. winzig klein, in Quirlen um Stgl. u. Aeste. Die 3
äußern, kleinern Blättch. der StplbthHülle aufr. anliegend. — Ak.,
Raine.

c. Gelblich.

199. Euphorbia Cyparissias. *L.* Cypressenblättr. Wolfs=
milch. Stark milchend. B. sehr schmal, auf dem ½—1' h. Stgl
scheinbar unrglm. zerstreut. Bth. in vielstrahligem Schirme stehend,
dessen Stiele mehrmals 2sp. sind; bis zu 11 einzelne, gestielte Stbgf.=
Bth., in deren Mitte eine einzige Stplbth. mit großen, gestielten
Frkn., in gemeinschaftl. ei=rautenf., ganzrandiger Hülle beis. — Wg.,
Wlbrd. — Euphorbiaceen.

G. Monokotyledonen.

1. Wasserpflanzen (auf d. Wasser schwimmend).

Lemna. *L.* Wasserlinse. Blattlos, mit einem in Blattform
verbreiterten, gegliederten Stgl. Diese blattf. Glieder, eines aus
dem andern herauskommend, treiben untf. aus einem Grübch. die in
das Wasser hinabhängenden WFasern. Auf stehendem Wasser oft
ganze Decken bildend. — Lemnaceen.

200. L. trisulca. *L.* Dreifurchige W. Stglglieder unter
der OFläche des Wassers schwimmend, lz., gestielt, kreuzweise stehend.
W. einzeln. — Stehende Waffer, Pfützen.

5

201. L. polyrrhiza. *L.* Vielwurzlige W. Stglglieder
runbl., oben glatt u. bunkelgrün, unten röthl. o. violett purpurn,
jebes mit mehreren büschelf. gehäuften W. — Stehende W.; Wolfszahn.

202. L. minor. *L.* Kleine W. Stglglieder vk.=elf., beiberf.
flach, jebes mit einem einfachen Würzelchen. — Sthbe Waff, Grb.

203. L. gibba. *L.* Buckelige W. Stglglieder vk.=eif., unten
halbkugelig aufgetrieben. W. einzeln. — Altwasser ber Wertach.

2. Landpflanzen. a. Schwarzpurpurne Kolben in eine Blumenscheibe gehüllt.

204. Arum maculatum. *L.* Geflecter Aron. Schaft
bis 1' h. B. spieß=pfeilf., oft braungefleckt. Die Blümch. auf einem
Kolben zsgestellt, der aus einer grünlichen, aufgeblasenen Scheibe
hervorragt. Stbgfth. vielreihig, höher stehend, blos aus Stbkolben
bestehend; Stplth. blos aus bem Pistill bestehend, auch vielreihig,
am Grund bes Kolbens eingefügt. Beeren scharlachroth. — Wf. bei
b. Friebberger Sägemühle; Hk. b. b. Merz'schen Fabrik. — Aroideen.

b. Weiß. Pg. 6th.

Convallaria. L. Maiblümchen. Glockige Blümchen, nickenb.
N. kopff. — Asparageen.

205. C. majalis. *L.* Wohlriechendes M. Pg. 6sp. Traube
enbst., einerseitswenbig. Schaft 4—8" h., nackt, halb=stielrund.
2 große, unten langscheibige WB. — Laub=Wld.

206. C. multiflora. *L.* Vielblumiges M. Stgl. 1—2' h.,
stielrund, oben übergebogen. B. stglumfass., eif. o. ellipt., zieml.
stumpf, kahl, bie untern zu mehreren aus den BWinkeln. BthStiele
bwinkelst., 2—5bth. Stbf. behaart. Beere violett. — Wld. u. Hb.

207. C. Polygonatum. *L.* Weißwurzliges M. Stgl.
kantig, 1—1½' h., aufr. B. stglumfass., wechselst., eif. o. ellipt., zieml.
stumpf. BthStiele bwinkelst., 1—2bth. Pg. walzig, einzeln o. zu
2 aus den BWinkeln. Stbf. kahl. Beere violett. — Wld. u. Hb.,
Lechauen, Siebenbrunnen, Mühlhf.

Pg. tief 4th.

208. Majanthemum bifolium. *DC.* Zweiblatt. Stgl. 3—
6" h., 2b. B. wechselst., gestielt, hzf. Blümch. klein, wohlriechenb,
in aufr. Trauben. Pg. = Zipfel wagr. abstehend o. zurückgebogen.
Beeren roth. — Wld. ber westl. Höhen, Lechauen. — Asparag.

c. Lippe gelb; seitl. B. braun purpurn.

209. Cypripedium Calceolus. *L.* Gem. Frauenschuh. W.
faserig, Schaft ¾—1¼' h., beblättert, 1—2bth. StglB. breit=eif,
beiberf. zugespitzt. Bth. offen; bie 2 ob. PgB. kelchartig, bie 2 unt.
verwachsen, aber gespalten; Lippe f. groß, bauchig aufgeblasen. —
Lechauen (Meringerau, Gersthofen). — Orchideen.

d. Gelbl. grün.

210. Listera ovata. *R. Brown.* Eif. Katzenschwanz. W. büschelig=faserig. Stgl. 1 — 1½' h. B. 2, fast gegenst. u. sitzend, eif., groß, dicklich, in der Mitte des Stgls. Lange, weitläufige BthAehre. Lippe bandf., nach dem Grund schmäler, v. d. Lippe an in 2 lineale Lappen gesp. — Meringer Au, Siebentischwald, zw. Lechhf. und Gersthofen. — Orchideen.

e. Grün; Frkn. violett.

211. Paris quadrifolia. *L.* 4blättr. Einbeere. WStock wagr. Stgl. ½ — 1' h. 4 breit=eif., sitzende B. im Quirl stehend, aus deren Mitte sich der 1blumige BthStiel erhebt. Pg. mit 4 äußern, breiten, und 4 innern, schmalen Zipfeln. Stbf. 8, schmal, zugespitzt, am Grund verwachsen, die Stbbeutel an ihrer Mitte tragend. Beere schwarzblau, fast von der Größe einer Kirsche; giftig. — Fchte schatt. Wld., bsds. Lechauen. — Asparag.

f. Ob. Blr.B. zsgewölbt, rachenf.; Lippe. 3lappig.

Orchis *L.* Knabenkraut. W. 2knollig. Pg. 6th., rachlg. Honiplippe abstehend, untf. nach hinten gespornt. Stbgf. mit dem Gf. genau verwachsen, die „Befruchtungssäule" zssetzend. Frkn. untst., gedreht. — Orchideen.

Helm schmutzig rothbraun, die seitenst. Zipfel d. Lippe hellröthl. mit dunklern Punkten.

212. O. militaris. *L.* Helmartiges K. Schaft ³/₄—1 h'. B. lineal lz. Lippe 3th., rauh getüpfelt; Mittellappen v. Grund an lineal u. erst an der Spitze verbreitert u. 2sp. Sporn kegelf., gekrümmt, hinabsteigend. Bth in vielbth., dichter, pyramidaler Aehre, wohlriechend. DeckB. 3—4mal kürzer als der Frkn. — Fchte Flußufer und Gbsch., bsds. der Lechebene.

Helm schwarzpurpurn; Lippe weiß mit rothen, sammtart. Punkten.

213. O. ustulata. *L.* Angebranntes K. Schaft aufr., 4—10" h. Bth. längl. lz. Aehre oben dunkler. Bth. klein, nach Honig duftend. Lippe 3th., mit schmalen Abschnitten, rauh getüpfelt; Mittellappen 2sp., mit längl. linealen Lappen; Sporn stumpf, ⅓ so lang als der Frkn. DeckB. fast so lang als der Frkn. — Hb. u. Trft. der Lechebene; Lechf.

Purpurn, hellroth, rosenroth, weiß, mit grünen Adern.

214. O. Morio. *L.* Triften=K. WKnollen kugelig. Stgl. ¼—1' h. B. längl. lz. Aehre armbth. Lippe breit, 3lappig; Mittellappen abgestutzt ausgerandet; Sporn walzl. o. fast keulenf., so lang als der Frkn. PgZipfel stumpf. DeckB. so lang als der Frkn. — Trft. und Abhg.

H. Gewächse mit Bth. v. verschiedener Gestalt.
a. Weiß. K. u. Kr. 4b.

215. Sagina procumbens. *L.* Niederliegendes Mastkraut.
Zierliches, rasenbildendes Pflänzchen mit 1—3" h. Stengeln, aufstei=
genden Aesten u. f. schmal linealen, kurz stachelspitzigen, kahlen am
Grund durch eine Haut verbundenen B. BthKnospen von Senf=
korngröße. BthStiele aus den ob. BWinkeln, nach dem Verblühen
hakenf. abw. gebogen; zur FrZeit aufr. KrB. 3 — 4mal kürzer
als die KB.; diese stumpf, grannenlos. — Hd., Brachäcker. —
Alsineen.

K. 5b. o. 5th.; Kr. 5b., rglm.
216. Spergula arvensis. *L.* Acker=Spark. Stgl. knotig
gegliedert, 1/2 — 1 1/2' h., mit geschwollenen Gelenken. B. lineal=
pfrieml, untf. mit einer Längsfurche, in 2 gegenst. Büscheln. Bth.
in endst. Rispen. KrB. ungespalten. — Ack. unt. d. Saat. — Alsin.

Stellaria. *L.* Sternmiere K. 5b. Blb. 2sp. Gf. 3. Kapsel
6klappig (durch einen Druck bringt man die Kapseln leicht zum Auf=
springen, so daß man die Klappen zählen kann.) — Alsineen.

217. St. nemorum. *L.* Wald=St. Stgl. schlaff, unten nieder=
liegend, obw. zottig, 1 – 2' h. B. gestielt, hzf., zugespitzt, die an
den Aesten sitzend. Rispe gabelsp. Blb. tief 2sp., 2mal so lg. als
der K. KB. Iz. Kapsel längl., länger als der K. — Fcht. Hck.,
LaubWld.

218. St. Holostea. *L.* Großblumige St. Stgl. aufstrebend,
4kantig, 1/2—1 1/2' hoch. B. sitzend, gegenst., Iz., zugespitzt, am
Rand und auf dem Kiele rauh. Ebenstrauß gabelig. DeckB. krautig.
Blb. halb 2sp., 2mal so lg. als der K. Kapsel kugelig, so lg. als
der K. — Hck., Wldrd., zw. Derching u. Stätzling.

219. St. glauca. *Withering.* Meergrüne St. Stgl. schlank,
unten wurzelnd, oben aufr., 4kantig, ganz kahl, mit starken Gelenken.
B. sitzend, lineal Iz., spitz, graugrün, gegenst. Ebenstrauß gabelig.
Deckb. trockenhäutig. K. offenstehend; KB. 3nervig. Blb. bis zum
Grund 2th., etwas länger als der K. Kapsel längl. eif., so lg. als
der K. — Grb., an der Schmutter, bei Wöllenburg.

Cerastium. *L.* Hornkraut. Blb. 2sp. o. ausgerandet, die
5 KB. weißgerandet. Stbf. 10. Gfr. 5. Kapsel 10klappig. —
Alsineen.

220. C. glomeratum. *Thuillier.* Geknäueltes H. Gelbgrüne,
zottige Pflanze. Stgl. aufr. o. aufstrebend, 3 — 8" h. B. rundl.
eif. o. ellipt., die unt. in den BStiel verschmälert. Aeste der Rispe
geknäuelt. Dckb. sämmtl. krautig, an der Spitze bärtig. Blb. am
Grund gewimpert und wie die FStielch. so lg. als der K. — Trk.
Abhg. b. Derching.

221. C. triviale. *Link.* Großes H. Stgl. aufstrebend, die
seitenst. am Grunde wurzelnd. B. längl. o. eif. Die ob. Aeste der
Rispe gehäuft. Dckb. am Rande trockenhäutig, an der Spitze kahl.

Frtragende BthStielchen 2—3mal so lang als der K. Blb. so lg.
als der K. — Ak., Wsf.

222. C. arvense. *L.* Acker=H. Stämmch geftreckt, am Grunde
wurzelnd. Stgl. aufftrebend, die nicht blühenden dicht raffg, die blü=
henden aufr., 7—15bth. B. lineal=lz. Dckb. breit=trockenhäutig=
berandet. BthStiele kurzh. flaumig, nach dem Verblühen aufr, mit
nickendem K. Blb. 2mal so lg. als der K., bis zur Mitte 2fp. —
Ack., Raine, Dämme.

223. C. semidecandrum. *L.* Kleines H. Stgl. oft liegend,
aber nie wurzelnd, 1—4" h. B. längl. o. eif., die unt. in den
BStiel verschmälert. K.= u. DeckB. mit f. breitem, glänzend weißem
Hautrande. BthStiele mit klebrigen Drüsen bekleidet. Stbf. meist
nur 5. Blb. kürzer als der K. — Sandige Hügel bei Hürblingen.
(Weiß, mit helleren Adern, oft rosenroth überlaufen.)

224. Oxalis Acetosella. *L.* Gem. Sauerklee. W. kriechend.
Pflanze 3—6" h. B. lg=gestielt, gedreit, vthzf., feinh., sauer. Zwischen
ihnen erhebt sich der mit 2 kleinen StützB. versehene 1bth. BthStiel.
K. 5th., klein. Die 10 Stbf. abwechselnd kürzer. Kapfel 5eckig,
vielsamig. — Wsf., Hf. — Oxalideen.

225. Saxifraga granulata. *L.* Körniger Steinbrech. Stgl.
einfach aufr., behaart, mit 2—3 keilf., 3—5fp. B., $1/2$—$1^1/_4'$ h.
WB. nierenf., kerbig gelappt. Bth. in schlaffer Rispe. Blb. längl.
vk. eif., dopp. so lg. als der K. Kapfel 2fächrig mit 2 Schnäbeln.
W. mit kleinen weißen Knollen. — Trk. Hügel u. Wgrd., bfds. der
östl. Höhen; Kobel. — Saxifrageen.

K. 10fp.; Blb. 5.
226. Potentilla alba. *L.* Weißblumiges Fingerkraut.
Stgl. kriechend, schwach aufftrebend, meist 3bth. WB. lg. gestielt,
fingerig=5zählig; Blättch. längl. lz., obf. kahl, untf. u. am Rande
seidenh., vorn gesägt; Sägezähne spitz, zsneigend. Blb. vk. hzf.,
wenig länger als der K. Stbf. nebst den Nüßch. kahl. Nüßch. an
den Vertiefungen behaart. — Gbfch., Hb., jenseitiges Lechufer. —
Rosaceen.

Bfr. trichterf.; KSaum verwischt.
Asperula. *L.* Waldmeister. BfrSaum abftehend. Fr. rundl.,
2knotig. — Stellaten.

(Bfr. meist 3fp.)
227. A. tinctoria. *L.* Färbender W. W. kriechend. Stgl.
aufr., einzeln, 1—$1^1/_2'$ h. B. lineal, kahl, am Rande etwas rauh,
die unt. 6ft., die ob. 4ft., ungleich. Bth ebensträußig. Dckb. rundl.
eif., spitz, grannenlos. Blfr.kahl; Röhre so lang als der Saum.
Fr. glatt. — Lechf., Gbfch. oberhalb der Friedberger Au.

(Bfr. 4fp.)
228. A. cynanchica. *L.* Hügel=W. W. spindelig, reich=
stengelig. Stgl. aufftrebend, ausgebreitet, f. äftig, 4—16" lg. B.
4ft., lineal, kahl, am Rande etwas rauh, die ob. ungleich. Bth.

ebensträußig. Dcfb. Iz., stachelspitzig. Bkr. außen rauh; Röhre so lang als der Saum. Fr. körnig rauh. — Trf. Hügel u. Raine.

229. A. odorata. *L.* **Wohlriechender W.** 6 — 20" h. B. Iz., am Kiel u Rande scharf, die unt. 6ft., die ob. 8ft. Bth. in gestielten Ebensträußen. Fr. mit steifen, hakigen Borsten. — LaubWld, Derching ꝛc.

Bkr. rabf., 4sp.; KSaum verwischt.

Galium. *L.* **Labkraut.** Bkr. flach. Fr. rundl., 2knotig. — Stellaten.

230. G. palustre. *L.* **Sumpf=L.** Stgl. schlaff, ausgebreitet, 4eckig, rückw=rauhh., manchmal glatt, $\frac{1}{2}$—$1\frac{1}{2}'$ lg. B. 4ft., selten 5—6 st., lineal=längl., vorn breiter, stumpf, ohne Grannen, einnervig, am Rande rückw=rauhh. Rispe ausgebreitet weitschweifig. Bkr. so groß als die Fr. Stbbeutel purpurn. BthStielchen nach dem Verblühen gerade, wagr. abstehend. Fr. glatt. — Grb., Sümpfe.

231. G. Mollugo. *L.* **Weiches L.** Stgl. gestreckt, o. aufr., 1—2' h, 4kantig, an den Gelenken geschwollen. B. meist 8st., Iz., stachelspitzig, untf. glanzlos. Aeste der sparrigen Rispe reichbth., die unt. wagr. abstehend. Zipfel der Bkr. haarspitzig. Fr. kahl, etwas runzlig. — Wf., Gbsch.

Bkr=Saum 5sp.

Valeriana. *L.* **Baldrian.** KSaum während der BthZeit eingerollt, bei der Fr. in eine federige Haarkrone ausgebreitet. Bth. in dichten, aufr. Ebensträußen. — Valerianeen.

(In's Fleischfarbene übergehend.)

232. V. officinalis. *L.* **Gebräuchl.** B. Stgl. 3—4' h., gefurcht. W. ohne Ausläufer. WStock schief, aromatisch=riechend. B. sämmtl. gefiedert, 7—10paarig. Bth. klein, in endst., 3th. Ebensträußen. Fr. kahl. — Ilf., Grb., fchte Wf.

233. V. dioica. *L.* **Kleiner B.** Stgl. 4kantig, $\frac{1}{2}$—$1\frac{1}{2}'$ h. Unterste WB. rundl. eif. o. ellipt., die der unfruchtb. Büschel langgestielt, eif., spitzlich; die unt. StglB. leierf.=fiederth., die ob. meist 3paarig. Ebensträuße endst. Fr. kahl. W. Ausläufer treibend. Bth. 2häusig. Bei den stplbth. Pflanzen sind die Bth. halb so groß, der vollkommene Gf. steht über den Bth. hervor und die mit unvollkommenen Stbkolben besetzten Stbgf. sind in der Bkr. verborgen. Bei den Zwittern ragen die vollkommenen Stbgf. nebst dem Gf. über die Bkr. hervor. — Fchte. Wf.

(Weiß.) K. 5th.; Bkr. trichterförmig.

234. Lithospermum arvense. *L.* **Acker=Steinsame.** W. roth, abfärbend. Stgl. krautig, aufr., $\frac{1}{2}$—$1\frac{1}{2}'$ h, an der Spitze ästig; einfach, o. am Grunde mit Nebenästen versehen. B. Iz., zieml. spitz, seidenartig grau; die unt. längl. Iz., stumpf, in den BStiel verschmälert. Fr.Kelche entfernt. Schlund der Bkr. durch 5 haarige Falten ein wenig verengert u. mit bläul. Ring gezeichnet. Nüsse runzlig rauh. — Ak. — Boragineen.

K. 5th.; Btr. rachig, gespornt. (Saumen gelb, Mittellappen b. Ußippe mit
2 gelben Flecken.)
235. Pinguicula alpina. *L.* Alpen=Fettkraut. B. längl.
rund, fleischig. Sporn kürzer als die Blkr., zurückgekrümmt. Kapsel
zugespitzt. — Fcht. Moorgründe, an Grb.; Lechf. —Lentibularieen.
236. Plantago lanceolata. *L.* Lanzettblättr. Wegerich.
Schaft gefurcht, 1/2—11/2' h. B. lz, nach beiden Enden verschmälert,
3—6nervig, kahl o. kurzh., am Boden liegend o schief aufr. Aehre
eif. o. längl.=walzig, kurz, gedrungen; Bth. mit weißen Stbbeuteln,
die später gelb und dann braun werden. DeckB. eif., zugespitzt,
trockenhäutig, kahl. Kapsel 2samig. — Wsf., Trft. — Plantagineen.
b. Gelb. Kb. 5, am Grund gespornt; Blb. 5.
237. Myosurus minimus. *L.* Kleinster Mäuseschwanz.
Kleines, unscheinbares, glattes Pflänzchen. BthSchaft 1—4" h.,
1blth. WB. lineal=spatelf., dicklich, aufr. KrB. f. klein, mit einem
fadenf. Nagel. FrBoden verlängert sich in einen oft über 1" lg.
aufr. Schwanz. — Sand. u. thon. Aek.; Diedorf, Banacker, Deuringer
Ziegelstadel, zw. Pfersee u. Stadtbergen. — Ranunc.
K. 3 o. 5b.; Blb. 5.
Ranunculus. *L.* Hahnenfuß. Blb. firnißglänzend. Stbgf.
viele. Frkn. viele, zugespitzt, in ein kurzes Köpfch. zsgehäuft. —
Ranunc.
238. R. acris. *L.* Scharfer H. Stgl. 1—3' h., vielblth.
BthStiele rund. WB. handf. geth., Zipfel fast rautenf., eingeschnitten=
spitz=gezähnt. Ob StglB. 3theilig, mit linealen Zipfeln. BStiele
flaumig. KB. nicht rückw. geschlagen. Früchtch. linsenf. zsgedrückt;
Schnabel viel kürzer als das Früchtch., etwas gekrümmt. Frb. kahl.
Scharf. — Wsf., Wld.
239. R. lanuginosus. *L.* Wolliger H. Stgl. 1—11/2' h.,
hohl, vielblth. BthStiele rund. WB. handf.=getheilt; Zipfel breit=
vk.=eif., 3sp. eingeschnitten. Obere StglB. 3th. mit längl.=lz. Zipfeln,
seideglänzend. BStiele abstehend rauhh. Früchtch. linsenf.; Schnabel
an der Spitze eingerollt, fast halb so lang als das Früchtch. Frb.
kahl. — Gbsch., Wld. b. östl. u. westl. Bergabhg.
240. R. repens. *L.* Kriechender H. W. mit kriechenden
Ausläufern. WB. gedreit. BthStiele gefurcht. K. abstehend. Früchtch.
rundl. vk. eif., zsgedrückt, fein=eingestochen=punktirt; Schnabel schwach
gekrümmt. — Aek, Wsf., Grb, Wld.
241. R. bulbosus. *L.* Zwiebelwurzliger H. Stgl. bis
1' h., unten zwiebelartig verdickt. BthStiele gefurcht. WB. 3zählig.
K. zurückgeschlagen. Früchtch. rundl. zsgedrückt, glatt, mit kurzem,
fast geradem Schnabel. — Aek., Wld.
KB. 10—15, blumenblattig, kugelig zsneigend.
242. Trollius europaeus. *L.* Europ. Trollblume. Stgl.
1—2' h., 1blth., wenigblättrig. B. 5—7th.; Zipfel 3sp., rautenf.,
tiefgesägt. Innerhalb des K. viele kleine zungenf. Honiggefäße (Blb.)
— Torfwf. im Schmutterth., Lecheb. — Ranunc.

K. 5fp.; Bfr. 5th., mit schmalen Abschn. (Weißgelbl., an der Spitze grau.)

243. Phyteuma spicatum. *L* Aehrige Rapunzel. WStock rübenf. Stgl. kahl, 1 — 2' h. B. dopp.=gekerbt=gesägt, die unt. gestielt, eif., am Grunde hzf., die obersten lineal. BthStand ährenf. KrZipfel lineal. — Laubwld., Gebsch. — Campanulaceen.

K. 10fp.; Bfr. 5b.

244. Potentilla reptans. *L.* Kriechendes Fingerkraut. Stgl. rankenf.=gestreckt und wurzelnd, einfach B. 5zählig; Blättch. längl. vk. eif., tief gesägt, obf. kahl, untf. zerstreut=haarig; Haare angedrückt. BthStiele lang, 1bth. Nüßch. gekörnelt=rauh. — Gras= plätze, Straßengrb. — Rosaceen.

245. P. opaca. *L.* Glanzloses F. Stämmch. gestreckt, oft wurzelnd. Stgl. aufstrebend und nebst den langen, dünnen, nach der BthZeit abw. gekrümmten BthStielen mit verlängerten, wagr. abstehenden Haaren dicht besetzt. B. 5 — 7zählig; Blättch. längl.= keilig, am ganzen Rande tief gesägt, gestutzt; Endzahn kürzer. Pflanze meist roth angelaufen. — Hd., Raine.

K. 5b., die 3 außern B. klein, grün; die 2 innern (Flügel) größer, blumen= blattig. Kr. 4b., unregelm., seitl. Blb. kleiner.

246. Polygala Chamaebuxus. *L.* Burbaumblättr. Kreuz= blume. Stgl. strauchig, ästig, niederliegend. B. lz. o. ellipt., immergrün, ledrig, stachelspitzig. BthStiele bwinkel= o. endst., 1— 3bth. Vorderes Blb. 4fp. Stbf. nur am Grund verwachsen. — Hd., Wld., Auen d. Lechebene, hinter Leitershofen. — Polygaleen.

K. 26.; Blb. 4.

247. Chelidonium majus. *L.* Gem. Schöllkraut. Stgl. ästig, 1—3' h. B. fiedersp.; Zipfel abgerundet, buchtig gezähnt. Dolden armbth. K. hinfällig. Kapsel schotenf., 2klappig. Die ganze Pflanze mit orangegelbem, scharfem Safte. — Hck., Wegrd., Schutt. — Papaveraceen.

K. aufgeblasen, 4zähn.; Kr. 2lippig, unrglm.

248. Rhinanthus minor. *Ehrh.* Kleiner Klappertopf. Stgl. ¼—1' h. B. längl. lz. Dckb. gleichfb., oft tiefbraun. K., OLippe der Kr. u. FrKapsel von der Seite platt zsgedrückt. Lippen der Bfr. gerade vorgestreckt. Röhre gerade, kürzer als der K. Die 2 Zähne der OLippe weißl. o. violett. S. mit kreisrundem Flügel umzogen. — Fcht. Wf. — Rhinanthaceen.

249. Rh. major. *Ehrh.* Großer K. Stgl. 1—1½' h. B. längl. lz. Dckb. verschiedenf., bleich; die obern eingeschnitten gesägt, mit pfrieml., haarspitzen Zähnen. Lippen d. Bfr. gerade vorgestreckt; Röhre etwas gekrümmt; Zahn auf beiden Seiten der OLippe eif., violett. Flügel des S. breiter als der halbe S. — Wf., Wld.

250. Rh. Alectorolophus. *Pollich.* Acker=K. Stgl. bis 2' h. B. längl. lz. Dckb. verschiedenfb., bleich. K. zottig. BfrLippen vorgestreckt; Röhre etwas gekrümmt; Zahn auf beiden Seiten der OLippe eif. SFlügel ⅓ so breit als der S. — Ak.

KRand unmerkl.; Bkr. sternf. 4th.

251. Galium Cruciata. *Scop.* Kreuzblättr. Labkraut.
Stgl. niederliegend, 4kantig, bis 1½′ lang, rauhh. B. 4st., ellipt.
längl. o. eif., 3nervig, gelbl. grün und behaart. BthStiele seltenst.,
ästig, deckblättrig, bei der FrReife abw. gekrümmt. Fr. rundl. 2kantig.
glatt. — Wf., Hck., Gbsch., Wld. — Stellaten.
(Innen gelb, außen rothbraun.) K. 10sp.; Blb. 5.

252. Geum rivale. *L.* Bach=Nelkenwurz. Stgl. 1—1½′ h.
B. leierf. gefiedert, die stglst. 3zählig. Bth. nickend. K. braunroth,
glockig, die Krb. verdeckend. Blb. breit verk. eif., ausgerandet, lg.
benagelt. FrKöpfch. lang gestielt. FrK. aufr. Früchtch. rauh und
lg. geschwänzt. — Grb, scht. Wf. — Rosaceen.

c. Fleischfb. bis roth (hellfleischfb.). K. 5th., Bkr. trichterf., Saum 5th.

253. Menyanthes trifoliata. *L.* Dreiblättr. Zotten=
blume; Bitterklee. Stgl. schief aufsteigend, ½ — 1′ h., von
den langen, unten scheidenf. BStielen eingehüllt. B. gedreit, lang
gestielt; Blättch. breiteif., ganzrandig, bitter. Bth. in lockerer Traube,
weiß bebärtet. — Sumpfwf. u. Grb, bsds. der Lechebene; Schmutter=
thal, Zimmerhof. — Gentianeen.
(Fleischroth.) K. 5zähn.; Blb. 5, benagelt.

254. Lychnis Flos cuculi. *L.* Kukuks=Lichtnelke. Stgl.
knotig, rauhh. o. kurzbeh., 1—2′ h. B. gegenst.; die grundst. spa=
telig, die stglst. lineal lz. Bth. rispig ebensträußig. K. walzig,
glockig, 10nervig; Zähne des K. kürzer als die Bkr. Blb. bis über
die Mitte 4sp., mit Schuppen am Schlund; Zipfel lineal, handf.
auseinanderstehend. — Wf. — Sileneen.
(Hellrosenroth.) K. 2b., Bkr. 4b., 2lippig, rachenf., gespornt.

255. Fumaria Vaillantii. *Lois.* Vaillant's Erdrauch.
Stgl. 3—8″ h. Ganze Pflanze graugrün. KB. kaum breiter als
die BthStielch., ¼ so lg. als die Bkr. Schötch. kreisrund mit
einer Spitze. Frtragende Trb. locker. BZipfel lineal, flach. — Ak.
am Weg nach Staßling, Friedb. Au, ev. Gottesacker. — Fumariaceen.
(Rosenfb., an der Spitze dunkler.)

256. F. officinalis. *L.* Gem. E. Zarte, graugrüne Büschch.
B. dopp. fiedersp.; Zipfel lineal, längl, flach. KB. breiter als die
BthStielch., ⅓ so lg. als die Bkr. Bth. 2—3‴ lg., in kleinen
Aehren. Schötch. rund, in der Quere breiter, vorne gestutzt. — Ak.
(Rosenfb., roth bis purpurn.)

257. Corydalis cava. *Schweigg g. Koert.* Hohlwurzl.
Lerchensporn. WKnolle hohl. Stgl. 2b., ohne Schuppen am
Grund, ½—1′ h. B. dopp. 3zählig, graugrün; Zipfelch. stumpf.
Dckb. ganz. BthStielch. ⅓ so lang als die vielsamige Kapsel.
BthTrauben 10—20blumig. Sporn cylindrisch, gekrümmt. Gf.
bleibend. FrStielch. ⅓ so lang als die Schote. — Hk., Vorwld.
bsds. der westl. Höhen. — Fumar.
(Rosenroth.) K. 5zähn.; Bkr. 2lippig.

258. Pedicularis sylvatica. *L.* Wald=Läusekraut. Hpt.=

6

Stgl. gegen 1/2' h., aufr., am Grund von eirunden, an der Spitze
gekerbten o. fiedersp. Schuppen eingeschlossen, vom Grund an bthtra-
gend. NebenStgl. gestreckt, bogig aufsteigend. BZipfel fiedersp.
gelappt KZähne obw. blattig und gezähnt. Bth. in längl. Trb.
OLippe der Bkr. fast sichelf., s. kurz geschnäbelt, abgeschnitten. Kapsel
geschnäbelt. — Sumpf. Wldwf., Schmutterthal, hinter Leitershofen,
Straßbg. — Rhinanthaceen.

(Rosen= o. carminroth.) K. 5zähn., Blb. 5, benagelt.
259. Lychnis diurna. *Sibth.* Tag=Lichtnelke. Stgl. aufr.,
1—2' h., obw. gabelig u. nebst B., BStielen u. K. zottig, einfach
behaart. Die ob B eif., plötzl. zugespitzt; die unt. ellipt. Bth.
2häusig, geruchlos, am Tag offen, Abends und Nachts geschlossen.
Blb. halb2sp., bekränzt. — Wsf., Gbsch., Wld. — Sileneen.

Geranium. L. Storchschnabel. Schnäbel der S. bei der
Reife nicht bartig u. nicht gewunden. Alle 10 Stbf. mit Beuteln.
— Geraniaceen.

(Purpurroth.) K. u. Kr. 5b.
260. G. dissectum. *L.* Schlitzblättr. St. Stgl. vom
Grund an ästig und ausgebreitet, kurzh., 1/4 — 3/4' h. BthStiele
2bth.. kürzer als das B., nach dem Verblühen abw. geneigt. Blb.
vk. eif., 2sp., so lang als der begrannte K., obh. des Nagels beiders.
bärtig. B. 5—7th.; Zipfel der unt. vielsp., der ob. schmal3sp.
Klappen glatt und abstehend behaart. — Ak., Bergh., Banacker,
Wolfertshf.

(Rosenroth bis blaßblau.)
261. G. molle. *L.* Weicher St. Stgl. zu mehreren, aus=
gebreitet, 1/4 — 1 1/2' h., von kurzen Haaren weich, von längeren zottig.
B. wollig beh., nierenf. rundl., 7—9lappig; Zipfel der unt. vorn
eingeschnitten, stumpf gekerbt. Blb. vk. hzf., fast 2sp., länger als
der kurz stachelspitzige K., am Grund feingewimpert. Klappen querrunzlig. S. glatt. — Ak., Zäune; Kobel, Weg nach Haunstetten.

Erodium. *L'Herit.* Reiherschnabel. Schnäbel bei der Reife
spiralig zsgedreht u. auf der innern Seite bärtig. 5 Stbf. mit, 5
ohne Stbbeutel. — Geraniaceen.

d. Purpurfb. K. u. Kr. 5b.
262. E. cicutarium. *L'Herit.* Schierlingsblättr. R. Stgl.
niederliegend, ästig, nebst den B.= u. BthStielen abstehend rauhh.,
die fruchtbr. am Grund rundl. verbreitert. B. dopp. fiederth., Blättch.
fast bis zum Mittelnerv fiedersp., Zipfel gezähnt. BthStiele vielbth.
Blb. ungleich, mit 3 dunkleren Nerven, länger als die KB. Alle
10 Stbf. am Grund verwachsen, die unfruchtb. den Blb. gegenst.
S. lg. geschnäbelt, auf dem Rücken angedrückt beh. — Ak.

e. Lila. KRand 4zähn.; Kr. trichterf., 4sp.
263. Sherardia arvensis. *L.* Acker=Sherardie. Nieder=
liegendes, ästiges Pflänzch. Stgl. 4kantig, 1/4 — 1' lg. B. meist
6st., lz., die unt. ellipt., obs. u. am Rande rauh. Bth. bis zu 8
büschelweise in einer 8b. Hülle. — Ak. — Stellaten.

f. Violett. K. 5th.; Btr. rachig, gespornt. (Vgl. Nr. 23.)

264. Pinguicula vulgaris. *L.* Gem. Fettkraut. Schaft
16th., 2—4' h. B. längl., fleischig, brüstg klebrig, am Rand um=
gebogen, alle grundst. Sporn pfrieml., kürzer als die Btr. BtrZipfel
längl. vk. eif, von einander abstehend. Kapfel eif., abgerundet. —
Torfwf., an Grb., Lechf., Statzling, Heide vor Siebentischwlb., Wolfs=
zahn. — Lentibularieen.

(Hellroth=violett.) K. 5sp., Btr. tellerf., 5th.
265. Primula farinosa. *L.* Mehlstaubige Schlüssel=
blume. B. vk. eif., stumpf gekerbt, kahl, untf. wie mit Mehl be=
stäubt, in der Jugend rückw. zsgerollt. Dolden reichblth. KZähne eif.
Btr. Röhre am Schlund mit kurzen Deckklappen, meist um die Hälfte
länger als K. u. Saum. HüllB. lineal, am Grund sackartig ver=
dickt. — Fcht. Wf., Hb., Flußuf. — Primul.

(Blaß=violett.) K. u. Kr. 5b.
266. Geranium pusillum. *L.* Kleinster Storchschnabel.
Stgl. niederliegend, ausgebreitet, mit abstehenden, f. kurzen Drüsenh.,
1/2 1' lg. B. nierenf., 7—9lappig, weichh. BthStiele 2blh., nach
dem Verblühen abw. geneigt. Wlb. längl. vk. hzf., so lg. als der
kurz begrannte K. Nagel fein gewimpert. S. glatt; Klappen an=
gedrückt flaumig. — Ak., Schutt. — Geran.

(Blauviolett.) K. u. Kr. 5sp.
267. Globularia vulgaris. *L.* Gem. Kugelblume. W. viel=
köpfig. WB. spatelig o. kurz 3zähnig. Stgl. 3—10" h. StglB.
zahlreich, lz., sitzend. Die Blüthch. in ein Köpfch. vereinigt. —
Lechhf., Lechuf., Hb. vor dem Spickel. — Globularieen.

g. Blau. (Vgl. Nr. 14—21.)
(hellblau, dunkler geadert). K. 4th., BtrSaum 4sp, ob. Zipfel breiter.
268. Veronica Anagallis. *L.* Wasser=Ehrenpreis. Stgl.
1/2—2' h., meist aufr., fast 4kantig, röhrig. B. kahl, sitzend, lz. u.
eif., spitz, schwach gekerbt, gesägt. Trb. bwinkelst. Kapfel rundl.,
seicht ausgerandet. — Bäche, Grb. — Antirrhineen.

(Sattblau, dunkler geadert.
269. V. Beccabunga. *L.* Quellen=E. Stgl. 1/2—2' lg.,
meist niederliegend, rund, hohl. B. kurz gestielt, elipt. o. längl.,
stumpf gesägt. Trb. bwinkelst. Kapfel rundl., gedunsen, seicht aus=
gerandet. — Bäche, Quellen, Grb.

(Lebhaft blau, dunkler geadert.)
270. V. Chamaedrys. *L.* Wald=E. Niedrig, buschig. Stgl.
1/2—1 1/2' h., unten wurzelnd, dann aufstrebend, 2reihig beh. B. fast
sitzend, eif., eingeschnitten gekerbt gesägt. Trb. bwinkelst. Kapfel
3eckig vk. hzf., gewimpert. — Wf, Hf., Wld.

K. u. Kr. 5sp.
271. Globularia cordifolia. *L.* Herzblättr. Kugelblume.
Halbstrauchig, liegend, fast kriechend. B. vk. eif., hinten keilig ver=
schmälert, an der Spitze f. stumpf, ungeth., ausgerandet u. zähnig.
— Lechf. — Globularieen. (Vgl. Nr. 267.)

(Dunkelblau.) K. 5ſp.; Kr. tellerf., 5th.

272. Myosotis intermedia. *L.* Mittleres Vergißmein=
nicht. Stgl. meiſt zu mehreren, ¹/₂—1¹/₂′ h. FrStiele gerade
abſtehend und wenigſtens dopp. ſo lg, als der abſtehend beh., bis
über die Mitte geſpaltene, nach dem Verblühen geſchloſſene K. B. längl.
Blth. klein, etwas concav. Aehren vor dem Aufblühen rückw. ge=
krümmt. — Ak. — Boragineen.

(Geſättigt blau.)

273. M. hispida. *Schlechtend.* Borſtiges V. Stgl. ¹/₄—1 h.
BlthStielch. nach dem Verblühen wagr. abſtehend, ungefähr ſo lg.
als der glockige, bis auf die Mitte geſpaltene, nach dem Verblühen
offene, abſtehend beh. K. Trb. geſtielt. Bkr. Röhre eingeſchloſſen.
Blth. ſ. klein. — Ak.

(Zuerſt ſchwefelgelb, dann hellblau, zuletzt dunkel himmelblau.)

274. M. versicolor. *Sm.* Buntes V. Stgl. aufr., zieml.
ſchlaff, 4—10″ h. FrStielch. faſt ſo lg. als der tief 5ſp., nach dem
Verblühen geſchloſſene, beh. K. Trb. geſtielt, rückw. gekrümmt. Bkr.
Röhre zuletzt dopp. ſo lg. als der K. — Ak. zw. Derching u. Statzling,
hinter Edenbergen.

(Blau.)

275. M. stricta. *Link.* Steifes V. Stgl. 3—8″ h., ſteif
aufr. FrStielch. kürzer als der tief 5ſp., nach dem Verblühen ge=
ſchloſſene, beh. K. Trb. ſtiellos, am Grund beblättert. BkrRöhre
kurz, kegelf. geſchloſſen. Blth. klein. — Ak.

(Blau mit weißer Röhre.) K. 5zähn.; BkrRöhre 5th.

276. Lycopsis arvensis. *L.* Acker=Krummhals. Borſtig rauhh.
Stgl. aufr., ¹/₂—1′ h., äſtig. B. lz., wellig gezähnt, ſteifh.; die
unt. in den BStiel verſchmälert, die ob. halbſtglumfaſſ. Trb. beblättert.
BkrRöhre in der Mitte gekrümmt; Schlund mit Klappen geſchloſſen.
— Ak., Kobel, Statzling ꝛc. — Boragineen.

(Azurblau.) K. u. Kr. 5ſp.

277. Gentiana acaulis. *L.* Stengelloſer Enzian. Stgl.
1blth., 2—4″ h. B. lz. o. ellipt., die WB. roſettig. KZähne aus
breiterem Grunde verſchmälert lz., an die kantig glockige BkrRöhre
angedrückt. Stbkolben zſgewachſen; N. halbkreisrund, gezähnelt. —
Hb., Wld., Moorgründe der Lechebene. — Gent.

(Dunkelblau.) KRöhre kreiſelf., Bkr. glockig, 5th.

278. Campanula glomerata. *L.* Geknäuelte Glocke. Weichh.
o. grauflaumig, ſelten kahl. Stgl. ¹/₂—1¹/₂′ h. B. kleingekerbt;
die wurzelſt. eif. o. eilz., am Grund abgerundet o. hzf., die unt.
ſtglſt. lggeſtielt, die ob. mit hzf, ſtglumfaſſ. Grunde ſitzend, zurück=
gekrümmt. Blth. zu 2—6 in den Winkeln der Deckb u. ſo einen
Knaul bildend. KZipfel lz. zugeſpitzt. Kapſel aufſpringend. — Wſ.,
Gbſch., Wldränder. — Campanulaceen.

(Blau, violett, roſenroth, weiß.) K. 5б.; Blth. lippenähnl. zwiſchen 2 großen
blauen KB.

279. Polygala vulgaris. *L.* Gem. Kreuzblume. Stgl.

aufr., 3—12" h., zieml. reich beblättert. B. wechselst., schmal lz.,
die unt. kleiner, ellipt. Seitenst. Dcfb. halb so lg. als die BthStielch.
Trb. endst., vielbth. Flügel ellipt. vk. eif., 3nervig, die äußern Nerven
ästig aderig, an der Spitze durch eine schiefe Ader ineinanderfließend.
Blb. verwachsen; die unt. gekielt, mit pinself. geth. Mittellappen —
Wf., Wld. — Polygaleen.

280. P. amara. *L.* Bittere K. Stgl. 2—6" h., einfach
o. rasig. StglB. lz. o. ellipt.; die unt. groß, vk. eif., rosettig.
Trb. endst., vielbth. FrK. während des Aufblühens fast sitzend.
Flügel vk. eif., 3nervig, die Seitennerven außen sparsam ästig aderig,
nicht zsfließend; Nerven an der Spitze kaum verbunden. — Fcht. Wf.,
Flußufer.

Juni.

I. Bäume und Sträucher.

a. Bth. weiß. (Papilionacee.)

281. Robinia Pseud-Acacia. *L.* Gem. Akazie. 40' h. An=
gepflanzter Baum, dessen Nb. in gerade Stacheln umgewandelt sind.
B. gefiedert; Blättch. eif., gestielt, kahl, ganzrandig. Bth. wohlrie=
chend, in hängenden Trauben. Hülse zieml. flach, kahl. — Anlagen
um die Stadt.

K. 5sp.; Blb. 5.

Spiraea. *L.* Spierstaude. B. groß, 3fach gefiedert. Bth.
in ansehnl. Rispen o. Ebensträußen. Fr. eine Kapsel, die sich in
mehrere mehrsamige Balgkäpfelchen trennt. — Rosaceen.

282. Sp. opulifolia. *L.* B. gelappt, 3rippig, eif=rundl. Bth.
in Ebensträußen. Bthstiele flaumhaarig. Stbbeutel purpurn. — Anlagen.

283. Sp. Aruncus. *L.* Geißbärtige Sp. B. groß, mehrfach
zsgesetzt. Nb. fehlend. Aehren rispig. Bth. 2häustg. — Fcht. Wf.,
Obfch.; Banacker, Wöllenburg.

284. Sp. Filipendula. *L.* Knollige Sp. Wfasern an den
Enden knollig verdickt. Stgl. einfach, 1—2' h. B. unterbrochen=
fein=gefiedert; Blättch. längl., fiedersp. eingeschnitten; Lappen gesägt.
Nb. an den Bstiel angewachsen. Ebenstrauß aus vielen kleinen
Bth.; manchmal röthlich. Kapseln flaumig, gleichlaufend aneinander=
gedrückt. — Moorgründe der Lechebene, Lechf., Wertachthal.

Rubus. *L.* Brombeerstrauch. Halbsträucher mit weichen
Dornen o. Stacheln besetzt. K. ziemlich flach. Stbgf. zahlreich,
mit den Blb. dem K. eingefügt. Frkn. zahlreich, frei auf einem
converen Frb. sitzend. Steinfr. in eine falsche, abfällige, oben convere,
unten concave Beere zsgewachsen. — Rosaceen.

285. R. Idaeus. *L.* Himbeerstrauch. 3—6' h. Stgl. rund,
aufr., ästig, mit feinen Stacheln. B. untf. schneeweißfilzig, gefiedert,
die obern 3=, die übrigen 5—7zählig. Bth. in achsel= und endst.,

hängenden Doldentrauben. Blb. vk. eif. keilig, aufr., kleiner als der abstehende K. Fr. sammtig, roth. — Wb. b. östl. u. westl. Höhen.

286. R. fruticosus. *L.* Gem. Br. 4—8' h. Stgl. bogig ge=krümmt o. gestreckt, ästig. Stgl. u. Zweige stets kantig, derbstachelig. B. 5= u. 3zählig, gefingert; Blättch. gestielt, untf. weichhaarig. Bstiel gekrümmt=stachelig. Blb. oval u. nebst dem K. abstehend, manchmal rosenroth. Fr. glänzend schwarz, nicht bereift. — Gbsch., Hck.

287. R. caesius. *L.* Acker=Br., Bocksbeere. 3—6' h. Stgl. bogig zurückgekrümmt o. gestreckt, rund, schwach=stachelig, grau=blaubereift, ästig. B. 5= u. 3zähltg, untf. anliegend=weichhaarig. Rispe doldentraubig. Blb. eif., ausgerandet, nebst dem K. abstehend. Fr. glanzlos, schwarz, blaubereift. K. auf der Fr. aufliegend. — Brachäcker, Rosenauberg, Lechufer.

288. R. saxatilis. *L.* Felsen=Br., Steinbeere. Frucht=tragender Stgl. aufr., ganz einfach, krautig; die unfruchtbaren ge=streckt, ausläuferartig. B. 3zählig. Ebenstrauß endst., 3—6bth. Blb. lineal. Fr. scharlachroth, aus 3—4 Pfläumchen gebildet, Schale der Steinfrüchtchen glatt. — Lohwäldch., Straßberg, Gbsch. am Abh. zw. Friedb. u. Wolfertshf.

289. Rosa arvensis. *Hudson.* Feld=Rose. Kletternder Strauch, 10—20' h. Stacheln zerstreut, derb, sichelf., am Grund zsgedrückt. Aeste verlängert, peitschenf. niederliegend. Blättch. 5—7, rundl. ellipt., gekerbt=gesägt, verschiedenfarbig, kahl, untf. glanzlos, abfällig. Nb. sämmtl. gleichgestaltet, längl. lineal, flach; Aehrchen eif., zugespitzt, gerade vorgestreckt. Bth. zu 1—3, Bthstiele lang, glatt o. kurz steifh. KZipfel schwach fiedersp., die Spitze derselben kürzer als die BthKnospe, von der aufrechten, eif. Fr. abfallend. Bth. einfach, geruchlos. Gf. zsgewachsen, so lang als die Stbgf. — Wurde früher an einem Graben zw. Pfersee u. Stadtbergen gefunden.

KSaum 5zählig; Bkr. radf., 5lappig.

290. Viburnum Opulus. *L.* Gem. Schneeball. Strauch 10—15' h.; dornlos. Stamm und die zieml. geraden Aeste haben eine glatte aschgraue Rinde und anfangs eine weite Markröhre. B. gegenst., 3—4" lg., 3—5lappig, obf. hellgrün u. kahl, untf. matt=grau u. flaumh.; Lappen zugespitzt, ungleich gezähnt. BStiel kahl, drüsig. Knospen 4schuppig. Ebenstrauß endst., gestielt. Die äußern Bth. strahlend, ohne Stbgf. Beeren rund, 1samig, scharlachroth, herb. — Hf., Gebüsche. — Caprifoliaceen.

291. V. Lantana. *L.* Wolliger Sch. Strauch 4—12' h. Knospen 26. B. dick u. steif, eif., gezähnelt gesägt, am Grund etwas hzf., untf. runzlig=adrig und nebst den Aestchen grau= o. gelb=filzig; obf. etwas flaumlich. Ebenstrauß endst., gestielt. Beere, eif., grau, dann hochroth, zuletzt schwarz, widerlich schmeckend. — Hf., Waldränder.

K. 4—5zähnig; Kr. 4—5zähnig. glockig.

292. Vaccinium Vitis idaea. L. Preißelbeere. Niedriger
Strauch 6—8" h. mit kriechender W., rundem Stgl. B. lederig,
immergrün, wechselst., vkeif., stumpf, unmerklich gekerbt, am Rand
zurückgerollt, untf. punktirt. Tr. endst., übhängend. Bkr. nickend,
kürzer als die Gf. Stbf wehrlos. Beeren roth. — Trock. Wordr.;
Wdsaum im Tiebelthal, bei Straßberg. — Vaccineen.

K. 4zähnig; BtrSaum 4sp.

293. Ligustrum vulgare. L. Gem. Hartriegel. Strauch
3—8' h. B. fast sitzend, dick u fest, gegenst. o. zu 3, ellipt.=lanz.,
ganzrandig, kahl, dunkelgrün. Rispen endst., gedrungen, aufr. Bth.
wohlriechend. Beeren schwarz, fleischig. — Wb. und Hecken. —
Oleaceen.

b. Bth. gelbl. weiß; K. blumenblattig, 4—5b.; Bkr. fehlt.

294. Clematis Vitalba. L. Gem. Waldrebe. Stgl. klet=
ternd. B. gefiedert; Blättch. eif., zugespitzt, ganzrandig, grob gesägt,
o. etwas gelappt, am Grund meist hzf. Bth. in Rispen. KB. längl.,
auf beiden Seiten filzig. Schweife der Früchtchen lang, bärtig. —
Hk, Gbsch., Lechufer u. Auen. — Ranunculaceen.

K. 5b., abfällig; Blb. 5.

295. Tilia grandifolia. Ehrh. Großblättr. Linde, Som=
mer=L. Baum 60—80' h. B. schief hzf.=rundl., zugespitzt, untf.
kurzh., in den Achseln der Adern gebärtet. BStiele fein=zottig. Die
BthStiele entspringen aus den BWinkeln u. sind mit einem zungenf.,
gelben Dckb. bis zur Hälfte verwachsen. Blb. in Doldentrauben,
meist zu 3 auf einem Stiel, stark duftend. Lappen der Narben aufr.
Fr. kleine rundl. Nüßchen mit kurzem Spitzchen und 5 Kanten. —
Wld. hinter Straßberg. — Tiliaceen.

296. T. parvifolia. Ehrh. Kleinb. L., Winter=L. Baum
60—80' h. B. fast so lang als breit, beiderf. kahl, untf. nur in
den Aderwinkeln mit rostfb. Haarbüscheln. Ebenstrauß 5—7bth.
Lappen der Narbe fast rechtwinklig auseinanderfahrend. Nüßch. schief
birnf., geschnäbelt, undeutlich 5kantig. Blüht 2 Wochen später als
die vorige. — Wd., Alleen.

KSaum 5zähnig; Bkr. radf., Saum 5sp., zuletzt zurückgebogen.

297. Sambucus nigra. L. Gem. Hollunder, Flieder.
Strauch u. Baum, 10—20' h. Aeste mit weißem Mark. B. ge=
fiedert, aus 3—7, meist 5, eif., gesägten Blättch. zsgesetzt. Nb.
warzenf. o. fehlend. Hauptäste der Trugdolben 5zählig. Beeren
schwarz, 3samig. — Cult. in Dörfern ꝛc., wild in Wld. — Caprifoliaceen.

KSaum klein, 5zähnig; Bkr. röhrig. Saum 5sp., unrglm.

298. Lonicera Xylosteum L. Gem. Heckenkirsche. Strauch
aufr., 4—8' h. Rinde grau, an jungen Zweigen sonnenwärts ge=
röthet. B. dick, eif., gegenst., flaumig, kurzgestielt. BthStiele 2bth.,
zottig, ungefähr so lg. als die Bth. FrK. am Grund zsgewachsen.

KSaum abfällig, die Beere nicht bekrönend. Beeren roth, gepaart.
Hf., Wld. — Caprifol.

c. Bth grünl. weiß. K. 4ſp.; Bfr. 4b.

299. Rhamnus cathartica. L. Gem. Wegdorn. Dorniger,
ſparriger Strauch, 2—5′ h. Aeſte gegenſt. Zweige mit gabelſtän-
digen u. einem endſt. Dorn. B. gegenſt., an der Spitze der Aeſte
büſchelig, zu beiden Seiten der Mittelrippe mit 3, meiſt zſneigenden
Hauptadern; rundl. eif., am Grund faſt hzf., kleingeſägt. BStiel
2—3mal ſo lang als die Nb. Bth. unvollkommen 2häuſig, faſt
büſchelig zu 3—5 in den BWinkeln der Seitenäſtchen. Wlb. lineal.
Steinfr. erbſengroß, erſt grün, dann ſchwarz, mit markigem Fleiſch,
auf dem bleibenden, zieml. converen Grund des K. ſitzend. Die
Samen mit einer Längsnaht bezeichnet, welche geſchloſſen, am Grund
u. an der Spitze knorpelig berandet iſt. — Wd., Hf. — Rhamneen.

(Gelbgrün.)

300. Rh. saxatilis. L. Stein=W. Sehr äſtiger, oft liegender
Strauch, 2—3′ h. Dornen gabel= u. endſt. B. ellipt. o. lz., klein=
geſägt. BStiel ſo lg. wie die Nb. Steinfr. auf dem bleibenden,
flachen, zieml. converen Grund des K. ſitzend, ſchwarz, 2—3ſamig,
Ritze der Samen klaffend, mit einem knorpligen Rand umzogen. —
Lechauen, Lech= und Wertachufer.

(Grünl. weiß, oft mit roſenrothem Anflug). KSaum 5th.; Kr. 5b.

301. Rh. Frangula. L. Faulbaum. 5—15′ h. Rinde
dunkelbraun, weiß getüpfelt. Aeſte u. B. wechſelſt., ohne Dornen.
B. ganzrandig, abfällig, ellipt., zugeſpitzt. Bth. einzeln, zwitterig.
Wlb. lang, die Staubbeutel kappenf. bedeckend. Beeren roth, ſpäter
ſchwarz, widerlich ſchmeckend, mit 2—3 hzf Samen. — Flußufer.

K. 4—5zähn.; Kr. 4—5zähn., kugelig, hellgrün, fleiſchfb. überlaufen.

302. Vaccinium Myrtillus. L. Gem. Heidelbeere. Strauch
bis 1′ h., mit grünen, ſcharfkantigen, ruthenf. Aeſten und weit umher
kriechender W. B. wechſelſt., dünn u. kahl, abfällig, eif., kleingeſägt
BthStiele einzeln, 1bth., bwinkelſt., übhängend. Beeren ſchwarzblau.
— NadelW. der öſtl. u. weſtl. Höhen. — Vaccineen.

d. Röthl. weiß. Bfr. eif. 5zähn.

303. V. uliginosum. L. Moraſt=H., Rauſchbeere. Som-
mergrüner Strauch, 1′ h., mit kahlen, ſtielrunden Zweigen. B. dünn
und feſt, abfällig, vk. eif., ſtumpf, ganzrandig, untſ. bläul. grün,
netzig. BthStiele gehäuft, übhängend. Beeren blauſchwarz, größer
als bei den vor. — Wdmoore der weſtl. Höhen; Abh. gegen das
Wertachth. b. Straßbg.; Diebelthal, Leitershofen.

e. Roth. Bfr. rabf.

304. V. Oxycoccos. L. Moosbeere. Zartes, immergrünes
Gewächs mit kriechenden Stgln. und fädl. Aeſten. B. klein, ſteif,
meiſt einerſeitswendig, zieml. ſpitz, am Rand ungebogen u. ganz, obſ.
grasgrün, untſ. aſchgrau. Bth. lggeſtielt, nickend. BfrZipfel längl.
rund, zurückgekrümmt. Beeren roth. — Wdmoore, Diebelthal, Abh.
gegen das Wertachthal bei Straßbg.

f. Gelb. Papilionaceen.

305. Sarothamnus vulgaris. *Wim.* Gem. Besenstrauch
Besenpfrieme. 2—4′ h. Aeste u. Zweige grün, aufr., ruthenf.,
kantig-gerieft. Unt. B. gedreit, lang gestielt. Blättch. vk.-eif., ganz-
randig, beiderf. seidenh. K. 2lippig, weit offen, Lippen rauschend.
Fahne fast kreisrund ausgerandet. Stbf 1brüdrig, bloßgelegt. Gf.
sehr lang, schneckenf. zsgerollt, obw. verdickt, an der Innenseite flach.
N. endst., klein, kopfig. Hülse zsgedrückt. — Wd. b. östl. u. westl.
Höhen.

306. Genista germanica. *L.* Deutscher Ginster. Strauch
1—2′ h. Stengel dornig, untw. blattlos, obw. ästig. Aestch. beblättert, rauhh., die bthtragenden wehrlos. B. lz. o. ellipt., die
jüngern zottig behaart. Bthtrauben zu mehreren an der Spitze des
Stgls. Dckb. pfrieml., halb so lang als das Bthstielchen. Fahne
rückw., Schiffch. abw. geschlagen. Hülse zottig. — Wd. b. östl. u.
westl. Höhen.

307. Cytisus nigricans. *L.* Schwärzl. Bohnenbaum.
2—4′ h. Angedrückt-haarig Aeste unverzweigt; Zweige aufr. B.
gedreit; Blättch. vk.-eif. u. längl., oben kahl, unten angedrückt-haarig.
Bth in aufr. Trauben. K. 2lippig, ohne Dkb.; Fahne eif.; Kiel
sehr stumpf. Stbf. 1brüdrig Gf. pfrieml., aufstrebend. Narbe
schief nach außen gebogen, gewimpert. — Wdrbr., Obsch., Straßbg.,
Lochhaus, Scherneck.

308. .C. sagittalis. *DC.* Geflügelter B. Niedriger. 6—8″ h.
Strauch. Stgl. geflügelt-zweischneidig, gegliedert; BthZweige 3—6-
flügelig. B. el-lzf., beiderf. etwas behaart. BthTrauben endst., fast
kopfig. KMöhre kurz. N. nicht gewimpert. Fahne groß, herabgebogen; Schiffch. die Stbf. einschließend. — Wdrbr., Hd., sonnige
Hügel.

309. Colutea arborescens. *L.* Baumartiger Blasen-
strauch. Strauch 6—10′ h. Zweige stielrund, nebst den Bthstielen
weichh. B. 9—13zählig gefiedert; Blättch. ellipt., gestutzt, untf.
fein weißh. Fahne ausgebreitet, mit abgekürzten Höckern; Kiel in
einen kurzen, gestutzten Schnabel endigend. Stbf. 2brüdrig. Hülsen
blasenf., geschlossen, auf einem stielf. Frtträger. — In den Anlagen
um die Stadt angepflanzt.
K. 5b., 3 größere und 2 kleinere B.; Bfr. 5b., rglm.

310. Helianthemum vulgare. *Gaertn.* Gem. Sonnen-
röschen. Halbstrauchig, aufstrebend. Stgl. 4—12″ h. B. gegenst.,
kurz gestielt, am Rande etwas umgerollt, eif. o. lineal-längl., stumpf,
wimperig, obf. zerstreut beh., untf. oft filzig. Nb. lz. BthTrauben
mit Deckb. Die frtragenden BthStielch. gewunden herabgebogen.
Die Bth. nur bei Sonnenschein geöffnet. Die 3 innern KB. stumpf,
mit einem aufgesetzten Spitzchen. — Hd. — Cistineen.

g. Rosenfb. K. 5sp.; Blb. 5.
311. Spiraea salicifolia. *L.* Weidenblättr. Spierstaude.

7

Strauch 3—4' h. Zweige ruthenf., kahl, dichtbelaubt. B. aufr., f. kurz gestielt, längl.=lz., kahl, ungleich=gesägt. BthTrauben gipfelst., gedrungen rispig. — Anlagen um die Stadt, cult. — Rosaceen.

K. krugf., 5fp.; Blb. 5.

312. Rosa cinnamomea. *L.* Zimmt=Rose. Strauch 4—5' h., schlank. W. kriechend. Aeste und Zweige geröthet. Stacheln der Zweige gekrümmt, meistens unter dem BStiel gepaart; an den WSchossen dicht u. fein, gerade, ungleich. Blättch. zu 5 o. 7, eif. längl., einfach gesägt, untf. aschgrau, flaumig. Nb. der nicht blühenden Aestch. lineal längl., mit röhrig zschließenden Rändern; die der blühenden abw. verbreitert, Aehrchen eif., zugespitzt, abstehend. KRöhre u. BthStiele kahl. Zipfel des K. so lang als die Bkr., ganzrandig, mit einer Iz. Spitze. Die frtragenden BthStiele gerade. Fr. kugelig, klein, roth, mit dem bleibenden zschließenden K. gekrönt, markig. Bth. wohlriechend, zu 3—5 ebensträußig beif.; die mittleren ausgenommen, sämmtlich mit einem Deckb. gestützt. Frkn. kurz gestielt. — Hf., Lechufer. — Rosaceen.

(Rosa o. weiß.)

313. R. canina *L.* Hunds=Rose. Strauch 2—6' h., steif und gerade; lange Aeste herabgebogen. Stacheln zerstreut, fast gleichgroß, am Grund verbreitert u. zsgedrückt, plötzl. in eine Spitze zsgezogen und sichelf. zurückgekrümmt; an den Zweigen meist paarweise unter die Nb. gestellt. Nb. an den blühenden Aestch. deutl. breiter, als an den nichtblühenden. Blättch. zu 5—7, ellipt. o. eif., geschärft gesägt, die ob. Sägezähne zsneigend. Zipfel des K. fiederfp., fast von der Länge der Bkr., zurückgeschlagen, von der reifenden Fr. abfallend. Die frtragenden BthStiele gerade, meist kahl. Fr. ellipt. o. runbl., scharlachroth, knorpelig, meist ohne Lappen. — Hf.

h. Purpurn. PgSaum 4th.

314. Daphne Cneorum. *L.* Wohlriechender Seidelbast. Kriechender, immergrüner Strauch, oft doldig verästelt. Aeltere Zweige warzig, zähe; jüngere weichh. B. steif, nach oben gehäuft, lineal keilig, stumpf o. ausgerandet, kurz stachelspitzig, kahl. Bth. endst., büschelig, kurzgestielt, nebst den Deckb. und Stengeln obw. flaumig. Zipfel des Pg. ellipt. Beeren rothgelb — Hd. der Lechebene, Lechauen. — Thymeleen.

K. trugf., 5fp.; Blb. 5.

315. Rosa gallica. *Lindl.* Essig=R., Zwerg=R. Niedriger, selten über 1' h. Strauch, dünnholzig, wurzelkriechend. Aeste kurz, aufr., BthStiele u. K. drüsig=borstig. Stacheln der jährigen Stämme gedrungen, ungleich; die größern aus verbreitertem, zsgedrücktem Grunde pfrieml., etwas sichelf., die kleinern borstl.; zahlreiche drüsentragende Borsten eingemischt. Blättch. zu 5—7, ellipt o. runbl., etwas starr, lebrig, einfach gesägt, untf. weißl. grün. Nb. lineallängl., flach; Aehrchen ei=lz., spitz, auseinanderfahrend, an den bthft. B. gleichgestaltet. KLappen fiederfp., kürzer als die große, flattrige

Bkr., zurückgebogen. Frkn. ungestielt. Fr. aufr., kugelig, karmin=
roth, knorpelig, meist ohne Klappen. — Hk., Wegraine, Hainhofen,
zw. Haberskirch u. Griesbach. — Rosaceen.

i. violett, mit 2 grasgrünen, weißrandigen Flecken am Grund der Zipfel.
K. 5sp.; Bkr. rabf., 5sp.

316. Solanum Dulcamara. *L.* **Bittersüß.** Strauch 3 — 4' h.
Stgl. niederliegend, bogig=schlängelig. Junge Zweige grün, kantig.
Rinde bittersüß. B. ei=hzf., lggespitzt, unten oft geöhrt, obere spießf.,
ganzrandig, fast kahl, untf. weißl. grün, gestielt. Ebensträuße fast
Bgegenst. Stbkölbchen cylindrisch zsschließend. Beeren eif., roth. —
Weidengbsch. an Flußuf., schte Wf. b. Derching; unterh. des Lueg=
ins=Land. — Solaneen.

k. Lila. (Vgl. Nr. 63.) K. 4zähn.; BkrSaum 4sp.

317. Syringa persica. *L.* **Persischer Flieder.** Zartästig,
niedrig. B. lz. Fr. eine Kapsel. — In Hecken, aber nicht häufig.
— Oleaceen.

II. Krautartige Gewächse.

A. Cruciferen.

a. Weiß. (Vgl. Nr. 66. 67.)

318. Arabis hirsuta. *Scop.* **Rauhh. Gänsekraut.** Stgl.
1/2 — 1' h., untw. von abstehenden Haaren rauhh. B. längl., ge=
zähnelt, mit ästigen Härchen bestreut; die wurzelst. in einen BStiel
verschmälert; die stglst. vom Grund an aufr., etwas abstehend, mit
gestutzt=geöhrtem o. hzf. Grund sitzend; die Oehrch. vom Stgl. ab=
stehend. K. nur schlaff aufr. Schoten aufr. angedrückt, schmal
lineal, zsgedrückt, längsaderig, mit einem etwas hervortretenden Nerven.
S. nicht punktirt, an der Spitze etwas geflügelt. — Graspl., Raine,
Lechf., Mühlhf., Derching.

319. Kernera saxatilis. *Rb.* **Stein=K.** K. etwas abste=
hend. Die 2 längern Stbf.=Paare unter der Spitze zsgeneigt u. ge=
zähnt. Schötch. durch sehr concave Klappen gedunsen, fast kugelig.
— Lechkies beim Ablaß.

320. Lepidium campestre. *R. Br.* **Feld=Kresse.** Weißgrau
behaart. Stgl. oben ästig, 1/2 — 1 1/2' h., dichtbeblättert. Die wurzelst.
B. längl., in den BStiel verschmälert, am Grund buchtig zähnig;
gezähnelt, am Grund pfeilf. stglumfass. KB. abstehend. Blümch.
klein; Blb. gleich. Stbf. zahnlos. Schötch. ellipt., abstehend, v. d.
Mitte an geflügelt, schuppig punktirt. — Grb. an der Straße nach
Statzling.

(Weiß, gelb, mit dunklern Adern.)

321. Raphanus Raphanistrum. *L.* **Acker=Rettig.** Rauh
behaart. Unt. B. leierf.; ob. B. längl., sägezähnig. K. aufr. u.
geschlossen. Schoten einfächerig, perlschnurf., bei der Reife gerieft,
länger als der Gf. — Ak.

b. Gelb.

322. Nasturtium palustre. *DC.* Sumpf-Brunnenkresse.
Stgl. aufr. Die unt. B. leierf., die ob. tief fiebersp.; Zipfel längl,
gezähnt. Kleine Blümch., nicht über den offenen K. hervorragend,
in end- und achselst. Trauben. Schoten längl., gedunsen, ungefähr
so lg. als die BthStielch., vom kurzen Gf. gekrönt. — Grb., am
Wege nach Bergheim.

323. Sisymbrium officinale. *Scop.* Gebräuchl. Rauke.
Stgl. 1—2′ h. B. schrot-sägeartig-fiederth.; Zipfel 2—3paarig,
längl., gezähnt, der endst. s. groß. K. offen. Schoten mit den
BthStielch. an die Spindel angedrückt, lineal-pfrieml., flaumh. Scharf.
— An Wegen, Straßengräben, Schutthaufen.

324. Erysimum cheiranthoides. *L.* Lackartiger Hederich.
Stgl. 1—2′ h. B. längl. Iz., nach beiden Enden verschmälert, geschweift gezähnelt o. gezähnt, mit gleichf. 3sp Haaren bestreut; stglst.
B. sitzend. BthStielch. 2—3mal so lg. als der geschlossene K. u.
fast halb so lg. als die Schoten. Schoten aufr. abstehend, 4kantig,
von der Seite etwas zsgedrückt, mit entfernten Härchen bestreut. —
Aeck. zw. Piersee u. Leitershofen; Wöllenburg.

325. Sinapis arvensis. *L.* Feld-Senf. Stgl. 1—2′ h.
B. eif., ungleich gezähnt, die unt. am Grund geöhrt o. etwas leierf.
K. wagr. abstehend; KB. glatt, so lg. als der BthStiel. Schoten
walzl., holperig, lggeschnäbelt, Klappen mit 3 sehr hervortretenden
Nerven; Schnabel fast so lg. als die Schote, 2schneidig. — Unter
der Saat.

326. Alyssum calycinum. *L.* Kelchfrüchtiges Steinkraut.
Kleines, mit sternartigen Haaren überdecktes Pflänzchen. Stgl. auf-
strebend, 2—10″ h. B. grau, Iz., am Grund verschmälert, die unt.
vk. eif. Trb. endst. Kr. kaum länger als der zur FrZeit bleibende
K. Krb. ausgerandet, zuletzt weißlich. Die kürzern Stbf. auf beiden
Seiten mit einem borstl. Zahn bespitzt, die längern ohne Anhängsel.
Schötch. kreisrund, in der Mitte erhaben, von s. kurzen angedrückten
Sternhärchen grau; Narb am Rande. — Ak., an Mauern, trk. Abhge.

327. Camelina sativa. *Crantz.* Gebauter Leindotter.
Stgl. 1—2′ h. Mittl. StglB. längl. Iz., ganzrandig o. gezähnelt,
am Grund pfeilf. KB. aufr. Schötch. birnf., erbsengroß; Fächer
meist 8samig. — Cult. u. verwildert unter der Saat u. auf Brachäckern.

328. C. dentata. *Pers.* Gezähnter L. Stgl. 1—2′ h.
Mittl. StglB. lineal-längl., buchtig gezähnt o. fiedersp., hinten verschmälert, am pfeilf. Grund wieder verbreitert. Schötch. kugelig,
aufgeblasen; Fächer meist 12samig; S. dopp. so gr. als bei C. sativa.
— Ak. b. Friedberg 2c.

329. Neslia paniculata. *Desv.* Gebüschelte N. Stgl. 1/2—
2′ h. B. längl. o. lz., ganzrandig o. gezähnelt; die unt. in einen
BStiel verschmälert, die stglst. ungestielt, tief pfeilf., die ob. lineal-
pfeilf. Bth. in kleinen, langen Aehren. Schötchen fast kugelig,

von Hirsekorngröße, mit dem Gf. gekrönt, nicht auffspringend, ein=
samig. — Ak.

B. Papilionaceen.

a. Gelb.

330. Medicago falcata. *L.* **Sichel=Schneckenklee.** Stgl.
am Grund liegend, dann auffsteigend, 1—2' lg. B. 3zählig; Blättch.
stachelspitzig, nach der Spitze gezähnt, die der untern B. längl.=, der
obern lineal=keilig. Nb. Iz.=verschmälert, die untern gezähnt. Blh.=
Stiele kürzer als der K., länger als das Deckb., nach dem Verblühen
aufr. Trb. reichblh., fast kopfig. Hülsen wehrlos, sichelf. o. zsge=
dreht, meist mit einer Windung, netzig=adrig, angedrückt=flaumig. —
Weg= u. Ackerränder, Weiden.

331. M. lupulina. *L.* **Hopfen=Sch.** Stgl. ausgebreitet,
niederliegend u. auffsteigend, 1/4—1 1/2' h. B. 3zählig; Blättch. vk.
eif., seicht ausgerandet, vorn gezähnt, untf. schwach seidenh. Nb.
einfach, fast ganzrandig. Trb. reichblh., gedrungen, kopfig, länger
als das B. Hülse länger als der K., wehrlos, nierenf. gedunsen,
an der Spitze gewunden, der Länge nach bogig=adrig, kahl o. ange=
drückt flaumig o. zerstreut drüsigh., mit gegliederten, abstehenden
Haaren. — Wf., Trft.

Trifolium. *L.* **Klee.** Die Blthen kopff. vereinigt; KrB.
unten in eine Röhre zsgewachsen. Stbgf. 2brüderig, mit den Blb.
verwachsen. B. 3zählig.

332. T. agrarium *L.* **Goldfarbener K.** Stgl. aufr. o.
niederliegend, 1/4—1 1/2' lg. Blättch. vk. eif., gestielt, das Endblättch.
ungestielt. Köpfch. seitenst., gestielt, gedrungen, rundl. o. eif. K.
kahl, die 2 obern Zähne kürzer. Gf. 4mal kürzer als die Hülse.
Blh. zuletzt herabgebogen, zuerst goldgelb, später hellbraun. — Wdwf.,
Gbsch.; Wöllenburg, Straßberg.

333. T. filiforme. *L.* **Fadenf. K.** Stgl. fadenf., dünn.
Nb. einfach. Blättch. keilf., ausgerandet, das mittl. meist länger
gestielt. Köpfch. klein, seitenst., gestielt, locker, meist 10blh. Blh.
zuletzt herabgebogen K. kahl; Zähne etwas haarig, die 2 obern
kürzer. Gf. 1/4 so lang als die Hülse. — Fcht. Wf., Wöllenburg,
Leitershofen, Stadtbergen, Statzling, Derching.

334. Tetragonolobus siliquosus. *Roth.* **Schotentragende
Spargelerbse** Stgl. niederliegend u auffstrebend, 1/4—1 1/2' lg.
Blättch. vk. eif. BlhStiele einblh., 2—3mal so lang als das B.
Blh. groß. Flügel der Hülse gerade, 1/4 so breit als die Hülse. —
Fluß= u. Kanaluf. d. Lechebene.

335. Coronilla vaginalis. *Lam.* **Scheidenblättr. Kron=
wicke.** Nb. einfach, in ein einziges B. zsgewachsen, von der Größe
der Blättch. B. 3—4paarig; Blättch. vk. eif., das unterste Paar
vom Grund des BStiels entfernt. Dolden 6—10blh. BlhStielch.
so lang als die glockige Röhre des K., die untern Zähne des K.
sehr klein, wenig bemerklich. Nägel der Blb. ungefähr so lang als

der K. Kiel zugefpißt gefchnäbelt Stbgf. 2brübrig. Hülfen 4flügelig.
— Hb. b. Lechebene, Lechf., Lechauen.

336. Lathyrus pratensis. *L.* Wiefen=Platterbfe, Honig=
wicke. Stgl. kantig, flügellos, weichh B. einpaarig, der gemein=
fchaftl. BStiel der obern B. in eine Wickelranke enbigend. Nb. halb
pfeilf., breit lz. Bth. in langgeftielten, reichen Trauben, allfeitig
abftehend, länger als das B. Zähne des K. kürzer als der Frkn.,
fämmtl. Iz=pfrieml. Hülfe lineal=längl., fchiefabrig, Abern hervor=
fpringend. — Gbfch., Wld.
(Weißgelbl.)

337. Trifolium montanum. *L.* Berg=Klee. Stgl. faft
aufr., $\frac{1}{2}$—1$\frac{1}{2}'$ h. Blättch. ellipt., gefchärft=kleingefägt, untf. nebft
dem Stgl. haarig, am Rande dicht aberig. Nb. eif., zugefpißt.
Köpfch. enb= unb achfelft., runbl., ohne Hülle. BthStielchen fehr
kurz, 2—3mal kürzer als die KRöhre. K. halb fo lang als die
Bkr., etwas zottig, im Schlunde nackt; KZähne faft gleich. — Wf.,
Hb., Wbränber.
(Weiß o. rofenroth, im Verblühen fchmußiggelb.)

338. Tr. repens. *L.* Kriechender K. Stgl. geftreckt, wur=
zelnb. Nb. raufchend, abgebrochen haarfpißig. Blättch. keilig, vk.
hzf., kleingefägt. Köpfch. achfelft., runbl.; Stielchen nach dem Ver=
blühen herabgebogen, die innern fo lang als die KRöhre. K kahl,
im Schlunde nackt, halb fo lang als die Bkr.; Zähne lz., die 2
obern länger. — Fchte. Wf., uncult. Orte.
(Weiß, im Verblühen rofenroth.)

339. Tr. hybridum. *L.* Baftard=Klee. Stgl. auffftrebend,
ganz kahl, röhrig. Nb. krautig, längl. lz. B. rautenf.=ellipt. ftumpf.,
kleingefägt; die untern Blättch. vk. eif. Köpfch. runbl., gebrungen.
BthStiele bwinkelft., zuleßt doppelt fo lg. als das B. BthStielch.
nach dem Verblühen herabgebogen, die innern 2—3mal fo lang als
die KRöhre. K. kahl, im Schlunde nackt, halb fo lg. als die Bkr.;
Zähne pfriemlich, die 2 obern länger. Bth. fpäter herabgebogen. —
Fchr. Ak., Naine; Anwalding, Wöllenburg, Deuringen, Mühlhf.
(Weiß, röthl. o. blaßlila.)

340. Phaseolus vulgaris. *L.* Gem. Bohne. Stgl. windend
o. zwergig. B. 3zählig; Blättch. eif. zugefpißt. Tr. armbih., geftielt,
kürzer als das B. BthStielch. gezweit. Hülfen hängend, glatt,
zieml. gerabe. Cult. Stgl. fchlingend, hoch = Ph. vulgaris α *L.*
Stgl. kaum fich fchlingend, niedrig = Ph. nanus. *L.*

b. Fahne rofenroth, Flügel u. Kiel weiß.

341. Coronilla varia. *L.* Bunte Kronwicke, bunte
Peltfche. W. weit kriechend. Stgl. meift liegend, 1 — 2' lg., f.
äftig unb ausgebreitet. Nb. lz., frei. B. meift 10paarig, graugrün;
Blättch. längl. vk. eif., ftumpf. BthStiele länger als das B. Dolden
meift 10—20bth. BthStielchen 3mal fo lg. als die Röhre des K.
Kiel fpiß gefchnäbelt, an der Spiße fchwarzpurpurn. Hülfe lg, 4kan=
tig. — Ak., Hb., Naine.

c. Fahne grün, in's Fleischrothe spielend, am Grund purp.; Flügel vorn,
Schiffch. a. d. Spitze purp.

342. Lathyrus sylvestris. *L.* Wald-Platterbse. Stgl.
oft weit kletternd, bis 6' lg. und nebſt den BStielen breit-geflügelt.
Nb. halb-pfeilf., lineal. BthStiele reichbth., länger als das B.
Blättch. 1paarig. Hülſen längl. lineal, kahl. S. klein-runzlig, der
Nabel die Hälfte des S. umgebend. — W., Gbſch. an Abhängen
der öſtl. u. weſtl. Höhen; Straßbg., Wöllenbg., Wulfertshſ.

d. Roſenfarben.

343. L. tuberosus. *L.* Knollige P., Erdnuß Die ſehr
tief gehenden, fadenf. WFaſern verdicken ſich in haſelnußgroße, eßbare
Knollen. Stgl. klimmend, 2—3' lg., kantig, flügellos, kahl. B.
1paarig, BStiel in Ranken endigend. BthStiele länger als das B.
Tr. vielblumig, lg. Die ob. KZähne kurz-3eckig. Hülſe lineal-längl.,
kahl, netzig-adrig. — Af.

344. Onobrychis sativa. *Lam* Angebaute Esparſette.
Stgl. aufſtrebend, 1 2' h. B. 9—12paarig; Blättch. lineal-längl.
Trb. reichbth., dopp. ſo lg. als ihr B. Flügel kürzer als der K.
Schiffch. wenig länger o. kürzer als die Fahne. Hülſe faſt kreisf., am
vordern Rande gekielt u. wie auch auf d. Mittelfelbe dornig-gezähnt;
Zähne ſo lg. als d. Breite des Schiffch. — Tr. Wſ., Hd., Roſenau-
berg, Friedberger Lechbrücke, Siebenbrunnenfeld.

e. Purpurn.

345. Orobus niger. *L.* Schwarze Walderbse. W. äſtig.
Stgl. 1—1½' h., kantig, äſtig, zerſtreut beh. B. meiſt 6paarig;
BStiel rinnig; Blättch. dicklich, eif.-längl., ſtumpf, untſ. meergrün,
glanzlos Nb. lineal-lz. Bth.-Tr. bwinkelſt., lggeſtielt. Gf. lineal,
v. d. Mitte bis zur Spitze bärtig. — Wld. auf d. Anhöhe zwiſchen
Scherneck und Aach.

346. Vicia angustifolia *Roth.* Schmalblättr. Wicke.
Meiſt kahl. B. meiſt 5paarig, mit Wickelranke endigend; Blättch.
der unt. B. vk. eif., ausgerandet. geſtutzt o. abgeſchnitten; der ob.
lz-lineal o. lineal. Bth. bwinkelſt. meiſt gezweit, kurz geſtielt. Zähne d.
K. lz-pfrieml., ungefähr ſo lg. als ihre Röhre, gerade hervorgeſtreckt.
Fahne kahl. Hülſe ſitzend, abſtehend, lineal, bei der Reife kahl und
ſchwarz. S. kugelig. — Feuchte Af. d. öſtl. u. weſtl. Höhen.

f. Fahne blau, Flügel purp., Schiffch. meiſt weißl.

347. V. sativa. *L.* Futter-W. Zottige Pflanze. B. meiſt
7paarig; Blättch. vk. eif., o. längl. vk. eif., ſämmtl. ausgerandet
geſtutzt. Bth. bwinkelſt., zieml. groß, meiſt gepaart, kurz geſtielt.
Zähne des K. lz-pfrieml., ungefähr ſo lg. als ihre Röhre, gerade
hervorgeſtreckt. Fahne kahl. Hülſe ſitzend, aufr., längl., flaumig,
lederbraun. S. kugelig. etwas zſgedrückt, grün, braun marmorirt.
— Cult. u. verwildert.

g. Violett.

348. V. Cracca. *L.* Vogel-W. Stgl. klimmend, weichh.,

1—4' lg. B. meist 10paarig; Blättch. längl. unb lz., nervig=abrig, flaumig. BthStiele verlängert, reichbth. Trb. einseitig, gebrungen, so lg. als das B. u. länger. Die ob. KZähne aus breitem Grund plötzl. pfrieml., s. kurz. Platte der Fahne v. d. Länge des Nagels. — Scht. Hk., Gbsch., Ak.

(Flügel blässer.)

349. V. villosa. *Roth.* Zottige W. Stgl. u. B. zottig. B. meist 8paarig; Blättch. lz., nervig=abrig, abstehend flaumig o. zottig. Nb. halbspießf., ganzrandig. Tr. reichbth., gebrungen, v. d. Länge der B. u. länger. BthStielchen so lg. als die halbe KRöhre. Platte der Fahne halb so lg. als ihr Nagel. Hülsen ellipt., fast rautenf. Nabel ⅛ so lg. als der Umriß des S. — Ak. b. Berg= heim, Stadtbergen.

350. V. sepium. *L.* Zaun=W. W. ausdauernd, mit fadenf. Ausläufern. Stgl. hin und her gebogen, 1—2' h. B. 5 – 8paarig, mit einer Wickelranke endigend; Blättch. oval u längl., abgestutzt, mit einer Stachelspitze. Tr. bwinkelst., 2 — 56th., viel kürzer als das B. KZähne aus breiterem Grund pfrieml., ungleich, die 2 ob. zsneigend. Fahne kahl, mit dunkleren Adern. Hülse gestielt, lineal= längl., kahl. — Hk., Gbsch.

b. Scharlachroth u. auch weiß.

351 Phaseolus multiflorus. *Willd.* Schwert = Bohne, türkische B. Stgl. windend. B. 3zählig; Blättch. eif., zugespitzt. Tr. reichbth., gestielt, länger als d. B. BthStielch. gezweit. Hülsen hängend, rauh, etwas sichelf. — Cult.

C. Umbelliferen.
(Sämmtl. weiß.)

352. Astrantia major. *L.* Große Schwarzmeisterwurz. Bth. in büschelf. Schirmen, fast Köpfch. gleichend, v. einem Kranze weißlicher, aufr. stehender HüllB. umgeben, die so lg o. länger sind als die Schirme, ganzrandig o. an der Spitze bdrsf. 1 — 2zähnig. WB. handf.=5th., meist bis auf den Grund gespalten; Zipfel längl. vk. eif., spitz, fast 3sp., ungleich spitz=eingeschnitten=gesägt. KZähne ei=lz., stachelspitzig. Riefen 5, faltig gezackt, hohl, aufgeblasen. — Gbsch., Wld., Diebelthal, Meringer=Au, Siebentischwald.

353. Aegopodium Podagraria. *L.* Gem. Geißfuß. W. krie= chend. Stgl. aufr., 2 — 3' h. WB. u. mittl. B. gedreit; Blättch. eif. längl., ungleich gezähnt; obere einfach 3zählig. Dolden vielstrahlig, groß, flach. Hülle u. Hüllch. fehlend. KRand verwischt. Blb. vk. eif., ausgerandet, mit einem einw. gebogenen Läppch. Fr. von der Seite zsgedrückt, längl.; Früchtch. mit 5 fädl. Riefen — Hk und scht. Wldstellen.

354. Aethusa Cynapium. *L.* Garten=Gleiße, Hundspeter= silie. Auf Aeckern meist nur einige Zoll hoch, in Gärten u. an Hk. oft 1—4' h. B. glänzend, dopp. bis 3fach gefiedert, gerieben widerl. riechend;

Blättch. fiederſp. Hülle fehlt. Unter jedem Dölbch. 3 lange, zurückgeſchla=
gene Hüllblättch. Die äußern fruchttragenden BlhStielch. 2mal ſo lg.
als die Fr. KRanb verwiſcht. Blb. vk. eif., ausgeranbet, mit einem
einw. gebogenen Läppch. Fr. eif.=kugelig; Früchtch. mit 5 erhabenen,
dicken, ſpitz gekielten Riefen, die ſeitenſt. mit einem etwas geflügelten
Kiel umgeben. Striemen der Fuge am Grund etwas auseinander
ſtehend. Giftig. — Grt., Ak., häufiger Begleiter der Peterſilie.
(Manchmal in's Röthliche ſpielend.)

355. Heracleum Sphondylium. *L.* Gem. Bärenklau. Stgl.
2—5' h., fingerbick, eckig gefurcht, hohl, rauhh. B. groß, rauhh.,
gefiebert o. tief fiederſp.; Fiebern ſ. groß, lappig o. handf. getheilt,
gekerbt geſägt. BScheiben aufgeblaſen. Dolde groß, ſtrahlend (d. h.
Randblumen größer als die übrigen); Dölbch. flach. KrBlättch.
ausgeranbet mit eingeſchlagenen Läppch. Frkn. flaumig. Fr. platt,
oval, ſtumpf, ausgeranbet, zuletzt kahl. Fuge 2ſtriemig; Striemen
nur bis zur Mitte gehend, nach unten keilf. verdickt. — Wſ., Hk.

356. Orlaya grandiflora. *Hoffm.* Großblumiger Breit=
ſamen. Stgl aufr., äſtig, 1/2—1' h. B. 2—3ſach gefiebert; Fie=
berch. lineal, ſtachelſpitzig. KSaum 5zähn. Blb. ſtrahlend, vielmal
länger als der Frkn., tief 2ſp. Fr. vom Rücken her linſenf. zſgedrückt;
Riefen borſtentragend; Borſten an der Spitze pfrieml., hakig; Neben=
riefen der Früchtch. gleich. — Ak b. Haunſtetten, Au bei Scherneck,
zwiſchen Bobingen u. Neuhaus.

(Die mittl. Bth. gewöhnl. dunkelpurp. u. unfrucht.)

357. Daucus Carota. *L.* Gem. Mohrrübe, gelbe R. W.
ſpindelf. Stgl. ſteifh., äſtig 1—3' h. B. 2—3ſach gefiebert, glanz=
los; Fiederchen fiederſp.; Zipfel lz, haarſpitzig. Hüllblättch 3ſp.
u. fiederſp., faſt ſo lg. als die Dölbch. Dolde in der Blüthe flach,
nach derſelben zſgezogen u. vertieft, faſt neſtf., von einer großen, aus
langen fiederſp. o. 3th. Blättchen gebildeten Hülle umgeben. Früchtch.
reich beſtachelt; Stacheln ſo lg. als der Querdurchmeſſer der längl.
eif. Fr. — Wſ., Weg= u. Akränder, Schutt. In Gt. cult.

358. Torilis Anthriscus. *Gaertn.* Hecken = Borſtdolde,
Klettenkörbel. Schmutzig grüne Pflanze. Stgl. aufr., 2—4' h.,
borſtig. Aeſte abſtehend. B. dopp. gefiedert; Blättch. längl., ein=
geſchnitten geſägt. Hülle reichblättr. Dolde flach, lggeſtielt. Früchtch.
mit 5 borſtl. Hauptriefen, die Nebenriefen durch eine Menge von
Stacheln, die das ganze Thälchen einnehmen, verwiſcht; Stacheln
einw. gekrümmt, an der Spitze einfach, ſpitz, nicht widerhakig. —
Hk., Triften.

359. Anthriscus sylvestris. *Hoffm.* Großer Klettenkörbel.
Stgl. 3 4' h., untw. rauhh., obw. kahl B. kahl, glänzend, dopp.
gefiedert, untf. auf den Hauptnerven borſtl.=haarig; Fiederchen fiederſp.,
die unt. Zipfel eingeſchnitten. Dolden lggeſtielt, 8 — 12ſtrahlig.
Hülle fehlt. Dölbch. mit 5b., zottig bewimpertem Hüllch. Gf. länger
als das Stempelpolſter. Fr. längl., v. b. Seite zſgezogen, geſchnäbelt,

glatt o. zerftreut knötig; Knötchen grannenlos; Schnabel ⅕ fo lg.
als die Fr.; Früchtch. faft ftielrund, glatt, nur am Schnabel 5riefig.
— Hk. u. Obfch.

Chaerophyllum. *L.* Kälberkropf. Früchtch. fchnabellos, mit
5 gleichen, ganz ftumpfen Riefen; die feitenft. randend. Thälch.
1ftriemig.

360. Ch. temulum. *L.* Beraufchender K. Schmutzig
grüne Pflanze. Stgl. 1—3' h., oft fchmutzig roth gefleckt, unt. b.
Gelenken angefchwollen, am Grund fteifh., obw. kurzh. B. dopp.
gefiedert; Blättch. eif.-längl., lappig-fiederfp.; Lappen ftumpf, kurz
ftachelfpitzig, etwas gekerbt. Hüllch. ei-lz., haarfpitzig, gewimpert.
Blb. kahl. Gf. zurückgekrümmt, fo lg. als b. Stempelpolfter. Giftig. —
Wldränder; Hk. v Friedb. bis Scherneck; Stadtbergen, Leitershofen.

361. Ch. bulbosum. *L.* Knolliger K. WKopf knollig verdickt; W. bisweilen rübenf. Stgl. 3—6' h., hohl, einfach, oben
kahl u. in feine Aefte zertheilt, unten fteifh. u. oft gefleckt, unter
den Gelenken gefchwollen. B. mehrfach zfgefetzt. Blättch. tief fiederfp.,
untf. weichh.; Zipfel lineal-lz-fpitz, die der ob. B. lineal, f. fchmal.
Hüllch. lz, haarfpitzig, kahl. Gf. zurückgebogen, ungefähr fo lg. als
das Stempelpolfter. Früchtch. längl., ungeflügelt, mit 5 ftumpfen
Riefen. — Hk. zw. Friedbg. u. Wulfertshf.

362. Ch. aureum. *L.* Gelbfrüchtiger K. Stgl. meift gefleckt, unt. b. Gelenken etwas angefchwollen. B. 3fach gefiedert;
Blättch. aus eif. Grund lz., zugefpitzt, eingefchnitten und gefägt, am
Grund fiederfp., an der lg. vorgezogenen Spitze einfach gefägt. Hüllch.
breit lz., haarfpitzig, gewimpert. Blb. kahl. Gf. zuletzt zurückgebogen,
länger als das conver kegelf. Stplpolfter. — Hk. im Eichelau, be-
Bobingen, Lochwäldchen.

363. Pleurospermum austriacum. *Hoffm.* Oeftreichfcher
Rippenfame. Stgl. geftreift, röhrig, kahl, 2—4' h. B. 3zählig;
Zipfel längl., gefägt. Hülle zurückgefchlagen. KRand 5zähnig.
Blb. vk. eif., ungeth. Fr. eif., v. d. Seite her zfgedrückt; Früchtch.
mit einer dopp. Haut verfehen; die äußern in 5 gedunfene, hohle,
ftumpfe Riefen aufgeblafen; die innern faft angewachfen und in 5
kleineren, den äußern gegenft. Riefen hervortretend. — Obfch. b.
Lech- und Wertachauen; zw. Bobingen und Straßberg; Lochhaus,
Wolfszahn, Gerfthofen.

D. Compofiten.

a. Bth. des Mittelfeldes und des Randes gelb.

364. Inula hirta. *L.* Kurzh. Alant. Stgl. 1' h., 1—3-
köpfig, von am Grunde zwiebeligen Haaren rauh. B. eif., längl.
o. lz., ganzrandig o. etwas gezähnelt, abrig, rauhh., oben mit ver-
fchmälertem Grund fitzend. HK. dachig; die innern Blättch. am Ende
zugefpitzt, lz., verfchmälert; fämmtl. fteifh. u. länger als die Bth.
des Mittelfeldes. StrahlBth. ohne Stbf., zungenf., viel länger als

die Scheibe; Bth. des Mittelfeldes mit Stbf., röhrig. Stbf. ge=
schwänzt. Früchtch. schnabellos, kahl; Frkn. haarig, gleichf. Frb.
nackt. — Lechf.

(Orangegelb.)

365. Arnica montana. *L.* Berg = Wohlverleih. Stgl.
1—3′ h., meist einfach u. armbth. WB. längl. vk. eif., fast ganz=
randig, obf. dunkelgrün, untf. blaßgrün, mit 5 gelbl. Nerven; StglB.
gegenst., gewöhnl. nur Ein Paar. BthStiele u. HK. drüsig flaumig
o. zottig. HK. walzl.; Blättch. gleich, 2reihig. Blumen ansehnlich,
mit trichterf. Bth. des Mittelfeldes, zungenf. des Randes, letztere
mit Stbgf. ohne Stbkolben. N. obw. verdickt, mit einer kegelf.,
flaumigen Spitze endigend. — Wldwf. bei Leiterssh., Burgwalden,
Stettenhf., Affing.

(Hellgelb.)

366. Cineraria campestris. *Retz.* Feld=Aschenpflanze.
B. fast glatt, spinnwebig wollig, die wurzelst. eif. o. rundl., in den
kurzen BStiel zsgezogen, ganzrandig o. etwas gekerbt, die untern
stengelst. längl., nach dem Grund verschmälert, die obersten lz. Eben=
strauß endst., einfach. HK. ohne AußenK., fast kahl, nur am Grund
wollig, an der Spitze meist ungefleckt. Frkn. dicht u. kurz steifh.
Frkr. während der BthZeit ungefähr so lg. als die Bth. — Lechf.

(Citronengelb, bisweilen pomeranzengelb.)

367. C. spatulaefolia. *Gmel.* Spatelb. A. Spinnwebig
wollig. Stgl. 1—4′ h. B. spatelf., schwach beh. u. zugleich obf.
spinnwebig flockig; die unt. am Grund fast abgeschnitten; die mittl.
eif., längl., in den breitgeflügelten, keilf. BStiel zsgezogen; die ob.
sitzend. Ebenstrauß einfach. HüllK. wollig, eif., ohne AußenK.
Frkr. scharfh., während der BthZeit so lang als die Bth. Zu=
weilen fehlt der Strahl — Fcht. Wf., Engelshof, Statzling, Mühlhf.,
Mering.

368. Senecio viscosus. *L.* Klebriges Greiskraut. Stgl.
1/2—2′ h. B. tief fiedersp., nebst den BthStielen und dem HK.
drüsigh., klebrig; Fieder längl., ungleich gezähnt und fast fiedersp.,
nach dem Grund allmählig an Größe abnehmend. AußenK. locker,
halb so lg. als d. HK. ZungenBth. zurückgerollt. Früchtch. kahl.
— Wld, Mauern.

369. Leontodon incanus. *Schrank.* Grauer Löwenzahn.
Schaft 1köpfig, nackt o. mit 1—2 Schuppen besetzt, unt. b. Köpfch.
dicker. B. weich, längl. lz., in den BStiel verschmälert, ganzrandig
o. entfernt gezähnelt u. nebst dem Schaft von sehr kurzen 3—4gabe=
ligen Haaren grau=kurzh., gleichsam mit einem filzigen Flaum über=
zogen. HK. dachig. Köpfch. vor dem Aufblühen nickend. Früchtch.
allmählig in einen Schnabel verschmälert. Strahlen d. Frkr. sämmtl.
federig, die innern am Grund kleingesägt. Frb. nackt. — Triften
b. Lechebene, Lechf., Friedberger Au.

370. Hypochoeris maculata *L.* Geflecktes Ferkelkraut.

Stgl. 1—3köpfig, meift 1bth., fteifh. BthStiele faft gleichbick. HK.
dachig; Blättch. des HK. am Rande gezähnt, die mittl. an der
Spitze filzig berandet. Frb. fpreuig; Spreu abfällig. Früchtch. in
einen verlängerten Schnabel verfchmälert. Frkr. feberig. — Torfwf.
der Lechebene u. des Wertachthales; Lechf., Wöllenbg., Bergh.

371. Crepis tectorum. *L.* Däcber=Pippau. Graugrüne,
behaarte Pflanze, 1—2' h. Stgl. beblättert, ebenfträußig. Die wur=
zelft. B. an der Erde angedrückt, lz., gezähnt o. fchrotfägef.=fiederfp.;
die ftglft. B. lineal=pfeilf., am Rand zurückgerollt. HK. mit einem
AußenK., o. etwas dachig; Blättch. lz., nach vorn verfchmälert u.
nebft den BthStielen grauflaumig, die innern auf der Innenfläche
angedrückt behaart. Früchtch. kaftanienbraun, rauh, gleichgeftaltet,
ftielrund o. etwas zfgedrückt, 10riefig, an der Spitze merklich ver=
fchmälert, faft gefchnäbelt; Schnabel rauh; Frkr. fchneeweiß, weich,
haarig; Strahlen haarfein. Frb. nackt. Narben braun. — Af. zw.
Gerfthofen u. Batzenhofen, Stettenhofen, Eifenbahndamm vor Stierhof.

372. C. succisaefolia. *Tausch.* Abbißblättr. P. Stgl.
an der Spitze ebenfträußig. BthStiele äftig. B. längl., fchwach
gezähnt, kahl o. mit einfachen Haaren beftreut; die wurzelft. am
Grund verfchmälert, geftielt, ftumpf; die ftglft. ftglumfaff., die unterften
über dem Grunde zfgezogen. BthStiele und HK. drüftg behaart.
Blättch. des HK. lz., verfchmälert=fpitz, die äußern halb fo lg., an=
gedrückt. Früchtch. 20riefig. — Fcht. Wf.

Hieracium. *L.* Habichtskraut. HK. dachig. Frb. nackt.
Früchtch. gleichgeftaltet, ftielrund, 10riefig o. faft prismatifch, bis zur
Spitze von gleicher Breite, am Rand der Spitze mit einem dünnen,
kleingekerbten Ringe verfehen, ganz fchnabellos. Frkr. haarig; Strahlen
haarfein, zerbrechlich, fchmutzigweiß.

373. H. pilosellaeforme. *Hopp.* Unterfcheidet fich von dem
(Mai Nr. 182) befchriebenen H. Pilosella. *L.* durch die eif.=lz., faft
eif., zieml. ftumpfen äußern B. des HK., durch faft doppelte Größe
der Köpfch., drüfenartige Behaarung des HK., unterf. filzige B. u.
hauptfächlich durch die kurzen, zieml. dicken, fchief auffteigenden un=
terirdifchen Ausläufer. — Lechf.

374. H. Auricula. *L.* Aurikel=H. Schaft ½' h., nackt o.
1b., mit 2—3, felten 5, kleinen Blumenköpfch. Ausläufer kriechend,
verlängert, fehr felten fruchtbar. B. meergrün, lz., kahl, am Grund
gewimpert. BthStiele ebenfträußig, nach dem Verblühen auffrebend.
HK. kurz walzenf. — Naine, Wf., Wld.

375. H. praealtum. *Vill. Wimm & Grab.* Hohes H. Stgl.
1—3' h., fchaftf., kahl o. zerftreut=borftig=beh. u. mit feinem fternf.
Flaum beftreut, unterw. 1—2b., wenig höher ein drittes kleineres
B. B. bläulich grün, lang, lz., am Rand o. auf der ganzen Fläche
von ftarken, fteifen Borften, die länger als der Durchmeffer des Stgls.
find, fteifh. Ebenftrauß viel= (20—100=) köpfig, gleich hoch, gedrun=

gen. BthStiele u. HK. fein ſternh. BthStiele nach dem Verblühen
herabgebogen. — Gbſch. d. Lechufer, Lechkies.

376. H. pratense. *Tausch.* Wieſen-H. Häufig mit zahlreichen, kriechenden Ausläufern. Stgl. unterw. armb., von verlängerten, ſchlanken Haaren rauhh., obw. nebſt dem gedrungenen Ebenſtrauß von drüſentragenden Haaren und Borſten ſchwarzbeh. B. grasgrün o. nur etwas bläulichgrün, längl. lz., mit langen, weichen
Haaren beſetzt; beſonders die Mittellappen der B. unterſ. dichtzottig,
ſelten auf der Oberſeite nahezu kahl. Ebenſtrauß viel-(20—100-)
köpfig, gedrungen. BthStielch. während der BthZeit geknäuelt. —
Unter Fichtenhecken an der Lindauer Eiſenbahn.

377. H. murorum. *L* Mauer-H. Stgl. 1—2′ h., ebenſträußig, oben mit armf. ausgebreiteten Aeſten, meiſt 1b., an der
Spitze nebſt den BthStielchen u. dem HK. graulich o. von ganz
ſchwarzen, drüſentragenden Haaren kurzh. B. grasgrün, untſ. u. am
Rande rauhh., die wurzelſt. eif., oft am Grunde herzf., gezähnt, die
untern Zähne etwas nach hinten gekrümmt; StglB. kurzgeſtielt o.
ſitzend. HB. angedrückt, in der Mitte grau o. ſchwärzl., am Rande
grün. Ebenſtrauß ſpreizend. Samen mit einfacher Krone. — Hk.,
Gbſch. u. Wld.

b. ScheibenBth. gelb, RandBth. weiß.

378. Bellidiastrum Michelii. *Cass.* Michel's B. Schaft
bis 1′ h., 1köpfig, feinbehaart. WB. ſpatelf., gewellt-gekerbt. HK.
dachig; Blättch. deſſelben 2reihig, gleich. Frb. nackt. — Lechf.,
Lechauen, Siebentiſch.

379. Anthemis arvensis. *L.* Feld-A., wilde Chamille.
Stgl. niederliegend u. aufſtrebend, ½ – 1½′ h. B. doppelt fiederſp.,
wollig flaumig; Fiedern lineal-lz., ungeth., o. 2—3fach gezähnt;
ſtachelſpitzig. HK. halbkugelig o zieml. flach. RandBth. zuletzt zurückgeſchlagen Fruchtboden verlängert kugelig, innen markig, mit Spreublättch. beſetzt. Früchtch. flügellos, ſtumpf 4kantig, gleichgefurcht,
ohne Frkr., äußere mit wulſtigem, innere mit ſpitzigem Rande endigend. Spreublättch. lg, ganzrandig, in eine ſtarre Stachelſpitze zſgezogen. — Ak., an Wegen, Schutt.

380. Matricaria Chamomilla. *L.* Echte Chamille. Stgl.
meiſt aufr., ½—1′ h. B. dopp. fiederſp., fein-, faſt fädlich-zertheilt,
kahl Blättch. des HK. ſtumpf. Bth. ſtark aromatiſch duftend;
Scheibenbth. 4zähnig; Randbth. zuletzt zurückgeſchlagen. Frb kegelf.
erhaben. innen hohl, ohne Spreublättch — Ak., bſdrs. unt. d. Haber.

381. Chrysanthemum Leucanthemum. *L.* Weiße Wucher-
blume. Stgl. 1—2′ h., meiſt 1bth. Unt.B, lggeſtielt, vk. eif.-
ſpatelig, gekerbt; ob. ſitzend, längl. lineal, geſägt; Sägezähne des
Grundes ſchmaler und ſpitzer. Köpfe einzeln am Ende des Stgls
o. der Aeſte. HK. zieml. flach o. halbkugelig, dachig. Frb. nackt,
zieml. flach o. halbkugelig. Röhren der Scheibenbth. zſgedrückt;

Bkr. spornlos, Saum 5zähnig; Randbth. zungenf. Früchtch. gleichf., flügellos, ohne Frkr. — Wiesen.

382. Chr. corymbosum. *L.* Ebenfträußige W. Stgl. 1—3' h., obw. ebenfträußig. B gefiedert, weichh.; Fiedern der unt. B fiedersp.; Fiederch. geschärft = gefägt; Sägezähne ftachelspitzig. Strahlbth. lineal=längl. Früchtch. fämmtl. häutig bekrönt; Krone der randst. ungefähr so lg. als die Röhre. — Gbfch. und wald. Abhge. des öftl. Thalrandes; Wulfertshf. 2c.

c. Purpurn. (Diftelköpfe.)

383. Cirsium lanceolatum. *Scop.* Lanzettblättr. Kratz= diftel. Stgl. 2—4' h. B. dick u. ftarr, herablaufend, obf. von Stachelborften rauh, untf etwas spinnwebig wollig, tief fiedersp. Fiedern 2sp.; Zipfel lz., ganzrandig, der vordere am Grund gelappt; Zipfel und Lappen mit einem derben Dorn endigend. HK. dachig, eif., reichbth. Die HüllB. in einen ftarken Stachel auslaufend. Bth. fämmtl. röhrig. Frb. borftig spreuig. Die Haare der Frkr. haben deutliche, lange Seitenhärchen, so daß sie gefiedert erscheinen. — Wege, Schutt.

384. Carduus defloratus. *L.* Abgeblühte Diftel. Stgl. einfach, 1—3köpfig. B. herablaufend, kahl o. unterf. auf den Adern haarig, lz., etwas meergrün u. faft gleichfarbig, dornig=gewimpert, gezähnt=gefägt, o. gefägt kleinlappig; Läppch. 2sp. HK. dachig; Blättch. angedrückt o. von der Mitte an abftehend, aber nicht hinab= geknickt, lineal, dornig ftachelspitzig. Köpfch. eif. o. rundlich. Bth. fämmtl. röhrig. Stbf. frei. Frkr. behaart, Haare gezähnelt, am Grund durch einen Ring verbunden, mit einander abfällig. Frb. borftig=spreuig. — Lechf., Lechuf., Wolfszahn.

d. ScheibenBth. röthl. violett; randft. Bth. kornblumenblau.

385. Centaurea montana. *L.* Berg=Flockenblume. Stgl. aufftrebend, 1_2—$1\frac{1}{2}$' h., dicht spinnwebig. B. herablaufend, längl. lz., ungeth., ganzrandig o. gezähnelt, mit spinnwebiger, angedrückter Wolle bedeckt o. auch zieml. kahl. HK. dachig; Blättch. geschwärzt berandet, gefägt=gefranst; Franfen ungefähr so breit als der Rand; die Endfranfen breiter und ftärker, wenn auch kürzer, als die übri= gen, oft dornig. Randft. Bth. ohne Stbf.; Röhre allmählig in einen trichterf. Saum erweitert; Bth. des Mittelfeldes mit Stbgf., Saum am Grund weiter als die Röhre. Früchtch. zfgedrückt. Frkr. $\frac{1}{3}$ so lg. als das Früchtch., mehrreihig; die Strahlen derselben borftenf. o. lineal, die vorletzte Reihe länger, die innerfte kürzer, zfschließend. Frb. borftig=spreuig. — Gbfch. u. Laubwld der weftl. Seite; Straß= berg, Wöllenburg, Lohe, Eichelau.

E. Labiaten.

a. Blaß violett. (weiß vergl. Nr. 85; purp. vgl. 83. 84.)

386. Calamintha Acinos. *Clairv.* Feld=C. W. einfach. Stgl. aufrecht niederliegend, ½—1' h., zottig, am Grund äftig; Aefte aufftrebend. B. eif., gefägt Quirle 6bth.; BthStiele ungeth.

KSchlund mit einem Ring von Haaren befetzt. FrK. an der Spitze
zfgezogen, durch die anliegenden Zähne geschloffen. — Trf. Abhge.,
Kiesbänke, Wolfszahn, zw. Friedberg u. Wulfertshf.

b. Dunkelblau (auch heller blau, rofenroth und weiß, blau mit weißem Mittel=
zipfel der ULippe.)

387. Salvia pratensis. *L.* Wiefen=Salbei. Stgl. 1—2' h.,
armb., obw. nebft den Dckb., K. u. Bkr. klebrig beh. B. eif. o.
längl., dopp. gekerbt, ungeth. o. 3lappig, runzlig, untf. flaumig; die
wurzelft. am Grund hzf.. geftielt; die ob. viel kleiner, ftglumfaffend.
Die Dckb. eif., zugefpitzt, kürzer als der K., krautig. Quirle meift
6bth K 2lippig; OLippe concav, 2furchig, mit 3 kleinen zfneigen=
den, eif., ftachelfpitzigen Zähnen; ULippe 2fp Bkr. rachig. Stbgf.
kürzer als die Bkr. Connectiv der Stbkolben ftaubfadenf., aufftre=
bend, an der Spitze ein einfächeriges Säckch. tragend — Raine, Wf.

c. Gelb, braun punctirt.

388. S. glutinosa. *L.* Klebriger S. Stgl krautig, obw.
nebft den Deckb. u. K. drüfig=zottig, klebrig. B. hz=fpießf., grobge=
fägt, flaumig, die ob. lgzugefpitzt. Quirle 6bth., getrennt. O. KLippe
eif, 3zähnig, mit f. kleinen Zähnen; untere 2zähnig, Zähne eif.,
fpitz, wehrlos. — Grasgarten hinter der Wirthfchaft in Mühlhaufen.

d. Gelb; Seitenlappen d. ULippe mit bräunl. Flecken.

389. Galeobdolon luteum. *Huds.* Gelbe Waldneffel. Stgl.
1/2 — 2' h., mit vielen kriechenden Ausläufern. B. hz=eif., rauhh.
Quirle meift 6bth. OLippe d. Bkr. gewölbt; alle Zipfel d. ULippe
fpitz. Haarleifte in der BkrRöhre. — Fcht. Gbfch., Wlbrd., Statz=
ling, Derching.

F. Blumenblattlofe.

(Vgl. Nr. 89—92)

a. Grünlich.

390. Mercurialis annua. *L.* Jähriges Bingelkraut.
W. einfach. Stgl. äftig, knotig, gegliedert. B. gegenft., geftielt,
el=lz. o. eif. Pg. 3th. 2häufig. StplBth faft fitzend. — Gbfch.;
Anlagen vor dem Klinkerthor, Wertachuf. — Euphorbiaceen.

391. Urtica urens. *L.* Brenn=Neffel. Stgl. 1/2—11/2' h.,
B. gegenft., eif., fpitz, eingefchnitten gezähnt. Rifpe bwinkelft., ge=
zweit, kürzer als der BStiel. 1häufig. — Gartenlb, Ak. — Urticeen.

392. U. dioica. *L.* Zweihäufige N. Stgl. 1—3' h. B.
gegenft., längl. hzf., zugefpitzt, grobgefägt. Rifpe bwinkelft., länger
als der BStiel, hängend. 2häufig. — Hk.

(Grün, fpäter röthl.) KRöhren=Saum 4th.; Bth. in kugelf. Köpfch.

393. Poterium Sanguisorba. *L.* Gem. Becherblume. Stgl.
kantig, 1—2' h. B. unpaarig gefiedert; Blättch. eif. rundl. o. längl.,
zieml. fcharf gefägt. Die StbgfBth. unten, die StplBth. oben, die
mittl. gewöhnl. zwitterig. FrKelche bei der Reife knöchern verhärtet,
netzig runzlig, ftumpf 4kantig. Gf. fädl.; N. pinfelf. Nüffe 2—3,
von dem bleibenden K. eingefchloffen. — Fcht. Wf, Flußuf., Ablaß.
— Sanguisorbeen.

K. 5fp.

394. Scleranthus annuus. *L.* Jähriger Knaul. Kleine, flaumh, 2th. ästige Büschchen mit 2—8" h. Stgln., dickl., linealen B. u. kleinen Bth. Dckb. länger als die Bth. KZipfel eif., zieml. spitz, mit schmalem, weißem Hautrande, so lg. als die Röhre, zur Fruchtzeit aufr. abstehend. — Ak unt. b. Saat. — Scleranth.

b. Innen weiß, außen grünl. Rand des Pg. trichterf.; 5fp.

395. Thesium pratense. *Ehrh.* Wiesen=Th. W. spindelf. Stgl. ½ — 1' lg., niederliegend u. aufsteigend, traubig o. rispig. Traube o. Rispe bis an den Gipfel mit Bth. besetzt. B. lz=lineal, schwach=3nervig. Dckb zu 3. Frtragende Aestch. wagr. abstehend. FrPg. röhrig, an der Spitze wenig eingerollt, so lg. als die fast kugelige Steinfr. — Hb., Torfwf., unt. Gebüschen der Lechuf. — Santalaceen.

396. Th. rostratum. *M. & Koch.* Schnabelfrüchtiges Th. W. abgebissen=vielköpfig. Traube einfach, die fruchttragenden Trauben durch unfruchtb. Dckb. an der Spitze schopfig. Bth. 1dckb. Steinfr. fast kugelig, sitzend, beerenartig, saftig, halb so lg. als das röhrige, an der Spitze eingerollte Pg. — Lechf., bei Königsbrunn in der Nähe der Sandgruben.

397. Th. montanum. *Ehrh.* Berg=Th. W. spindelf., holzig, ästig, vielköpfig. Stgl. 1—1½' h., rispig. B. lineal=lz., lg zugespitzt, meist 5nervig. Dckb. zu 3. Stbf. von einem Haarbüschel umgeben, dopp. so lg. als der verblühte Stbk Gf. 1. FrPg. eingerollt, ⅓ so lg. als die trockene, rundl., gestielte Steinfr. — Lechf., St. Stephan.

398. Th. intermedium. *Schrad.* Mittl. Th. W. kurz kriechend, Ausläufer treibend. Stgl. niederliegend u. aufstrebend, traubig, etwas rispig, ¼ — 1' lg. Frtragende Aestch. wagr. abstehend. B. lineal=lz., schwach 3nervig. Dckb. zu 3. Stbf. dopp. so lg. als das verblühte Stbk. FrPg. eingerollt, ⅓ so lg. als die trockene, längl. o. ovale Steinfr. — Lechf.

c. Drüse gelb.

399. Euphorbia verrucosa. *Lam.* Warzige Wolfsmilch. W. vielköpfig. Stgl. 1—1½' h. B. längl. eif., fast sitzend, kleingesägt. Hüllen eif. Hüllch. ellipt. stumpf, am Grund verschmälert o. abgerundet, kurzgestielt u. nebst der Hülle kleingesägt. Aeste der 5strahligen Dolde aufr., 3sp. u. noch einmal 2sp. Die ganze Dolde während der BthZeit schön gelb. Drüsen ganz Kapsel warzig; Warzen kurz, walzl. S. glatt. — Gbsch., Wgrbr. — Euphorbiaceen.

400. E. exigua. *L* Kleine W. 1—6" h. B. lineal, o. lineal=keilig, spitz o. stumpf mit einem Stachelspitzchen o. gestutzt, kahl. Aeste der 3sp. Dolde wiederholt 2sp. Hüllch. aus fast hzf. Grunde lineal, spitz. Drüsen 2hörnig. Kapseln glatt. S. knötigrunzlig. — Cult. Land, Schutt.

d. Rosenroth.

Polygonum. *L.* Knöterich. Pg. obw. farbig, 4—5th. Frkn 3kantig. Nuß von dem bleibenden Pg. umgeben. 5 äußere Stbf. u. 3, 2, 1, 0 innere. — Polygoneen.

401. P. Bistorta. *L.* Nattern=K. W. 2mal gewunden. Stgl. ganz einfach, 1ährig, 1—2½' h. B. längl. elf., fast hzf., wellig. BStiele geflügelt. Gf. bis an den Grund gespalten. N. rundl., sehr klein. — Fchte Wf. der Flußthäler.

402. P. viviparum. *L.* Spitzkeimender K. Stgl. ½—1' h., ganz einfach, 1ährig; Aehre gedrungen. B oval o. lz., am Rande umgerollt, gerieft=kleingekerbt durch die verdickten Aederch. des Randes. BStiele flügellos. — Moorhb. d. Lech= u. Wertachthals, Lechf., Wd., vor dem Spickel, bei Straßberg.

403. P. amphibium. *L.* Wechsel=K. W. kriechend. Stgl. 1—3' lg., ästig, jeder Ast mit einer gedrungenen, walzl., etwa 1" langen Aehre endigend. B. längl=lz., ungefleckt o. mit einem huf= eisenf., braunen Fleck bezeichnet; die auf dem Wasser schwimmenden B. der im Wasser wachsenden Exemplare sind glänzend, die B. der im Trockenen wachsenden steifh. Gf. bis zur Hälfte gespalten. N. groß, köpfig. Die innern Stbf. fehlen. — In stehendem u. langs. fließendem Wasser; Paar, Schmutter, Stadtgraben.

G. Monokotyledonen.

1. Wasserpflanzen mit grünl. Bth. Pg. 4th.

404. Potamogeton crispus. *L.* Krauses Laichkraut. Stgl. ästig, zsgedrückt. BthStiele gleich. B. untergetaucht, wechselst., alle häutig, durchscheinend, sitzend, lineal=längl., zieml. stumpf, kurz zuge= spitzt, kleingesägt, wellig kraus. Aehre klein; 4—9blth. Stbk. 4, sitzend, auf dem Grund der Zipfel des Pg. eingefügt. Frkn. 4. Gf. fehlend. Steinfr. 4, sitzend, zsgedrückt, geschnäbelt. — Grb. zw. Lechhf. u. Gersthofen, Stadtgräben. — Potameen.

Bth. in gelben, kegel=walzenf. Kolben; Pg. 6b.

405. Acorus Calamus. *L.* Gem. Calmus. WStock fleischig, geringelt, wagr., aromatisch bitter schmeckend. Schaft 2—4' h., blatt= artig, zsgedrückt, mit einer scharfen und einer rinnenf. Kante, an der Spitze verlängert. Stbf. 6, fädl., dem Frb. eingefügt; Frkn. mit griffelloser, stumpfer N. Kapsel 3fächerig, nicht aufspringend. — Stehende Wasser, Haardt, Schöppacher Hof, Mühlhf. — Aroideen.

2. Landpflanzen.

a. Weiß.

Platanthera. *Richard.* Breitkölbchen. Honiglippe ungeth., lineal. WKnollen ungeth., zuletzt rübenf. — Orchideen.

406. P. bifolia. *Reichb.* Zweiblättr. B. Schaft 1—1½' h., steif aufr., am Grund mit 2 fast gegenst., großen, bk. eif. B. Ansehnl., endst. Trauben von lggespornten, wohlriechenden Blumen.

9

Lippe lineal, ungeth. Sporn 1½—2mal so lg. als der Frkn., fädl. Stbkölbch, Fächer genähert, gleichlaufend. — Fchte Wld. u. Auen. (Grünl.)

407. P. chlorantha. *Custor.* Grünblumiges B. Schaft 1—2′ h. Sporn 2mal so lg. als der Frkn., fädl., nach hinten fast keilig. Stbkölbch; Fächer mit der Spitze an einander stoßend, untw. spreizend. — Lechf., Lechauen. (Gelbl. weiß.)

408. Cephalanthera pallens. *Rich.* Blasse C. B. eif. o. eif=lz., zugespitzt. Deckb. länger als der zsgedrehte, kahle Frkn. Pg= Zipfel aufr., etwas zsneigend, alle stumpf. Honiglippe spornlos, 2gliederig, das untere Glied sackartig concav. Platte der Honiglippe hz=eif., breiter als lg. Stbk. endst., frei. Bthstaub staubartig. — Lechauen, Siebentischwld. gegen Siebenbrunn, Stettenhofen. — Orchideen. (Weiß.) Pg. 6b.

409. Anthericum Liliago. *L.* Astlose Zaunblume. WStock kriechend. B. lineal, etwas rinnig, aufr., kürzer als der einfache, 1—2′ h. Schaft. Dckb. pfriemenf., wenigstens halb so lg. als ihr BthStiel. Pg. abstehend, am Grund in einen Stiel vorgezogen, welcher mit dem BthStiel gegliedert ist. Stbgf. dem Frb. eingefügt; Stbf. pfriemlich; Stbk. aufliegend. Gf. ungeth., abw. geneigt. Kapsel 3kantig eif.; S. kantig. — Wld. d. westl. Höhen, Lohwäldch., Kobel, Straßbg. — Liliaceen.

410. A. ramosum. *L.* Aestige Z. WStock kriechend. Schaft ästig, 1—2′ h. B. lineal, rinnig, aufr. Dckb. pfrieml. borstl., mehrmals kürzer als ihr BthStiel. Gf. gerade, Kapsel 3kantig, kugelig, f. stumpf. — Trk. Trift. u. Abhge. d. Lechebene; Siebenbrunn, Lechf., Mergenthau.

411. Spiranthes aestivalis. *Rich.* Sommer = Blüthen= schraube. Stgl. beblättert. B. lz. lineal. Pg. rachig. Honiglippe eingeschlossen, längl. eif., an der Spitze abgerundet, spornlos. Frkn. zsgedreht. Stbkolben frei, hinter dem Schnäbelch. eingefügt, sitzend, bleibend. — An der Straße nach Mühlhf. — Orchideen. Pg. 6b., glockig, o. abstehend.

Allium. *L.* Lauch. Stbgf. am Grund in eine Haut verwachsen u. d. PgB. anhängend; Stbk. aufliegend. Gf. ungeth.; N. stumpf. S. kantig. Blumenscheide 1—2b., vor der BthZeit die Dolde einschließend. — Liliaceen.

412. A. Cepa. *L.* Gem. Zwiebel, Sommerzw. Zwiebel niedergedrückt, gelbhäutig. Schaft ½—1½′ h., am Grund beblättert, unterh. d. Mitte bauchig aufgeblasen. B. vollkommen röhrig, stielrund, bauchig. Dolde kapseltragend, kugelig. Stbgf. länger als die Bthr., wechselsweise am Grund beiderseits kurz einzähnig. — Cult. (In's Bläuliche.)

413. A. ascalonicum. *L.* Levantischer L., Schalotten=Zw.

Schaft ½—1' h., gleichf. stielrund, am Grund beblättert. B. pfrieml.,
gleichf. stielrund, vollkommen röhrig. Blumenscheide 2klappig, kürzer
als die am Grunde Kapseln o. Zwiebeln tragende Dolde. Stbgf.
ein wenig länger als das Pg, abwechselnd am Grund beiderf. kurz-
einzähnig. Kommt bei uns selten zum Blühen. — Cult.

h. Grünl. weiß.

414. A. fistulosum. *L.* Röhriger L., Winter-Zw. Zwiebel
längl., ausdauernd. Schaft 1' h., am Grund beblättert, in der Mitte
aufgeblasen. B. vollkommen röhrig, stielrund, bauchig. Dolde kugelig,
kapseltragend. Stbf. zahnlos, länger als das Pg., abwechselnd breiter,
3fach haarspitzig, die mittl. Spitze den Stbk. tragend; die seitenst.
fädl., meist zsgedreht. — Cult.

c. Grünl.

415. Triglochin palustre. *L.* Sumpf-Dreizack. Stgl.
u. B. grasartig; Bthstand ährenf. Pg. kelchartig, 6b. Stbgf. 6;
Stbkolben fast sitzend. Gf. fehlend; N. federig, sitzend, 3, an eine
kantige Achse angeheftet, zuletzt am Grunde sich trennend u. an der
innern Kante der Länge nach aufspringend. Fr. lineal, kantig, nach
dem Grund verschmälert, an die Spitze angedrückt, in 3 Kapseln zer-
fallend. — Fcht. Flußsand an Lech u. Wertach, Torfmoore am Weg
nach Derching. — Juncagineen.

d. Grünl. gelb.

416. Herminium Monorchis. *R. Br.* Einknollige H.
Schaft 4—10" h. B. längl. Bth. klein, nickend. Pg. glockig;
Zipfel u. Honiglippe aufr. Honiglippe tief 3sp., am Grund sackartig
höckerig, stumpf gekielt, spornlos; Zipfel lineal, die seitenst. fast spießf.
abstehend, halb so lg. als der mittlere. Die innern PgZipfel 3lappig,
der Mittellappen verlängert. — Hd., Trift, Lechf., Rosenauberg. —
Orchideen.

e. Gelb.

417. Hemerocallis flava. *L.* Gelbe Tagblume. Schaft
1—1½' h, beblättert. B. lineal. Pg. trichterf.; Röhre 1b., lg.-
walzl; Saum glockig, 6th.; Zipfel flach, nervig, aderlos. Stbgf.
auf dem Grund des Pg. eingefügt, pfrieml., abw. geneigt. S. kugelig. — Meringer Au auf erhöhtem Lechufer. — Liliaceen.

f. Purpurn.

418. Orchis coriophora. *L.* Stinkendes Knabenkraut.
Knollen ungeth. Schaft ½ — 1' h. B. lineal-lz. Dckb. häutig,
1nervig, so lg. als der Frkn. o. länger. PgZipfel in einen Helm
zschließend, Helm schmutzig rothbraun. Honiglippe halb3sp., herabhängend, in der Mitte hellröthl mit dunkelpurpurnen Punkten; Zipfel
fast gleich, der mittl. längl., ungeth.; die seitenst. fast rautenf., kürzer,
sämmtl. grün mit röthl. Rande. Sporn kegelf., gekrümmt, hinabsteigend, 2—3mal kürzer als die Frkn. Bth. nach Wanzen riechend.
— Hd., Lechf., Siebenbrunn, Bergheim. — Orchideen.

419. O. laxiflora. *Lam.* Lockerbth. K. Knollen ungeth.

B. lineal=lz. Aehre verlängert, locker. Dckb. 3—5nervig, die untern zugleich abrig. PgZipfel längl., stumpf, die seitenst. zurückgeschlagen. Sporn walzl., wagr. o. aufstrebend, kürzer als der Frkn. Honiglippe 3lappig, die seitenst. Lappen vorn abgerundet, der mittl. tief ausgerandet, breiter, kürzer o. nur wenig länger als die seitenst. — — Sumpf b. Mühlbf.

420. O. latifolia. *L* ˙ Breitb. K. Knollen handf. Stgl. ¹/₂—1′ h., schlaff, hohl, 4—6b. B. oft braungefleckt, abstehend, die unt. eif. o. längl. stumpf, die ob. kleiner, lz., zugespitzt. Die unt. u. mittl. Dckb. länger als die Bth., alle 3nervig u. aberig. Die seitenst. PgZipfel aufw. zurückgeschlagen. Honiglippe 3lappig. Sporn kegelf=walzenf., kürzer als der Frkn. — Fcht. Wf., Sümpfe.

421. Anacamptis pyramidalis. *Rich.* Pyramidenf. A. Knollen kugelig, ungeth. Schaft ¹/₂ — 2′ h. B. lz=lineal. Aehre gedrungen, anfangs breit pyramidenf., später eif. o. ellipt. Deckb. am Grund 3nervig. PgZipfel ei=lzf., zieml. spitz, die seitenst. abstehend. Honiglippe halb3sp., am Grund mit 2 seitl. Plättchen; die Lappen längl. stumpf, gleich, ganzrandig. Sporn fäbl., so lang als der Frkn. o. länger. — Meringer Au, Lechf. — Orchideen.

422. Gymnadenia conopsea. *R. Br.* Fliegenartige G. Knollen handf. Schaft 1—2′ h. B. verlängert lz. Aehren walzl., verlängert, Honiglippe 3sp ; Lappen eif., stumpf. Sporn fäbl., fast dopp. so lg. als der Frkn. Die äußern PgZipfel weit abstehend. Dckb. 3nervig, so lg. als der Frkn. o. länger. — Hd. u. Wld. d. Lechebene. — Orchideen.

(Manchmal auch rosenroth o. weiß.)

423. G. odoratissima. *Rich.* Wohlriechende G. Knollen handf. B. lineal = lz. u. lineal. Aehren walzl., verlängert. Dckb. 3nervig, so lg. als der Frkn. u. länger. Honiglippe 3sp.; Lappen eif., stumpf. Sporn fäbl., ungefähr so lg. als der Frkn. Die äußern PgZipfel abstehend. — Lechf.

Ophris. *L.* Ragwurz. Pg. abstehend. Honiglippe abstehend, spornlos, an der Befruchtungssäule bis an das Stbkölbchen angewachsen. Bthstaubmasse feinlappig, gestielt; jede Drüse in einem eigenen Beutelchen eingeschlossen. Frkn. nicht zfgedreht. — Orch.

424. O. aranifera. *Huds.* Spinnenlippige R. Schaft ¹/₂ — 1′ h. Honiglippe längl. vk. eif., ungeth., convex, gedunsen, beiderf. mit einem Höcker, am Rande zurückgebogen, an der Spitze stumpf o. seicht ausgerandet, ohne Anhängsel, behaart, in der Mitte mit 2 — 4, am Grund querverbundenen, kahlen Längenlinien von schmutzig gelber Farbe. Die äußern PgZipfel längl. ellipt., stumpf, blaß gelbgrün, ungefähr so lg. als die Honiglippe; die innern kürzer, kahl. — Lechf. u. Lechauen.

425. O. Arachnites. *Reich.* Spinnenblumige R. Befruchtungssäule kurzgeschnäbelt. Die 2 innern PgZipfel eif., sammtig. Honiglippe breit vk. eif., ungeth., convex, gedunsen, am Rande flach,

vorn abgeschnitten und sehr stumpf, mit einem kahlen, aufw. gebo=
genen, grüngelben Anhängsel, sammtig, satt purpurbraun, am Grund
mit gelbl. Zeichnungen u. Punkten. — Lechf. u. Lechauen.

426. Gladiolus palustris. *Gaud.* Sumpf=Schwertlilie.
Fasern der WBekleidung stark, netzig; Maschen derselben eif. u. rundl.
Schaft 1—2′ h, 3—4bth. Bth. einerseitswendig. PgRöhre dopp.
so lg. als der Frkn. Nagel des obern Zipfels gekrümmt, entfernt.
Stbf. dopp. so lg. als das Stbkölbch. Zipfel der N. aufw. allmählig
verbreitert, am Rande bewimpert. Ein weißl., lz. Fleckchen auf den
3 unt. PgZipfeln. Kapsel längl. vk. eif., gleichf. 6furchig, abgerundet.
— Lechf. — I r i d e e n.

g. Rosenfarben.
427. Orchis incarnata. *L.* F l e i s c h f a r b e n e s K n a b e n k r a u t.
Knollen handf. . Schaft ³/₄ — 1¹/₂′ h., steif aufr., röhrig, 4 bb.
B. aufr., mit dem Stgl. gleichlaufend, verlängert lz., verschmälert,
an der Spitze kaputzenf. zsgezogen, das oberste über den Grund der
Aehre hinaufreichend, das unterste kürzer, abstehend. Dckb. alle länger
als die Bth., 3nervig und aderig. Honiglippe 3sp., seitl. Lappen
nur wenig kürzer als der mittlere. Sporn kegel= und walzenf., hinab=
steigend, kürzer als der Frkn. Die seitenst. PgZipfel abstehend, nach=
her aufw. zurückgeschlagen. — Sümpfe d. Lechebene; zw. Statzling
u. Mühlhf. — O r c h i d e e n.

(Graugrünl., innen am Grund röthl.; Lippe weiß, roth gestreift.)
428. Epipactis palustris. *Crantz.* Gem. Sumpfwurz.
WStock faserig. Schaft 1 — 1¹/₂′ h. B. lz., glatt. Pg. glockig,
etwas abstehend. Platte der Honiglippe rundl., stumpf, so lg. als
die PgZipfel; Saum am Grund mit einer höckerartigen, in der Mitte
längsrinnigen Erhabenheit. Befruchtungssäule kurz. Frkn. nicht zsge=
dreht, aber am Grund in einen gedrehten Stiel verschmälert. — Fcht.
Gbsch., sumpf. Flußuf.; Wolfszahn. — O r c h i d e e n.

(Schwach rosenroth, o. blaß violettgrünl.)
429. Allium oleraceum. *L.* Gemüse=Lauch. W. zwiebelig.
Stgl. 1 — 1¹/₂′ h., stielrund, bis zur Mitte beblättert. B. lineal,
halbstielrund, röhrig, oberw. rinnig, unters. vielrillig. Am Grund
der Bthstielchen ein Haufen kleiner Zwiebelchen. Blumenscheide
2klappig, bleibend, die eine Klappe lggeschnäbelt. PgB. längl. stumpf,
mit einem grasgrünen o. purpurrothen Rückenstreifen u. einem aus=
laufenden Spitzch. Stbf. sämmtl. einfach, über dem Grund der PgB.
eingefügt, ungefähr so lg. als Pg. — Hk. zw. Friedbg. und Wul=
fertshf. — L i l i a c e e n.

430. A. Porrum. *L.* Gem. L. Zwiebel dünn, längl. Schaft
2—3′ h., stielrund, bis zur Mitte beblättert, aus dem Mittelpunkt
der Zwiebel hervorgehend. B. flach. Bth. in schopfigen, kapseltra=
genden, kugeligen Dolden. PB. am Kiel rauh. Stbf. ein wenig
länger als das Pg., abwechselnd breiter, die 3 innern 3fach haarspitzig,
d. mittl. Haarspitze das Stbkölbch. tragend, halb so lg. als d. Stbf. — Cult.

431. A. Schoenoprasum. *L.* Schnitt = L. W. zwiebelig
Schaft ½— 1' h., am Grund mit wenigen B. versehen. B. lineal,
pfrieml., vollkommen röhrig. Blumenscheide 2klappig, ungefähr so
lg. als die kapseltragende, kugelige Dolde. PgB. lz., spitz. Stbf.
kürzer als das Pg., zahnlos, am Grund häutig verbreitert; Stbbeutel
gelb. — Cult.

h. Hell=lila, mit purp. Flecken u. Strichen.

432. Orchis maculata. *L.* Knollen handf. Stgl. schlank,
1—2' h., nicht hohl, meist 10b. B. oft braungefleckt, die obern
verkleinert, dckbf., das oberste von der Aehre weit entfernt, die mittl.
lz., nach beiden Enden verschmälert, die untersten längl. Dckb.
3nervig u. aderig; die mittl. so lg. als der Frkn., die unt. länger.
Honiglippe 3lappig; die seitenst. PgZipfel abstehend. Sporn kegel=
walzenf., hinabsteigend, kürzer als der Frkn. — Sümpfe der westl.
Höhen; Wöllenburger Weiher, Straßberg. — Orchid.

i. Lippe bräunl. purpurn, braun, in der Mitte ein graubräunl. Fleck, am
Grund 2 glänzende, schwarzbraune Höckerch.; Seitenzipfel blaß violett mit
purp. Rande.

433. Ophrys muscifera. *Huds.* Mückentragende Rag=
wurz. Knollen kugelig. Schaft ½—1¹/₂' h. Honiglippe längl.,
sammtig, in der Mitte mit einem 4eckigen, fast kahlen Fleck, dopp.
so lg. als das Pg., 3sp.; seitenst. Lappen eif.=lz., der mittl. dopp.
so lg., an der Spitze tief 2lappig, ohne Anhängsel Die 2 innern
PgZipfel zottig, lineal, zsgerollt, fädl. — Lechauen, Siebentischwb.,
Meringer Au. — Orchid.

k. Hellbräunl.

434. Neottia Nidus avis. *Rich.* Gem. Nestwurz. Die
ganze Pflanze bräunlich. W. vogelnestartig, aus zahlreichen, kleinen
Knöllch. Schaft ½— 1' h., schmutzig weiß o. gelbl., zuletzt bräunl.,
mit Schuppen statt der B. Pg. glockig, fast helmig. Honiglippe
spornlos, gerade vorgestreckt, unten in 2 auseinanderstehende Lappen
gesp. Stbk. endst., frei, sitzend, dem hintern Rande der Befruch=
tungssäule eingefügt, bleibend. Blthstaub mehlig, schwefelgelb. Schnä=
belch. ein zungenf., ungeth. Blättch. Frkn. nicht zsgedreht. Auf
BaumW. schmarotzend. — Lechauen, Siebentischwb., am Fußwege
zum Ablaß. — Orchideen.

l. Feuerfarben u. gefleckt.

435. Lilium bulbiferum. *L.* Knollentragende Lilie.
B. zerstreut. In den BWinkeln zwiebelf. Knospen. Blth. aufr.
Pg. glockig, innen von fleischigen Warzen rauh. — Gbsch. in Lechauen,
Lochhaus, Siebenbrunn. — Liliaceen.

H. Gewächse mit Blth. von verschiedener Gestalt.

1. Wasser= und Sumpfpflanzen.

a. Blth. weiß.

436. Ranunculus paucistamineus. *Tsch.* Armstaubfädiger
Hahnenfuß. Stgl. stumpfkantig. Alle B. untergetaucht, faden=

fein zerth., haarfein zugespitzt, gestielt, nach allen Seiten abstehend.
Blb. vk. eif., nur wenig länger als der K. Stbgf. gewöhnl. nur
12, länger als das Köpfch. des Frkn. — Gräben der Lechebene. —
Ranunculaceen.

437. R. divaricatus. *Schranck.* Spreizender H. Stgl.
stumpfkantig. B. sämmtl. untergetaucht, fast sitzend, 5—8" im
Durchmesser, borstl. vielsp.; Zipfel in eine starre, kreisrunde Fläche
auseinandergestellt, außer dem Wasser nicht in einen Pinsel zstretend.
BthKnopf herabgedrückt kugelig. Blb. 5, vk. eif. Stbf. länger als
das FrknKöpfch. Gf. kurz, in eine gerade N. endigend. — Bäche,
Gräben der Lechebene, Statzling ꝛc.

(Bth. am Grund schwach gelb.)

438. R. fluitans. *Lam.* Fluthender H. Stgl. stielrund,
oft 15—20' lg. Die untergetauchten B. borstl. vielsp., 4—6" lg.;
Zipfel zahlreich, verlängert, gleichlaufend, gerade vorgestreckt; die
schwimmenden B. fächerf. 2—3th., mit keilf., vorn abgestutzten Zipfeln.
Blb. 9—12, längl.=keulig. Stbgf. kürzer als das FrknKöpfch.
Früchtch. etwas gedunsen, querrunzlig, unberandet, kahl, am Ende
bespitzt. — Flßde. Wasser.

Blb. 5, tief 2th.

439. Malachium aquaticum. *Fries.* Wasser=Weichkraut.
Stgl. gestreckt u. kletternd, hin u. her gebogen, am Grund wurzelnd,
zottig, 1—3' lg. B. gegenst., hz=eif., zugespitzt, sitzend, die der
unfruchtb. Stgl. gestielt. Rispe gabelig, spreizend, drüsig, haarig.
Dckb. krautig. Blb. länger als der K. Stbf. 10, Gsf. 5. Kapsel
5klappig. — Grb., fcht. Hf. — Alsineen.

b. Bth. gelb; K. 5b.; Blb. viele.

440. Nuphar luteum. *Smith.* Gelbe Teichrose. B. oval,
auf ⅓ hzf. eingeschnitten; Lappen genähert. Blb. längl=spatelf., mit
Honiggrübch. auf dem Rücken. N. flach, tiefgenabelt, ganzrandig,
kaum geschweift, 10—20strahlig, Strahlen vor dem Rande verschwin=
bend. Stbk. längl=lineal. — In der Paar bei Mering. — Nymphaeaceen.

2. Landpflanzen.

a. Weiß u. weißl. K. fast blumenblattig, 4b.; Blr. fehlt.

441. Thalictrum minus. *L.* Kleine Wiesenraute. Stgl.
1—3' h., oft hin u. hergebogen, gerieft, etwas bereift. B. 3zähltg
gefiedert; Blättch. rundl. o. keilf. vk. eif., 3zähnig o. 3sp. u. 5zähnig,
untf. graugrün. Aehrch. der BScheide kurz, abgerundet, gezähnelt,
etwas abstehend, ohne Nb. Rispe im Umfang pyramidal; mittl.
Aeste der Rispe fast wagr.=spreizend. Bth. zerstreut, niederhängend,
scheinb. aus lauter Stbf. bestehend, weil die Krb. bald abfallen. —
Gbsch. am Lechufer. — Ranunculaceen.

K. 4b., hinfällig; Blr. 4b.

442. Actaea spicata. *L.* Aehriges Christophskraut.
Stgl. 1—3' h., am Grund schuppig. B. 2—3mal gedreit; Blättch.

eif. o. längl., eingeſchnitten geſägt. Blümch. in eif., lggeſtielten
Trauben. Blb. ſo lg. als die Stbgf. Beeren rundl＝oval, glänzend
ſchwarz, giftig. — Schattige Laubwd., Straßb., Wulfertsh. Sägmühle, Hk. b. Miebring am Abhg. — Ranunc.

K'Rand unmerkl; Bkr. rabf., 4ſp.
443. Galium Aparine. *L.* Kletterndes Labkraut. Ein
ſchmächtiges Pflänzchen. Stgl. 2—4' h., kletternd, ſchlaff, 4kantig,
an den Kanten u. Gelenken rückw. ſtachelig rauh, von hakigen Haaren
ſcharf u. klebrig. B. 6＝ u. 8ſt., lineal＝lz., ſtachelſpitzig, 1nervig,
am Rand u Kiel rückw. ſtachelig rauh. Bthſtiele bwinkelſt., nach
dem Verblühen gerade. Bkr. ſchmäler als die entwickelte Fr. Fr.
2 verbundene, ſteifh. Nüßch. auf geraden Stielen. — Hk. u. Ak. —
Stellaten.

444. G. uliginosum. *L.* Moraſt＝L. Ein ſchmächtiges Pflänzch.
Stgl. 4—16" h., ſchlaff, 4kantig, rückw. ſtachelig rauh. B. meiſt
6ſt., ſchmal lz. krllf., ſtachelſpitzig, 1nervig, an Rand u. Kiel rückw.
ſtachelig rauh. Bthſtiele bwinkelſt., zuletzt faſt riſpig. Bkr. faſt
3mal ſo groß als die Frkn. Fr. ſein ſcharfkörnig. Die den Rand
der B. einnehmenden Stacheln immer rückw. gerichtet; aber es iſt
meiſt neben dem Rande noch eine andere, nach der Spitze des B.
gerichtete Reihe von Stacheln vorhanden, welche, wenn ſich der Rand
einw. biegt, was oft geſchieht, auf dem Rande ſelbſt zu liegen ſcheinen.
Man entdeckt jedoch die Täuſchung, wenn man das B. umwendet.
— Grb. ſcht. Wſ.

445. G. sylvestre. *Poll.* Heide＝L. Stgl. 8—16" h., aus
aufſtrebendem Grunde aufrecht o. liegend, 4kantig, kahl o. kurzh.
B. lineal lz., vorn breiter, zugeſpitzt, ſtachelſpitzig, 1nervig, die unt.
vk. lz.; die ſtglſt. meiſt 8ſt. Bth. in lockern Riſpen. Bthſtielch.
aufr. abſtehend. Zipfel der Bkr. ſpitz. Fr. unmerkl. körnig. — Hd.
u. Wdränder, Wöllenbg.; Deuringen, Siebenbrunn.

K. tief 4th.; Bkr. 4th.
446. Plantago media. *L.* Mittl. Wegerich. Schaft 1—
1¹⁄₂' h., ſtielrund, ſeicht gerieft. B. alle grundſt., elllpt., etwas gezähnt, 7—9nervig, beiderſ. kurzh., in den kurzen, breiten BStiel
zgezogen. Aehre längl.＝walzig, 2" lg., gedrungen, wohlriechend.
Dckb. eif., ſpitzl., kahl, am Rande häutig. BkrRöhre kahl. StbBeutel
roſenroth. — Wſ. u. Triſten. — Plantagineen.

K. 5b.; Blb. 5. (Vgl. Nr. 97.)
447. Moehringia trinervia. *Clairv.* Dreinervige M. Zierl.
Pflänzch., glat:, friſchgrün, ſchlaffe Raſen bildend. Stgl. 2—6" h.,
zart, äſtig. B. eif., ſpitz. 3—5nervig, gewimpert, flach, die unt.
geſtielt. BStiel ſo lg als das B. KB. ſpitz, 3nervig, der Mittelnerv ſtärker gekielt. Blb. längl., kürzer als der K. — Fcht. Hk.,
Grb., Ak. — Alsineen.

K. halb 5ſp.; Bkr. 5b.
448. Gypsophila repens. *L.* Kriechendes Gypskraut.

Niedriges, raſenbildendes Pflänzchen. Stgl. aus niedergeſtrecktem Grund aufr., obw. locker, ebenſträußig u. nebſt den Aeſten kahl. B. lineal, nach beiden Enden verſchmälert, meergrün, ganz glatt. K. kreiſelf.=glockig; Zipfel eif = längl., ſtumpf, gerade Blb. gegen den Grund allmählig keilig verſchmälert. Stbf. u. Gf. kürzer als die Bfr. — Hd, Lechſ. — Sileneen.

K. 5zähn.; Blb. 5, benagelt. 2ſp.
449. Silene nutans. *L.* Nickendes Leinkraut. Flaumig, obw. drüſigklebrig. Stgl. aufr., äſtig, 1—2′ h. Die unt. B. ellipt= lz., in den BStiel verlaufend. Riſpe einerſeitswendig, während des Aufblühens einw. geknickt überhängend; Aeſte derſelben gegenſt., 3gabelig verzweigt, 3 — 7bth. Blumen wohlriechend, nickend. K. 10nervig, röhrig, etwas keulig, Zähne ſpitz. Blb. am Grund bärtig bekränzt. Kapſel 6klappig, Zähne zurückgerollt. Frtträger kaum ⅓ ſo lg. als die Kapſel. — Graſ. Abhge., Trft. — Sileneen.

450. S. inflata. *Smith.* Blaſiges L., Taubenkropf. Kahl o. beh., graugrün. Stgl. 1 — 2′ h., äſtig. B. meergrün, glatt, ellipt. o. lz., zugeſpitzt. Riſpe endſt., gabelſp. Bth. gabel= u. endſt. K. eif., aufgeblaſen, vielſtreifig, netzadrig, kahl; Zähne eif., ſpitz. Platte der Blb. 2th., am Grund 2höckerig. Frtträger halb ſo lang als die kugelige Kapſel. 2häuf. — Wſ., Wld., Trft.

K. 5zähn.; Blb. 5, halb 2ſp., mit Schuppen am Schlund.
451. Lychnis vespertina. *Sibthorp.* Abend = Lichtnelke. 2häuſig Stgl. 1—3′ h., untw. zottig, obw. drüſig rauh u. gabelig äſtig. Ob. B. eif.=lz., verſchmälert zugeſpitzt u. nebſt den BthStielen u. K kurzh. K. häutig, mit grünen Längsnerven; der StbgfBth. walzl=keulig, der StempelBth. eif. ellipt. Kapſel ei=kegelf., mit vor= geſtreckten Zähnen. Blumen Abends u. an trüben Tagen offen u. angenehm riechend. — Wſ., Raine. — Sileneen.

K. 5th., bleibend; Bfr. faſt rabf., 5lappig.
452. Cynanchum Vincetoxicum. *R. Br.* Gem. Hunds= würger. Stgl. aufr., 1—3′ h., oft etwas windend. B. gegenſt., lg. zugeſpitzt. Bth. in gepaarten, winkelſt., geſtielten Dolden. Bth= Stielch. der Dolde 3mal ſo lg. als der gemeinſchaftl. BStiel. Bfr. bartlos. Stbf. 5, dem Grund der Bfr. eingefügt, in ein Krönch. verwachſen. BthStaub in Maſſen zgefloſſen, welche an die Drüſe der N. angeheftet ſind. Gf. 2; die N. den beiden Gf. gemein, verbreitert, 5kantig, auf jeder Kante eine Drüſe. Kapſ. in eine ein= zige Längsnaht aufſpringend, viele Samen enthaltend, die mit einem anſehnl., weißen, ſeidenartigen Haarſchopf verſehen ſind. — Hd., trk. Hügel; Lechſ., Abhg. zw. Mühlhſ. u. Schierneck, Neuſäß. — Ascle= piadeen.

K. 5th.; Bfr. rabf., bis zur Mitte 5ſp. mit längl. eif. Zipfeln. (S. Nr. 99.)
453. Solanum nigrum. *L.* Schwarzer Nachtſchatten. Trübgrüne Pflanze mit ſchwachem Blſamgeruch. Stgl. ¼—2′ lg., äſtig, kantig, etwas höckerig. Kanten der Aeſte hervortretend, höckerig.

B. eif., faſt 3eckig, buchtig gezähnt u. nebſt dem Stgl. von einwärts
gekrümmt=aufr. Haaren flaumig. FrStielch. an der Spitze verdickt,
herabgebogen. Die kleinen Blümch. nickend, in doldiger Traube beiſ.
Gf. länger als die Stbgf. Stbbeutel kegelf. zſgeneigt. Beeren
ſchwarz, auf dem ausgebreiteten, kleineren K. ſitzend. Giftig. —
Schutt, Gartenland. — Solaneen.

K. u. Kr. 5b.; Blb. ungeth.
454. **Alsine stricta.** *Wahlenb.* Schlanke Miere. Stämmch.
geſtreckt, raſig; blühende Stgl. aufr., obw. nackt. B. fädl., halb=
ſtielrund, nervenlos. BthStiele endſt., meiſt zu 3, ſ. lg. KB. eif=
lz., ſpitzl., nervenlos, getrocknet 3nervig. Blb. längl. eif., am Grund
verſchmälert, ungefähr ſo lg. als der K., in's Röthl. ſpielend. —
Waldmoore b. weſtl. Höhen, Straßb., zw. Banacker u. Burgwalden.
— Alsineen.

K. u. Kr. 5b.; Blb. 2th.
455. **Stellaria graminea.** *L* Grasartige Sternmiere.
Stgl. unten wurzelnd, ausgebreitet, 1 — 1½' lg., 4kantig, kahl, mit
einer Haarlinie von einem Gelenk zum andern. B ſitzend, lz., ſpitz,
kahl, am Grund gewimpert, grasgrün. Ebenſtrauß gabelig mit ein=
geknickten Äeſten. Dckb. trockenhäutig, am Rande gewimpert. KB.
3nervig. Blb. ſo lg als der K. Kapſel länger als der K. — Ak.,
Hk., Wſ. — Alsineen.
456. **St. uliginosa.** *Murray.* Schlamm=St. Stgl. aus=
gebreitet, wurzelnd, 4kantig, kahl, ¼—1' lg. B. ſitzend, längl. lz.,
kahl, am Grund gewimpert. Rispe gabelig. Dckb. trockenhäutig,
am Rande kahl. Blb. kürzer als der am Grund kurz trichterf. K.
Frkn. am Grunde mehr verſchmälert als bei St. gram. Kapſel eif.,
ſo lg. als der K. — Grb. u. Pfützen in Wd.; Deuringen ꝛc.

K. u. Kr. 5b.; Blb. 2th.
457. **Cerastium alpinum.** *L.* Alpen=Hornkraut. Stämm=
chen kriechend. Die nicht blühenden Stgl. roſettig, die blühenden
aufſtrebend, 1 — 5bth. B gegenſt., ellipt. o. lz. Dckb. krautig, an
der Spitze ſchmal trockenhäutig BthStiele nach dem Verblühen ein=
geknickt. KrB. kürzer als die breit weißgeränderten KB. — Bei
Straßberg. — Alsineen.

K. 10ſp., Zipfel 2reihig; die äußern kleiner, abſtehender. Blb. 5, nicht aus=
gerandet.
458. **Fragaria vesca.** *L* Wilde Erdbeere. Schaft 3—4" lg.,
aufr. B. wurzelſt., lggeſtielt, 3zählig. Flaum der BStiele weit
abſtehend, der der BthStiele angedrückt. Stbgf. nicht länger als das
FrknKöpfch. FrK weit abſtehend o. zurückgekrümmt. Frboden nach
der BthZeit vergrößert, zuletzt fleiſchig, ſaftig, eine „falſche Beere"
darſtellend. — Schläge, Gbſch. — Rosaceen.
459. **F. elatior.** *Ehrh.* Hochſtengelige E. Größer und
ſtärker, bis 1' h.; immer durch Fehlſchlagen 2häuſ. FrK. weit ab=
ſtehend o. zurückgekrümmt. Flaum der B.= u. Bthſtiele wagr. abſtehend.

KrB. nach unten gewölbt, die Ränder sich nicht berührend. Stbgf. bei der fruchtb. Pflanze so lg. als das FrknKöpfch., bei der unfruchtb. dopp. so lg. — Hügel, Gbsch, Rosenaubg., Gersthf.; als „Zimmt=E." cult.

460. F. collina. *Ehrh.* Hügel=E. BthStiele schlanker als bei F vesca. B. beiderf. flaumig, untf. silberglänzend, Endblättch. sitzend o. kurz gestielt. FrRöhre geschlossen, an die Fr. angedrückt. Flaum der BStiele weit abstehend, der der BthStiele angedrückt. Bth. unvollkommen 2häuslg. Beere zieml. hart. — Hd., Lechf. b. d. Bleiche.

(Gelbl. weiß, an der Spitze schwarzpurpurn.) K. 2b.; Blb. 4, das ob. am Grund gespornt.

461. Fumaria capreolata. *L.* Ranken der Erdrauch. Stgl. u. BthStiele klimmend. Stgl. 1/2—11/2' h. Die frtragende Traube locker. BZipfel längl., rk. eif. KB. halb so lg. als die Bkr. Blb. auf dem Rücken manchmal purpurn, an der Spitze schwarzpur= purn. Schötch. nußartig, einsamig. — Am Lechufer zw. d. Lechh. u. Friedb. Brücke einmal gefunden. — Fumariaceen.

(Röthl. weiß, mit gelber UnLippe.) K. 4zähnig; Kr. lippenähnlich.)

462. Melampyrum cristatum. *L.* Kammähriger Wachtel= weizen. Stgl. 1/2—1' h., oft niederliegend o. dichtgedrängt. Dckb. hzf., nach vorn gefaltet umgebogen, kämmig gezähnt, lebhaft roth= violett. Bth. nach allen Seiten gleichmäßig vertheilt, eine scharf 4kantige, dicht=dachziegelige Aehre bildend. — Gbsch. an Flußuf., Wld. — Rhinanthaceen.

b. Gelb (nach unten weißl.).

463. M. pratense. *L.* Wiesen=W. Schmächtiger und kleiner Stgl. 1/2—1' h. B. lineal=lz. Dckb. lz., die ob. am Grund beiderf. 1—2zähnig. Aehre locker, einerseitswendig, wenigbth. K. kahl, 1/3 so lg. als die Bkr. Bth. wagr. abstehend. — Wld.

KRand unmerkl.; Bkr. 4sp., rabf.

464. Galium verum. *L.* Gelbes Labkraut. Stgl. 1/2—1' h., aufr. o. aufstrebend, auch niederliegend, steif, stielrund, 4rippig, flau= mig rauh. B. lineal, stachelspitzig, untf. fast sammtig flauml., am Rand zurückgerollt; die stglst. 8—12st. Aeste der Rispe fast wagr. abstehend, dichtbth. BthStiele nach dem Verblühen fast wagr. abste= hend. Zipfel der Bkr. stumpfl., f. kurz bespitzt. Fr. kahl u. glatt. — W., Wf., Irft., Wegränder. — Stellaten.

K. 5th.; Kr. 5b.

465. Hypericum humifusum. *L.* Gestrecktes Hartheu. Die Stengel im Kreis am Boden liegend, wenige Zoll lg., fast 2schneidig, fäbl. B. eif. längl KB. längl., stumpf, kurz stachel= spitzig, ganzrandig, länger die Blb. Die Blumen nur im Sonnen= schein geöffnet, oft mit rothen Drüsen besetzt. — Fcht. Wf., Aistetten, Oberschönefeld, Wulfertshf. — Hypericineen.

466. H. hirsutum. *L.* Rauhh. H. Stgl. 1—2' h., aufr.,

ſtielrund. B. eif. o. längl., kurz geſtielt, durchſcheinend punktirt u. nebſt dem Stgl. rauhh. KB. Iz., gewimpert; Drüſen f. kurz geſtielt. — Wd. d. weſtl. Höhen.

K. u. Kr. 5b.

467. Oxalis stricta. *L.* Steifer Sauerklee. WAusläufer ſchief, etwas fleiſchig, quirlig faſerig, ausdauernd. Stgl. einzeln, aufr., ¹/₂—1¹/₄' h, zerſtreut flaumig. B. 3zählig, ohne Nb. Blättch. vk. hzf. BthStiele bwinkelſt., 2—5bth., zur BthZeit kürzer als die B.; frtragende BthStielch. länger, aufr. abſtehend. Kapſel auf den Kanten beh. — In Gärten, an Gartenzäunen unweit der Roſenau. — Oxalideen.

K. meiſt 5b.; Kr. meiſt 5b. Nagel der Blb. mit einem Honiggrübch. (S. Nr. 104.)

468. Ranunculus polyanthemos. *L.* Reichbth. Hahnenfuß. W. faſerig. Stgl. 1—2' h. WB. handf. geth., Zipfel lineal 3ſp. o. 3th., eingeſchnitten. BthStiele gefurcht. Stgl. u. Bth. behaart. Kr. groß. K. abfällig. Früchtch. linſenf. zſgedrückt, berandet, Schnabel hakig. Frb borſtig. — Hd., Straßbg., Lechf. — Ranunculaceen.

469. R. nemorosus. *DC.* Hain=H. W. faſerig. Stgl. 1— 2' h. WB. handf. geth.; Zipfel vk. eif., 3ſp., gezähnt. BthStiele gefurcht. Früchtch. linſenf. zſgedrückt, berandet, Schnabel an der Spitze ſpiralig eingerollt. Frb. borſtig. — Lechauen, Wld. d. weſtl. u. öſtl. Höhen.

470. R. sceleratus. *L.* Blaſenziehender H. Pflanze kahl. W. faſerig. Stgl. 1—3' h., dick, gefurcht, hohl. Die unt. B. ſaftig, handf. geth., eingeſchnitten gekerbt; die ob. 3ſp., Zipfel lineal. K. zurückgeſchlagen. KrB. wenig länger als der K, von einander entfernt. Die Frkn. bilden einen längl., walzigen, über die Stbgf. ſich erhebenden Kopf. Früchtch. ungekielt, am Rand mit einer ein-gegrabenen Linie umzogen, in der Mitte auf beiden Seiten feinrunz-lig. — Grb., Sümpfe am Weg v. Lechhf. gegen Miedring unfern der Aach, bei Derching.

471. R. arvensis. *L.* Acker=H. W. faſerig. Stgl. ¹/₂—1¹/₂' h. WB. 3ſp., gezähnt; StglB. 3zählig; Blättch. geſtielt, 3—4ſp, Zipfel keilf., vorn gezähnt; die ob. lineal. Früchtch. flach zſgedrückt, ge-ſchnäbelt, dornig o. knotig o. netzig, mit o. ohne dornigen Rand. — Ak.

K. 5th.; Blb. 5.

472. Sedum acre. *L.* Scharfe Fetthenne. Die raſig beiſ. ſtehenden Stämmchen kriechend u. aufſtrebend, 2—4" h. B. kurz, fleiſchig, eif., dachziegelig geſtellt, ſpitzl., auf dem Rücken buckelig, mit ſtumpfem Grunde ſitzend; die unfruchtb. Stgl. locker 6zeilig beblättert. Aeſte des Ebenſtraußes meiſt 4—5bth. Blb. lz., ſpitz, dopp. ſo lg. als der K. Alle Theile der Pflanze von beißendem Geſchmack. — Trk. Hügel. — Crassulaceen.

473. S. sexangulare. *L.* Sechskantige F. Stämmchen kriechend, 1—3" h.; die unfruchtb. Stgl. nicht ſo deutl. 6zeilig be=

blättert. B. stielrund, lineal, stumpf mit abw. bespitztem Grund sitzend, fast aufr., anliegend. Aeste des kahlen Ebenstraußes meist 2—3bth. Blb. lz., spitz, dopp. so lg. als der K. Pflanzen von wässerigem Geschmack. — Trk. Hügel bei Oberhs., Gersthf., Haunstetten.

474 Saxifraga mutata. *L.* Verwandelter Steinbrech. Stgl. traubig rispig. B. der Rosetten zungig, mit einem knorpeligen, dicht gefransten, vorn ganzrandigen o. undeutl. kleingesägten Rande umgeben, längs des Randes vielpunktig. K. halb mit den Frkn. verwachsen. Blb schmäler als die KZipfel, lineal-lz., spitz. — Auf Lechkies bei Siebenbrunn. — Saxifrageen.

K. 10sp., Zipfel 2reihig, die 5 äußern kleiner, abstehender. Blb. 5. (S. Nr. 105. 106.)

475. Geum urbanum.. *L.* Gem Nelkenwurz. W. wohlriechend. Stgl. 1 —1¹⁄₂' h., armbth., oben sparrig ästig. WB. leierf. Bth. aufr.; FrK. zurückgeschlagen. Blb. klein, wagr., vk. eif., unbenagelt. Frtträger fehlend. Früchch. zahlreich, rauhbehaart; Granne grau, 2gliedrig, kahl, das unt. Glied 4mal so lg. als das ob.; letzteres am Grunde flaumig; der FrStand einen rundl. Kopf bildend. — Hk., Wld., Fuß des Rosenaubgs. — Rosaceen.

476. Potentilla argentea. *L.* Silberweißes Fingerkraut. W vielköpfig, zugleich blühende Stgl. u. unfruchtb. BBüschel treibend. Stgl. aufstrebend, filzig, ebensträußig, 1' h. B. 5zählig gefingert; Blättch. aus ganzrandigem, verschmälertem Grunde vk. eif., tief eingeschnitten gesägt o. fiedersp. zerfetzt, am Rand umgerollt, untf. weißfilzig; Zähne abstehend, spitz. Nüßch. runzelig, unberandet. — Trk. sandige Hügel u. Raine d östl. u. westl. Seite. — Rosaceen.

K. 8sp.; Zipfel 2reihig, die 4 äußern kleiner, abstehender. Blb. 4.

477. P. Tormentilla. *L.* Gestrecktes F. WStock dick. Stgl. steif aufr., meist liegend, 1—1¹⁄₂' lg. B. 3zählig, die stglst. sitzend. Nb. fingerf. eingeschnitten. — Wld.

K. 5th.; Btr. 5sp.

478. Cerinthe minor. *L.* Kleine Wachsblume. Glatte, graugrüne Pflanze. Stgl. ¹⁄₂—1' h. Unt. B. vk. eif., ob. hzf. längl. Btr. über ¹⁄₃ 5sp., walzl. glockig, Schlund ohne Dklappen; Zähne pfrieml., aufr. zschließend. Stbf ¹⁄₄ so lg. als die pfeilf. am Grund zshängenden Stbkolben. — Akerraine bei Kißing. — Boragineen.

(Schmutziggelb, violett geadert.) K. 5th.; Btr. trichterf., Saum 5lappig.

479. Hyoscyamus niger. *L.* Schwarzes Bilsenkraut. Uebelriechende, zottig u. klebrig behaarte, ¹⁄₂—2' h. Pflanze. B. groß, eif. längl, fiedersp. buchtig, o. ausgeschweift gezähnt; die unt. gestielt, die stglst. halbstglumfass., die bthst. beiderf. 1—2zähnig. Bth. fast in den BWinkeln sitzend. Giftig. — Schutt, Bahndämme, Wegränder. — Solaneen.

(Rein gelb.) K. 5th.; Bkr. radf., Saum 5lappig, ungleich.

480. Verbascum Blattaria. *L.* **Motten=Wollblume.** Stgl.
1—4' h., einfach o. ästig. B. kahl, meist hinablaufend; die unt.
vk. eif. längl., am Grund verschmälert, buchtig; die stglst. längl.,
spitz, gekerbt, sitzend; die ob. fast hzf., zugespitzt, halbstglumfaff.
Traube drüstg behaart; BthStielch. einzeln, 1½—2mal so lg. als
die Dckb. Bth. einzeln, gestielt, am Grund inwendig violett=bärtig.
Stbf. violett=wollig. Stbkolben ungleich. — Hb. vor dem Sieben=
tischwald, protest. Gottesacker; am Kanal von der Lechhf. Brücke
gegen den Wolfszahn. — **Verbasceen.**

K. 5th.; Bkr. radf., Saum 5th., rglm.

481. Lysimachia thyrsiflora. *L.* **Straußbth.** L. Stgl. am
Grund liegend u. wurzelnd, dann aufr., 1—2' h. B. gegen= u. 3= u. 4st.,
verlängert lz. Trauben bwinklst., gestielt, dicht gedrungen, walzl.,
kürzer als das stützende B. Bkr klein, gelb, an der Spitze nebst
dem K. rothpunctirt; ein kleiner Zahn zwischen den BkrZipfeln. Stgf.
10, die 5 äußern kürzer, unfruchtb.; am Grund durch einen s. kurzen
Ring zsgewachsen. — Torfstich bei Haberskirch, Sumpf im Anhauser
Thal. — **Primulaceen.**

482. L. Nummularia. *L.* **Rundblättr.** L. Stgl. einfach,
gestreckt, kriechend, etwa 1' lg. B. gegenst., hzf. rundl. o. ellipt.
BthStiele bwinkelst., einzeln o. zu 2, kürzer als das B. KZipfel
hzf.; Buchten zwischen den BkrZipfeln zahnlos. 5 Stbgf. Wohl=
riechend. — Grb., schte. Wf. u. Wld.

483. L. nemorum. *L.* **Hain=L.** Stgl. gestreckt, ¼— 1' lg.,
B. gegenst., eif., spitz, kahl. BthStiele bwinkelst., einzeln, länger
als das B. KZipfel lineal=pfrieml.; Buchten zwischen den BkrZipfeln
zahnlos. 5 Stbgf. — Fcht. Wf. d. westl. Höhen.

(Trüb schwefelgelb, innen von braunen Linien netzadrig wollig.)

K. 5th.; Bkr. glockig, mit schiefem 4sp. Saum.

484. Digitalis grandiflora. *Lam.* **Großbth.** **Fingerhut.**
Stgl. 1—4' h. B. längl. lz., gesägt, gewimpert, flaumig; die unt.
in den BStiel verschmälert, die ob. mit eif. Grund halbstglumfaff.
BthStiele nebst dem Stgl. obw. drüstg behaart. KZipfel lz., spitz.
Bkr. erweitert glockig, drüstgflaumig. OLippe f. stumpf, ausgerandet o.
etwas gezähnelt; Zipfel der ULippe 3eckig, die mittl. dopp. so breit,
spitz o. stumpf, viel kürzer als d. Bkr. — Lichte LaubW. d. westl.
Höhen; Kobel, Lohe, Straßbg., Engelshof. — **Antirrhineen.**

K. röhrig, 5zähnig; ob. Zähne auffallend kleiner. Bkr. lippenähnl., OLippe
helmf. zsgedrückt.

485. Pedicularis Sceptrum Carolinum. *L.* **Scepterf.** **Läuse=**
kraut. Ansehnl., gegen 2' h. B. fiedersp.; Fieder eif=längl., stumpf,
dopp. gekerbt. Dckb. eif., ungeth. K. kahl; Zähne längl., stumpf,
spitz=ungleich gekerbt. Bkr. ansehnl., schwefelgelb; Rand der ULippe
blutroth; OLippe stchelf., stumpf, zahnlos. KrRöhre obw. glockig;
Schlund durch die zsneigenden Lippen geschlossen. — Auf scht. Sand

der Lechuf.; Ablaß, Lechhſ., Wolfszahn; Waldmooſe b. Straßbg. —
Rhinanthaceen.

K. 6th.; Bfr. unrglm., 6b.

486. Reseda lutea. *L.* Gelbe Reſede. Stgl. ausgebreitet,
1 — 1¹/₂′ h. B. im Umriß 3eckig, die mittl. ſtglſt. dopp. fiederſp.;
die ob. 3ſp. BthTraube längl. locker. BthStielch. ſo lg. als der K.
KZipfel lineal. Blb. mit den KZipfeln abwechſelnd. N. 3. —
An Wegen, Schutthauſen. — Resedaceen.

(weißgelb.) K. 5zähn.; Bfr. trichterf., 5th.

487. Bryonia dioica. *Jacq.* Rothbeerige Zaunrübe.
Kletternde Pflanze mit ſpiraligen Ranken. B. hzf., 5lappig, gezähnt,
ſchwielig rauh. Bth. traubig = ebenſträußig, 2häuſ. K. der Stplbth.
halb ſo lg. als die Bfr. N. rauhh. Ebenſträuße kurz geſtielt, oft
faſt ſitzend. Beeren kugelig, roth. Giftig. — Hf. — Cucurbi-
taceen.

c. Purpurn. (Schwarzviolett.) K. blumenblattig. 5b.; Bfr. 5b., trichterf.,
unten in einen hohlen Sporn vorgezogen.

488. Aquilegia atrata. *Koch.* Geſchwärzte Akelei. B.
dopp. 3zählig; Blättch. halb3ſp. gekerbt; Kerben eif., ſtumpf. Bth.
ſchwarzviolett, halb ſo groß als bei A. vulg. (Nr. 514) KB.
längl. eif. Platte der Blb. nicht ſeicht ausgerandet, ſondern am
Ende auf beiden Seiten geſchweift, daher in der Mitte mit einem
undeutl. Spitzchen. Sporn an der Spitze hakig, länger als die
Platte. Stbgf. lg. aus der überhangenden Blume vorgeſtreckt. —
Lechauen, Siebentiſchwld., zw. Lechhſ. u. Gerſthf. — Ranunculaceen.

(Blutroth.) K. u. Kr. 5b.

489. Geranium sanguineum *L.* Blutrother Storch=
ſchnabel. W. ein abgebiſſenes, mit langen Faſern in der Erde
befeſtigtes, vielköpfiges Rhizom. Stgl. aufr., gabeläſtig, gegen 1′ h.
und nebſt den BthStielen und KB. rauhh.; Haare wagr. abſtehend,
drüſenlos. B. im Umriß nierenf., handf. 7—9th., Zipfel 3—vielſp.;
Zipfelch. lineal. BthStiele 1—2bth., nach dem Verblühen etwas
abw. geneigt. Blb. vk. hzf., ausgerandet, dopp. ſo lg. als der begrannte K. Klappen glatt, abw. haarig; Haare zerſtreut, borſtlich.
S. ſehr fein punktirt. — Hb., Lechf., Waldſaum bei Hammel. —
Geraniaceen.

(Purpurviolett.)

490. G. pyrenaicum. *L.* Pyrenäiſcher St. W. ſpindelf.,
ſtark, hinabſteigend. Stgl. aufr., gabeläſtig, ¹/₂—1¹/₂′ h. u. nebſt
den B. weichh. B. im Umriß nierenf., 5 --7lappig; Zipfel b. unt.
B. vorn eingeſchnitten, ſtumpf gekerbt. BthStiele 2bth.; Stielch.
nach dem Verblühen abw. geneigt. Blb. ins Violette ſpielend, vk.
hzf., 2ſp., doppelt ſo lg. als der ſtachelſpitzige K., obh. des Nagels
beiderſ. dicht bärtig. Klappen glatt, angedrückt flaumh. S. glatt.

— Links vom Fußweg nach Siebentisch am Waldsaum; an Garten=
zäunen in der Friedbgr. Au.

K. 5zähn.; Blb. 5, benagelt.

491. Lychnis Viscaria. *L.* Klebrige Lichtnelke, Pech=
nelke. Stgl. kahl, obw. unter den Gelenken klebrig. B. Iz., kahl,
am Grund gewimpert. Blh. traubig=rispig. fast quirlig. Blb. un=
geth., bekränzt. — Grasige Abhge, Obsch., Friedbg. bis Scherneck,
Straßbg. — Sileneen.

492. Agrostemma Githago. *L.* Kornrabe. Stgl. 1—3' h.,
aufr., mit angeschwollenen Gelenken, wie die ganze Pflanze von an=
gedrückten Haaren grau. B. am Grund kurz=scheidig, Iz., zugespitzt,
ganzrandig. KZähne in blattige Zipfel verlängert, welche die Blb.
überragen. Blb. gestutzt. Die 10 Stbgf. unten in einen Ring ver=
wachsen. Stbbeutel schieferblau. — Ak. unt. b. Getreide. — Sileneen.

K. röhrig, 4zähn.; Kr. lippenähnlich.

493. Melampyrum arvense. *L.* Acker=Wachtelweizen.
Stgl. 1/2—1' h. B. Iz., stumpfl. Dckb. purpurn, eif., zugespitzt,
pfrieml. gezähnt, untf. 2reihig punctirt. Blh. in lockern, gleichf,
allseitigen Aehren, purpurn, in der Mitte mit einem weißen Ringe
und einem gelben Flecken auf der ULippe. K. flaumig rauh, fast
so lg. als die BkrRöhre; Zähne aus eif. Grunde verlängert, borstl.
zugespitzt. — Ak. unt. b. Getreide. — Rhinanthaceen.

d. Röthlich, roth u. rosenfarben bis braun. K. 2b., Kr. rachenf.

494. Orobanche cruenta. *Bertoloni.* Blutrothe Sommer=
wurz. B. auf Schuppen zurückgeführt. KB. mehrnervig, zieml.
gleichf. 2sp., länger als die BkrRöhre. Bkr am Grund vorn kropfig=
bauchig, auf dem Rücken gekrümmt; Lippen ungleich gezähnelt, drüsig
fransig, die ob. helmartig, ungeth. o. etwas ausgerandet, mit abste=
henden Seiten; Zipfel der ULippe fast gleich. Stbf. im Grund der
Bkr. eingefügt, dichtbeh., obw. nebst dem Gf. drüsenh. NScheibe
sammtartig, erhaben berandet. N. gelb mit einem braunpurpurnen
Rande umzogen, die ganze Bkr. mit zahlreichen, kurzen, drüsentra=
genden Haaren bedeckt u. von angenehmem Geruch. — Hd., Wf.,
Wbtriften auf Hippocrepis, Tetragonolobus siliquosus, Lotus corniculatus u. Carex glauca schmarotzend. Schinderhölzch. bei Gög=
gingen, Meringer=Au. — Orobancheen.

K. 2b.; Kr. röhrig=glockig.

495. O. lucorum. *Alex. Br.* Hain=S. B. auf Schuppen
zurückgeführt. KB. 2nervig, ungleich 2sp., so lg. als die BkrRöhre.
Bkr. auf dem Rücken gekrümmt; Lippen fein drüsig gewimpert, schwach
gezähnelt, die ob. 2lappig, mit abstehenden Lappen. Stbgf. nahe am
Grund der Bkr. eingefügt, vom Grund bis über die Mitte dicht beh.
Gf. kahl, über die Biegung der Stbgf. hervortretend. NScheibe
glatt, sammtig; N. braunroth, 2lappig. — Auf Berberis vulgaris
schmar. — Ablaß.

K. 2b., hinfällig; Blb. 4.

496. **Papaver Rhoeas.** *L.* Klatſch=Mohn. Stgl. abſtehend
ſteifh., mehrbth. B. dopp. fiederſp.; Zipfel lineal, entfernt gezähnt. Stbf.
pfrieml. Kapſel keulenf., gegen den Grund allmählig verſchmälert, kahl.
Kerben der N. getrennt. — Ak. unt. d. Getreide. — Papaverac.

497. **P. Argemone.** *L.* Keulenfrüchtiger Mohn. Stgl.
borſtig, beblättert, mehrbth. B. dopp. fiederth. mit lineal=lz. Zipfeln.
Blb. vk. eif. Stbgf. obw. verbreittert. Kapſel gedeckelt, vk. keulenf.,
mit zerſtreuten, aufr. Borſten. — Ak., Gerſthf., an der Straße nach
Haunſtetten, am Straßbg.

498. **P. dubium.** *L.* Zweifelhafter W. Stgl. abſtehend
ſteifh., mehrbth. B. dopp. fiederſp.; Zipfel lineal, entfernt gezähnt.
Stbf. pfrieml. Kapſel keulenf., gegen den Grund allmälig verſchmälert, kahl. Kerben der N. getrennt. — Ak. unt. d. Getreide.

K. 5b.; Blb. 6—10, flach, ohne Honiggrübchen.

499. **Adonis aestivalis.** *L.* Sommer=Adonis. Stgl. einfach, 1/2—1 1/2' h. B. fein zertheilt, mit faſt haarf. Zipfeln. K.
kahl, an die ausgebreiteten, mennigrothen, am Grund gewöhnl. mit
einem ſchwarzen Fleck verſehenen Blb. angedrückt. Nüßch. am ob.
Rande 2zähnig, mit einem ſpitzen Zahn am Grund; Schnabel aufſtrebend, gleichfarbig. — Ak. unt. dem Getreide, an der Straße nach
Göggingen. — Ranunculaceen.

K. u. Kr. 5b.

500. **Geranium columbinum.** *L.* Tauben=Storchſchnabel.
Stgl. 1/2—1 1/2' h., ausgebreitet u. nebſt den BthStielen flaumh.;
Haare abw. angedrückt. B. 5—7th.; Zipfel der unt. vielſp., der ob.
3ſp.; Zipfelch. lineal. BthStiele länger als das B., 2bth.; Stielch.
nach dem Verblühen abw. geneigt. Blb. vk. hzf., ſo lg. als der
begrannte K., roſenroth, mit 3 dunklern Linien, am Grund bärtig.
Klappen kahl. S. wabig punktirt. — Ak., Hohlweg zw. Scherneck
u. Rehling, Wulfertshf. — Geraniaceen.

501. **G. Robertianum.** *L.* Ruprecht's St. Stgl. aufr.,
gabeläſtig, gegen 1' h., meiſt blutroth. B. 3—5zähl.; Blättch. geſtielt,
3ſp., fiederſp. eingeſchnitten. BthStiele 2bth; Stielch. nach dem
Verblühen etwas abw. geneigt. Blb. zieml. klein, vk. eif., ungeth.,
roſenroth mit 3 weißl. Streifen, länger als der 10kantige, unter
der Granne beh. K. Fr. aus 5 begrannten, verwachſ. Kapſeln gebildet; Klappen netzig runzlig; S. glatt. Die Pflanze riecht übel.
— Fcht., ſchattige Hk. u. Wldrbr.

(Roſenroth, oft auch blaßlila o. dunkler blau.) K. 5b.; die 2 innern KB.
flügelf. Bfr. lippenähnl., das unt. Blb. kielf.

502. **Polygala comosa.** *Schk.* Schopfige Kreuzblume.
Stgl. aufr., etliche Zoll hoch. B. lineal=lz., die unt. ellipt. Die
ſeitenſt. Dckb. vor dem Aufblühen länger als die endſt. BthTraube;
daher dieſe ſchopfig. Die Flügel ellipt. vk. eif., 3nervig, die Seitennerven äſtig abrig, an der Spitze durch eine ſchiefe Ader ineinanderfließend. Bfr. mit vielſp. Anhängſel. Stiel des Frkn. während des

Aufblühens v. d. Länge des Frkn. o. kürzer. — Wſ., Hd., trk. Abhg.
— Polygaleen.

(Mennigroth, am Grund blutroth. (K. 5th.; Bkr. rabf., Saum 5th.)

503. Anagallis arvensis. *L.* Acker-Gauchheil Stgl. ausgebreitet, 3 — 8" lg., oft niederliegend. B. gegen- o. 3ſt., dickl.,
ſitzend, eif. BthStiele länger als die B. BkrZipfel klein gekerbt,
fein drüſig gewimpert, wenig länger als d. K. Bth. mennigfarb., am
Grund blutroth. — Ak. — Primulaceen.

(Trüb olivengrün, oben braun.) K. 5th.; Bkr. faſt kugelig, mit kleinem
5lapp. Saum.

504. Scrophularia nodosa. *L.* Gem. Braunwurz. Stgl.
geſchärft 4kantig, 1—3' h. B. eif., faſt hzf., kahl, dopp. geſägt,
die unt. Sägezähne länger u. ſpitzer. BthStiele flügellos. Rispe
längl., endſt. KZipfel eif., ſtumpf, ſ. ſchmal häutig. Anſatz zum
5ten Stbf. querlängl., ſeicht ausgerandet. — Wld., Wulfertshf.,
Lohe. — Antirrhineen.

KSaum 5th.; Bkr. trichterf., Saum 5ſp.

505. Valeriana montana. *L.* Berg-Baldrian. W. vielköpfig. B. etwas gezähnt o. ganzrandig, die unt. rundl., kürzer geſtielt, an den fruchtb. Büſcheln eif., lggeſtielt; die ſtglſt. eif. zugeſpitzt,
die ob. lz. Ebenſtrauß endbſt., dicht, faſt kopfig. Fr. kahl. — Lechauen bei Lechhf. — Valerianeen.
(Blaß roſenroth, im Schlund purpurroth.) K. röhrig, 4ſp., Bkr. lippenähnl.

506. Euphrasia Odontites. *L.* Nother Augentroſt. Stgl.
bis ½' h., von der Mitte an äſtig. B. aus breiterem Grund verſchmälert, lz-lineal, entfernt geſägt. Dckb. längl. lz., länger als die
Bth. Bkr. auf der Oberfläche u. am Rand dicht flaumig OLippe
kappenf. zſgedrückt, gezähnt, abgeſchnitten-ſtumpf. Stbf. in der Röhre
eingeſchloſſen; Stbk. an der Spitze durch Zotten verbunden. — Wegränder, Ak., Hd. — Rhinanthaceen

e. Lila. K. u. Kr. 5b.

507. Linum viscosum. *L.* Klebriger Lein. Stgl. dünn,
bis 1' h., von weit abſtehenden Haaren zottig. B. graugrün, ſtarr,
lz., 3—5nervig, zottig; die ob. Dckb. u. K. drüſig gewimpert, faſt
kahl. KB. lz., zugeſpitzt, länger als die Kapſeln. Bth. am Grund
mit violetten Adern. — Lechf., Meringer Au. — Lineen.
K. dopp.; innerer ſchüſſelf., mit 5 ſcharfen Vorſten; äußerer 8furchig, mit
trockenhäutigem Saum. Blümch. 5ſp.

508. Scabiosa Columbaria. *L.* Tauben-Sc. Stgl. kahl,
1—2' h. B. an den unfruchtb. Büſcheln längl., ſtumpf, am Grund
verſchmälert, geſtielt; die unt. ſtglſt. leierf., die übrigen bis auf die
Mitte fiederſp.; Fiedern lineal, an den unt. B. fiederſp. geſägt, an
den ob. ganzrandig. Vorſten des innern K. ſchwarzbraun, 3—4mal
ſo lg. als die Krone des äußern K. Köpfch. der Fr. kugelig Fr. 8furchig;
Furchen durchlaufend. — Weiden, trk. Hügel, Wld. — Dipsaceen.

f. Violett. K. 4ſp., glockig; Kr. unrglm., lippenähnl.

509. Bartsia alpina. *L.* Alpen-B. B. gegenſt., eif., faſt

ftglumfaff., ſtumpf geſägt. S. am Nabel zſgedrückt, auf der Oberfläche rippig. — Sumpfige Bachuf. auf d. Lechf. — Rhinanthac.
(Violett bis dunkelblau.) K. 5ſp.; Bfr. 5th.

510. Phyteuma orbiculare. *L.* Kugelf. Rapunzel. Stgl.
½—1' h. B. gekerbt=geſägt; die der unfruchtb. Büſchel u. oft auch
die unt. ſtglgſt. lggeſtielt, hzf., eif., o. ei=lz., die ob. ſtglſt. lineal.
Die äußern Dcfb. aus eif. Grund lz=verſchmälert, etwas geſägt.
Köpfch. vielbth. kugelig, nach dem Aufblühen oval. BfrZipfel beim
Aufblühen verwachſen, zuletzt vom Grund nach der Spitze ſich tren-
nend, ſchmal und gleichbreit. — Fcht. Wſ. u. Hb. vor Siebentiſch,
Bergh. — Campanulaceen.
(Violett, außen weißl., mit kurzer weißer Röhre.) K. 5ſp., Bfr. rabf., 5th.

511. Specularia Speculum. *DC.* Venusſpiegel. Stgl.
½—1' h., äſtig, ſpreizend, die unt. Aeſte verlängert, aufſtrebend.
B. längl., die unt. vk. eif. Bth. einzeln. KZipfel lineal, von der
Länge des FrK. u. der Bfr. Kapſel längl., prismatiſch eckig. Oeffnet
ſich nur beim Sonnenſchein u. iſt ſonſt 5eckig zſgefaltet. — Ak. —
Campanulaceen.
K. 5zähnig; Bfr. tellerf., mit 5lapp., faſt 2lipp. Saum.

512. Verbena officinalis. *L.* Gem. Eiſenkraut. Stgl.
mit ſteifabſtehenden, gegenſt. Aeſten, 1—1½' h B. gegenſt., eif.
längl., 3ſp., geſchlitzt u. gekerbt, in den breiten BStiel zſgezogen.
Aehren fädl., rispig. Bth klein. — Wegränder, Schutt. — Ver-
benaceen.
K. 5ſp.; Bfr. napff., 5ſp.

513. Anchusa officinalis. *L.* Gebräuchl. Ochſenzunge.
Stgl. meiſt niederliegend u. aufſtrebend, äſtig, 1—2' h. u. nebſt den
lz. B. ſteifh. Dcfb. ei=lz. Einſeitige Traube von ſammtigen, erſt
rothen, dann violetten Blümch. mit gerader Röhre. KZipfel ſpitz,
Schlund der Bfr. durch ſtumpfe, ſammtartige Deckklappen geſchloſſen.
— Ak. u. Eiſenbahndämme, Kobel, Neuſäß, Gerſthf. — Boragineen.
(Purpur violett.) K. 5th.; Bfr. 5ſp.

514. Cynoglossum officinale. *L.* Gebräuchl. Hundszunge.
Stgl. aufr., äſtig, 1—2' h. B. dünn graufilzig, ſpitz; die unt.
ellipt., in den BStiel vorgezogen; die ob. aus faſt hzf., halbſtgl-
umfaſſ. Grunde lz Trb. einfach, ohne Dcfb. Stbgf. eingeſchloſſen.
Die 4 Nüßch. vorn flach, mit Häkch. überwachſen. — An Wegen,
Wld., Steitenhf., Siebenbrunn. — Boragineen.
(Violett, auch roſenroth u. weiß.) K. 5th.; Bfr. walzig=bauchig, 5zähn.

515. Symphytum officinale. *L* Gebräuchl. Beinwell.
W. ſpindelf., äſtig. Stgl. äſtig. 1—3' h. u. wie die ganze Pflanze
borſthaarig. B. herablaufend, die unt. ei=lz., in den BStiel zſgezogen, die ob. u. die bthſt. lz. Traube hängend. Zähne der Bfr.
zurückgekrümmt. Schlund durch pfrieml., gegen einander geneigte
Dcfb. verſchloſſen. Stbk. dopp ſo lg. als die Stbf. — Fcht. Wſ.,
Bach= u. Flußuf. — Boragineen.

(Violett, röthl., weiß.) K. 5th.; Bkr. rabſ., 5th.

516. Solanum tuberosum. *L.* Kartoffel. Stgl. krautig.
B. ungleich gefiedert. BthStielch. gegliedert. Bkr. 5winklig. Stbf.
kegelf. zſhängend. Beeren grün. Die Aeſte unt. d. Erde knollen=
tragend. — Cult. — Solaneen.

(Hellviolett, Gaumen mit 2 gelben Flecken.) K. 5th.; Bkr. maskirt (am
Grund geſpornt; ULippe 3ſp., aufgeblaſen hervortretend; OLippe 2th.)

517. Linaria Cymbalaria. *Mill.* Eckblättr. Leinkraut.
Stgl. 1—2' lg., vom Grund an in rankenartige, fäbl., niedergeſtreckte
Aeſte geth. B. breit hzf., 5lappig, kahl, alle deutl. geſtielt. BthSttele
dünn, verlängert, einzeln in den Winkeln der B. vom Grund bis zur
Spitze des Stgls. Bkr.Schlund durch den Gaumen nicht völlig ge=
ſchloſſen. — Stadtmauer beim Judenwall, Klinkermauer. — Antirrhineen.

g. Blau. — K. blumenbl., 5b.; Blb. 5, trichterf., alle untw. in einen hohlen
Sporn vorgezogen.

518. Aquilegia vulgaris. *L.* Gem. Akelei. Stgl. aufr.
2—3' h. B. dopp. 3zählig; Blättch. 3lapp., gekerbt; Kerben eif.,
abgerundet. Bth. überhängend. KB. längl. eif. Sporn an der
Spitze hakig; Platte ſ. ſtumpf, ausgerandet. Stbf. ein wenig länger
als die Platte. 5 Kapſeln. — Verwildert auf dem Spickel. —
Ranunculeen.

K. blumenbl, 5b.; das ob. B. geſpornt. Blumenbl. verwachſen.

519. Delphinium Consolida. *L.* Feld=Ritterſporn. Stgl.
1—1½' h., ſparrig äſtig. B. dopp. fiederſp. mit linealen Zipfeln.
Traube armbth. BthStielch. länger als das Dckb. Sporn dopp.
ſo lg. als der K. Kapſel kahl. — Unt. d. Getreide. — Ranunc.
(Blaßblau, roſa o. blau geſtreift.) K. 4th.; KrSaum 4ſp., der ob. Zipfel
breiter. (S. Nr. 124)

520. Veronica scutellata. *L.* Schildſamiger Ehrenpreis.
Stgl. ¼—1' h., niederliegend u. aufſteigend. B. ſitzend, kahl, lz.
lineal, ſpitz, entfernt vorw. gezähnelt. Traube locker, bwinkelſt.
BthStielch. lg., nach dem Verblühen wagr. abſtehend. Kapſel zſge=
drückt, ausgerandet 2lappig, quer=breiter. — Grb. d. Lechebene, des
Schmutterth.; an der Straße nach Mühlhf., zw. Hainhofen u. Weſth.,
bei Banacker. — Antirrhineen.

(Hellblau mit dunkleren Streifen.)

521. V. officinalis. *L.* Echter E. Behaartes Pflänzch.
Stgl. ½—1' h., am Grund kriechend, an der Spitze aufſtrebend.
B. kurz geſtielt, vk. eif., ellipt. o. längl., geſägt. Traube bwinkelſt.,
reichbth., gedrungen. Die frtragenden BthStielch. aufr., kürzer als
die 3eckig vk. hzf., ſtumpf ausgerandete Kapſel. — Wb., bſds. d.
weſtl. Höhen, Siebentiſchwld.

(Himmelblau.) K. 5th., der 5te Zipfel kleiner; KrSaum 4ſp., der ob.
Zipfel breiter.

522. V. latifolia. *L.* Brettb. E. Stgl. 1—1½' h., alle

aufr., o. aus bogigem Grunde aufstrebend. B. sitzend, aus fast hzf.
Grund eif. o. längl., eingeschnitten gesägt o. fiedersp. Traube
bwinkelst. BthStielch. aufr., ungefähr so lg. als die spitz ausgerandete Kapsel. — Wbränder u. Hk.

(Himmelblau, selten weißl.) K. 5th.; Kr. rabf, 5sp.

523. **Borago officinalis.** *L.* Gebräuchl. Boretsch. Stgl.
ästig, borstig, 1—2' h. Die unt. B. ellipt., stumpf, nach dem Grund
verschmälert, die ob. eif. längl. Zipfel des BkrSaumes eif., zugespitzt,
flach. Stbf. schwarz, spitzig hervorragend. — Cult. u. verwildert
auf Schutt u. in Gärten. — Boragineen.

K. 5th.; Kr. 5sp., vom Grund an allmählig erweitert.

524. **Echium vulgare.** *L.* Gem. Natterkopf. Borstig
steifh. Stgl. 1—2' h., stark, steif. B. lz. Aehre ungeth. BkrRöhre
länger als der K., Saum schief. Gf. an der Spitze 2sp. Stbgf.
abw. geneigt, spreizend, am Saum der Bkr. anliegend. — Schutt,
an Wegen, Hb. — Boragineen.

K. 5sp.; Bkr. 5th.

525. **Jasione montana.** *L.* Berg=J. W. einfach, vielsten=
gelig. B. lineal, haarig, etwas wellig. BthKöpfch. von einer
vielbth. Hülle umgeben. BkrZipfel lineal, beim Aufblühen verwachsen, zuletzt vom Grund nach der Spitze sich trennend. Stbf.
pfrieml. Stbk. unten zshängend. — Trk. Raine u. Hügel; Kobel,
Deuringen, Bergh. — Campanulaceen.

K. 5sp.; Bkr. glockig, 5sp.

526. **Campanula rotundifolia.** *L.* Rundbl. Glockenblume.
Stgl. rispig=vielbth., ½—1' h. B. der unfrucht. Büschel eif., hz=
o. nierenf., gestielt; BStiel mehrmals länger als das B. Die unt.
StglB. lz, die übrigen lineal, ganzrandig. Rispe armbth. Bkr.
ei= o. fast kreiself. glockig. KZipfel lineal. — Wf., Wld., Mauern.
— Camp.

527. **C. patula.** *L.* Abstehende G. Stgl. 1—2' h. B.
gekerbt, die wst. längl. bk. eif., in den BStiel herablaufend; die
stglst. lineal lz., sitzend. Rispe etwas abstehend, weitschweifig, fast
ebensträußig. Aeste obw. geth. KZipfel pfrieml — Wf. u. Wldränder.

528. **C. persicifolia.** *L.* Pfirsichb.G. Stgl einfach, aufr.,
1—3' h. B. entfernt=kleingesägt, starr, die wurzelst. längl. bk. eif.,
in den BStiel herablaufend; die stglst. lineal=lz., sitzend. Traube
einseitswendig, armbth. KZipfel lz. Kr. breiter als lg. — Wldränder, Wldwf., östl. u. westl. Höhen.

K. 5sp., geflügelt; Bkr. 5th., Saum rabf., Röhre walzl.

529. **Gentiana utriculosa.** *L.* Bauchiger Enzian. W.
einfach. Stgl. vom Grund an ästig, gegen ½' h. B. 3nervig,
eif. o. längl., stumpf, die wurzelst. rosettig. K. aufgeblasen, längl.
oval, mit aufr. Abschnitten. KZipfel aufr. Gf. verlängert, 2sp.
N. halbkreisrund. Stbk. frei. — Torfmoore b. Lechebene, am Weg
nach Staßling. — Gentianeen.

K. 5zähn.; Kr. tellerf., 5th.

530. Myosotis palustris. *Withering.* Sumpf=Vergißmein-
nicht. Rhizom schief, kriechend. Stgl. liegend, aufstrebend, 1 - 1¹/₂' lg.,
kantig u. beh. Stglb längl. lz., zieml. spitz. Aeste vor dem Aufblühen rückw. gekrümmt. K..angebrückt beh, nach dem Verblühen
offen, bis 1/₃ in breit dreieckige, den Gf. nicht überragende Zipfel
gespalten. — Sümpfe, Grb., schte. Wf. — Boragineen.

K. 5sp.; KrSaum flach, 5th.

531. M. sylvatica. *Hoffm.* Wald=V. Stgl. 1—1¹/₂' h.,
aufr., meist zu mehreren rasenartig beis. B. grauh., längl., obere
kurz gespitzt. Traube reichbth. BthStielch. nach dem Verblühen so
lg. als der K. o. um die Hälfte länger. Bth. wohlriechend, dunkler
blau als M. pal. K. fast bis zum Grund gespalten, abstehend, abstehend beh.; Haare des Grundes spreizend, hakig. Zipfel des Frk.
aufr. zsschließend. — Wld., Statzling bis Wulfertshf. ꝛc.

K. u. Kr. 5b.

532. Geranium pratense. *L.* Wiesen=Storchschnabel.
W. ein abgebissenes Rhizom. Stgl. aufr, 1—2' h., dickl., an den
Gelenken aufgetrieben, oben mit Drüsenhaaren B. runzlig aderig,
haubf. 7th, eingeschnitten, im Umriß fast nierenf. BthStiele 2bth.;
Stielch. nach dem Verblühen nebst dem abw. gerichteten K. zurück-
geschlagen. Blb. vk. eif., kurz benagelt, dopp. so lg. als der be-
grannte K. Stbf. am Grund kreisf. erweitert. Klappen glatt und
nebst dem Schnabel haarig; Haare weit abstehend, drüsentragend.
S. fein punktirt. — Wf. b. Lechebene; am Fußweg nach Siebentisch,
Kuhbrücke, Batzenhäusel. — Geraniaceen.

Juli.

I. Bäume und Sträucher.

A. Papilionaceen.
Bth. gelb.

533. Genista tinctoria. *L.* Färber=Ginster. Strauch
1—3' h. Aeste rundl; Zweige aufr., kantig, wehrlos. B. aufrecht,
lz. o. ellipt., kahl, am Rande flaumig, ausgebreitet, zerstreut stehend.
Bth. in endst. Trb., deckb. K 2lippig. Kiel stumpf, v. b. Länge
b. Fahne. Stbf. 1brüdrig. Gf. pfrieml., aufstrebend. N. endst.,
schief. Hülse kahl. — Wb. b. östl. u. westl. Höhen.

B. Labiaten.
Bth. blaß violett.

534. Thymus Serpyllum. L Feld=Thymian, Quendel.
Niedriges Sträuchlein in Rasen oder Polstern. Stgl. zahlreich, meist
liegend, 4kantig. B. lineal o. ellipt., stumpf, stielschmal, flach, kahl,

brüſig punktirt, gegen den Stiel gewimpert. Quirle kopfig o. traubig. OLippe ausgerandet, eif., faſt 4eckig. — Raine, Abhg., Hd.

C. Bth. v. verſchiedener Geſtalt.

a. Weiß. (S. Nr. 145. 146.)

(Gelbl. weiß, außen röthl.)

535. Lonicera Periclymenum. *L.* Deutſches Geisblatt.
Ranker, 6—20' h. B. abfällig, ſämmtl. getrennt. Unt. B. eif.,
stumpf, kurz geſtielt und ſtielſchmal; ob. B. klein, nicht zſgwachſen.
Bth. kopfig; Köpfch. geſtielt. KSaum klein, 5zähnig. Bkr. röhrig.
Saum 5ſp., unrglm. Stbf. 5. N. kopfig. Beeren birnf., mit dem
bleibenden Gf. gekrönt, dunkelkirſchroth. — Am Saum des Wd. b.
Leitershofen. — Caprifoliaceen.

b. Roſenfarben

536. Myricaria germanica. *Desv.* Deutſche Tamariske.
Strauch 6—10' h., cypreſſenartig, kahl. B. f. klein, lang, fleiſchig,
sitzend, pfriemenf., die jüngern ſich deckend, die ältern abſtehend,
bläul. grün. K. 5th. Blb. 5. Stbf. 10, abwechſelnd kürzer, bis
über die Mitte 1brüdr. Gf. fehlend. Aehre endſt., einzeln. Dckb.
länger als die BthStielch. Kapſel aufr., etwas abſtehend. — Kies=
bänke des Lech u. d. Wertach. — Tamariscineen.

(Dunkelroſenfarben.) K. krugf., 5ſp.; Bkr. rglm., 5b.

537. Rosa rubiginosa. *L.* Wein = Roſe. Gedrungener,
von fern bläul. grüner Buſch. B. rundlicher, Zähne abſtehender,
Bth. kleiner, Stacheln des Stamms ungleicher und mit viel kleineren
untermiſcht, als bei R. canina. Blättch. 5—7, grasgrün, untſ. mit
roſtfarbenen Drüſen, welche das B. wohlriechend machen, ellipt, ſpitz=
doppeltgeſägt, Sägezähne etwas abſtehend. Nb. der bthſt. B. ellipt.,
verbreitert, die übrigen längl., zieml. flach; Oehrch. eif., zugeſpitzt
gerade hervorgeſtreckt. Die frtragenden BthStielch. gerade. Stacheln
derb, ſichelf., am Grund verbreitert, zſgedrückt; an den Stämmen
zerſtreut, die kleineren gerader und ſchlanker, auf den Zweigen meiſt
unt. d. Nb. geſtellt. Zipfel der K. fiederſp., faſt v. d. Länge d.
Bkr., zurückgeſchlagen, von der reifenden Fr. abfallend. Fr. rundl.,
knorpelig. — Hk. b. Leitershofen am Weg nach der Alp. —
Rosaceen.

II. Krautartige Gewächse.

A. Cruciferen.

a. Bth. weiß. (S. Nr. 66. 158.)

538. Hutchinsia alpina. *R. Br.* Alpen=H. B. fiederth.
BthStgl. einfach, unbeblättert, ährenf. verlängert. Blb. dopp. fo
lg. als d. K. Stbf. zahnlos. Schötch. v. d. Seite her zſgedrückt,
längl., an beiden Enden ſpitz, mit einem kurzen Gf. endigend. —
Lechkies.

539. Nasturtium officinale. *R. Br.* Gebräuchl. Brun-
nenkreffe. Stgl. dick, ſaftig, niederliegend u. wurzelnd, oft 2—

3′ lg. B. gefiedert, die unt. 3zählig, die ob. 3—7paarig; Blättch. geschweift=randig, die seltenst. ellipt., die endst. eif., am Grund fast hzf. Schote lineal, fast so lg. als die BthStielch. — Quellen.

b. Bth. gelb. (S. Nr. 161. 166.)

540. N. sylvestre. *R.-Br.* Wilde B. Stgl. ästig, ¹/₂— 1′ h. B. sämmtl. tief fiederfp. u. gefiedert; Fieder längl. lz. u. gezähnt, die der ob. B. fast lineal. Blb. fast dopp. so lg. als d. K. Schoten lineal=cylindrisch, meist etwas gebogen, so lg. u. länger als das BthStielch. — Grb., fcht. Wf., Crerzierplatz, Schmutterthal rc.

541. Erucastrum Pollichii. *Schimp & Spenn.* Pollich's Rempe. Stgl. ¹/₂—2′ h. B. tief fiederfp., leterf.; Zipfel längl., ungleich stumpf gezähnt, am Grund durch eine gerundete Bucht ge- sondert. WAbschnitte schmal, etwas zugespitzt. Trb. untw. mit fiederth. Dckb. K. halb offen. Längere Stbf. an den Stempel an- gepreßt. Schote lineal, abstehend. — Wertachufer.

B. Papilionaceen.

a. Bth. gelb. (S. Nr. 170. 171.)
(Biolett, S. N. 167.)

Melilotus *Tournef.* Honigklee. Bth. in lockern Trb., Kr. welkend, Hülse nicht gekrümmt, K. 5zähnig, Schiffch. stumpf, Stbf. 2br., Gf. kahl, B. 3zählig.

542. M. macrorrhiza. *Pers.* Langwurzliger H. Stgl. aufrecht, 1—3′ h. Trb. ziemlich locker, zuletzt verlängert. Bth- Stielch. halb so lg. als d. K. Fahne, Flügel u. Schiffch. v. gleicher Länge. Nb. pfrieml. borstl., ganzrandig. Blättch. geschärft=gesägt, etwas gestutzt; die der unt. B. vk. eif. die der ob. B. längl. lineal. Hülsen eif, kurz zugespitzt, netzig=runzlig, an b. obern Naht zfgedrückt, flaumig, bei der Reife schwarz. — Flußuf., Schutt.

543. M. officinalis. *Desr.* Gebräuchl. H. Stgl. meist aufsteigend, 1—3′ h. Flügel und Fahne gleichlang, Schiffch. kürzer, Blättch. buchtig gezähnt; die der unt. B. vk. eif., der ob. lz. Nb. pfriemenf., ganzrandig. Hülsen eif., stumpf, kahl, querfaltig, mit einer Spitze endend; bei der Reife hellbraun. — Ak., Flußuf. Hk.

544. Trifolium procumbens. *L.* Liegender Klee. Stgl. niederliegend, 4—16″ lg., gekniet, vielästig, feinhaarig. Blättch. keilf.; Mittelblättch. gestielt. Nb. lz., gewimpert. Köpfch. seltenst., gestielt, locker, rundl., 25—50bth. Bth. zuletzt herabgebogen. K. kahl, im Schlunde nackt, Zähne etwas haarig, die 2 obern kürzer. Bkr. nach der Bthzeit bleibend, rauschend. Fahne fast glatt, länger als die Flügel, zfgefaltet, der vordere Rand herabgebogen. Hülse im K. gestielt. — Ak.

545. Lotus uliginosus. *Schk.* Morast = Schneckenklee. Zieml. aufr., kahl o. etwas haarig. Stgl. rund, deutl. röhrig. Köpfch. meist 12bth., lggestielt. KZähne aus 3eckigem Grunde pfrieml., fast gleich, halb so lg. als die Bkr.; vor b. Aufblühen ausw. gebogen. Flügel nur auf dem am Grunde gelegenen Zahne eingedrückt, das

aus eif. Grund allmählig in einen Schnabel verschmälerte Schiffch. ganz bedeckend. Fahne eif. Stbf. 2br., sämmtl. an der Spitze ver= breitert. Hülfen lineal, stielrund, gerade. — Fcht. Wf., Obfch., Grb., Diebelthal, Hard, Lohwdchen.

(Blaßgelb.)

546. Astragalus Cicer. *L.* Kicherähnl. Tragant. Stgl. ausgebreitet, 1—2' lg., anliegend beh. Die ob. Nb. zsgewachsen, blattgegenst. B. 8—12paarig; Blättch. längl. lz. o. oval. BthStiele länger o. kürzer als das B. Aehre kopfig=eif. K. 5zähnig. Fahne eif., ausgerandet, länger als die Flügel; Schiffch. stumpf, grannen= los. Stbf. 2br., fädl. Frkn. 6mal so lg. als fein Stiel. Hülse aufr., rundl., aufgeblasen, im K. beinahe sitzend, rauhh. — Af., Raine, Rosenauberg, prot. Gottesacker, zw. Oberhf. u. Neusäß.

b. Bth. weiß.

547. Melilotus alba. *Desr.* Weißer Honigklee. Stgl. aufr., 2—4' h. Nb. pfrieml. borstig, ganzrandig. Blättch. gesägt, stumpf, die der untern B. vk. eif., der ob. längl. lz. Trb. locker, zuletzt verlängert. BthStielch. halb so lg. als der K. Flügel u. Schiffch. gleichlang, Fahne länger. Hülse eif., stumpf, stachelspitzig, netzig runzlich, kahl, zuletzt schwarzbraun. — Af, Wegränder.

c. Bth. rosenfarben.

548. Ononis spinosa. *L.* Dornige Hauhechel. Stgl. aufr. und aufstrebend, 1—2reihig zottig u. zerstreut drüsig, 1—2' h. Aeste unterbrochen traubig, dornig; Dornen zu 2. B. 3zählig; Blättch. eif. längl. u. nebst den Nb. gezähnelt, zieml. kahl. Bth= Stiele kürzer als die K. Bth. bwinkelst., einzeln o. zu zweien. Schiffch. in einen pfrieml. Schnabel zugespitzt. Stbgf. 1br. Hülse eif., aufr., so lg. als d. K. u. länger. S. knötig rauh. — Wd., Wegränder, Ufer.

549. O. repens. *L.* Kriechende H. Stgl. 1—2' lg., kriechend, am Grund bisweilen wurzelnd, ringsum zottig. Aeste aufstrebend, lockertraubig, an der Spitze dornig. B. 3zählig; Blättch. eif. und nebst den Nb. gezähnelt, drüsigh. Bth. bwinkelst. Bth= Stiele kürzer als d. K. Hülse aufr., eif., kürzer als d. K. S. knötig rauh. — Trft., Wegränder.

d. Bth. roth bis purpurn. (Fleischroth.) (S. Nr. 173.)

550. Trifolium fragiferum. *L.* Erdbeer=Klee. Stgl. krie= chend. Blättch. ellipt. o. breit vk. eif. Köpfch. von einer vielth. Hülle umgeben, lg. gestielt, zuletzt kugelig. Bth. bwinkelst., länger als das B. Hülle so lg. als der 2lippige, bei der Reife aufgebla= sene, netzadrig rippige K. Die 2 ob. KZähne hervorgestreckt. Schlund des K. inwendig kahl und offen. Hülse im KGrund sitzend. — Gbfch., Ufer; rechtes Lechuf. v. d. Friedb. Brücke aufw.; an d. Wertach b. Göggingen, Pferseer Mühle; am Weg v. Lechhf. nach Miebring.

(Anfangs weißl., später fleischfb.)

551. Tr. arvense. *L.* Acker=K. Stgl. aufr., ¹/₄ — 1' h., ästig, ausgebreitet, nebst den B. zottig. Blättch. lineal längl., schwach gezähnelt. Die ob. Nb. eif., zugespitzt. Köpfch. theils endst., theils achselst., durch die Behaarung des K. grauweiß, zuletzt walzig, am Grund nackt. Die achselst. Köpfch. gestielt, ohne Hülle. K. 10nervig; Zähne pfrieml. borstl., länger als die Bfr., etwas abstehend, nervenlos, Schlund schwach h., mit d. verwelkenden Bkr. geschlossen. — Ak.

(Dunkelroth.)

552. Tr. rubens. *L.* Röthl. K. Stgl. aufr., 1 — 2' h. u. nebst den B. ganz kahl; Blättch. längl. lz., dornig gesägt. Nb. lz., verlängert, zugespitzt, entfernt kleingesägt, krautartig. Köpfch. sehr rauhh., längl. walzl., meist gezweit, am Grund oft behüllt. K. 20nervig; Zähne prieml., gewimpert, die 4 obern 2—3mal so kurz als ihre Röhre, der unterste den Grund der Flügel erreichend; Schlund durch einen schwieligen Ring zugeschnürt. — Wldrand am Abhg. b. Anwalding, Lohwäldch.

(Dunkelroth, Fahne manchmal weiß.)

553. Tr. alpestre. *L.* Wald=K. Stgl. aufr., ¹/₂—1' h., ganz einfach, flaumig. Blättch. längl. lz, f. fein gezähnelt. Nb. lz=prieml., außen haarig. Köpfch. kugelig, gewöhnl. gezweit, am Grund behüllt. K. 20nervig, zottig; Zähne fädl, gewimpert, die des frtragenden K. aufr., die 4 ob. so lg. als ihre Röhre o. kürzer, der unt. den Grund der Flügel erreichend. Schlund durch einen schwieligen Ring zugeschnürt. — Gbsch., Wd. zw. Scherneck und Au, Lohe.

(Purpurn.)

554. Tr. medium. *L.* Mittlerer K. Stgl. ästig, aufstrebend, hin u. her gebogen, 1 — 1¹/₂' h. Blättch. ellipt., f. fein gezähnelt. Nb. lz., verschmälert spitz. Köpfch. einzeln, kugelig, am Grund ohne Hülle. K. 10nervig, kahl, kürzer als die Hälfte d. Bkr.; Zähne fädl., gewimpert, die des frtragenden K. aufr., die ob. 4 ungefähr so lg. als ihre Röhre. Schlund durch einen schwieligen Ring zugeschnürt. — Wd., Gbsch., Ablaß, Scherneck, Wöllenburg.

e. Bth. violett bis blau. (Roth violett mit dunklern Adern)

555. Vicia dumetorum. *L.* Hecken=Wicke. Stgl. 4kantig, kahl, klimmend, 2—6' lg. B. 4—5paarig gefiedert, nach außen kleiner werdend; der gemeinsch. BStiel in ein Borstenhaar o. eine Winkelranke endigend; die wurzelst. B. fehlend o. auf Schuppen zurückgeführt. Blättch. eif., stumpf, aderig, die unt. v. Stgl entfernt. Nb. halbmondf., eingeschnitten zähnig, Zähne haarspitz. BthStiele verlängert, reichbth. Trb. 3—7bth., meist 6bth., ungefähr so lang als das Blatt o. länger. Stbgf. 2br. Gf. an der unt. Seite gegen die Spitze hin bärtig. Hülse gestielt. Hf. b. Wulfertshausen.

(Violett; Flügel heller.)

556. **V. tenuifolia.** *Roth.* Schmalb. W. B. meist 10paarig; Blättch. lz., nervig abrig, untf. abstehend haarig. Nb. halbspießf.; ganzrandig. Trb. reichblth., gedrungen, länger als das B. Ob. Zähne des K. aus breitem Grunde plötzl. pfrieml., sehr kurz. Platte der Fahne dopp. so lg. als die verwachsenen Nägel. Hülse lineal längl. — Ak. b. prot. Gottesacker, Weidengebfch. am Lechuf.

(Hellblau.)

557. **Ervum hirsutum.** *L.* Rauhe Linse. B. meist 6paarig, fast lineal. Ranken 3= bis mehrfach. Tr. 2—6blth; Blth. so lg. als das B., an der Spitze der bwinkelst. BlthStiele. Hülse 3samig, weichh. — Fcht. Ak.

(Blaßviolett.)

558. **E. tetraspermum** *L.* Viersamige L. Kleiner und feiner in allen Theilen. B. 3—4paarig. Blth. einzeln, selten zu 2—3; grannenlos, ungefähr so lg. als das B. Die ob. B. mit einer einfachen Winkelranke endigend. Hülse lineal, 4samig, kahl. — Sandige Ak., Wöllenburg, Stadtbergen, Hard.

(Bunt. S. Nr. 173.)

(Blaßblau.)

559. **E. Lens.** *L.* Gem. Linse. B. meist 6paarig, die ob. mit einer Winkelranke endigend. Nb. lz., ganzrandig. BlthStiele 1—2blth., ungefähr so lg. als das B., begrannt. K. so lg. als die Bfr. Hülse fast rautenf., 2samig, kahl. S. zsgedrückt, mit 2 gewölbten Flächen. — Cult.

C. Umbelliferen.
Blth. weiß. (S. Nr. 175.)

560. **Cicuta virosa.** *L.* Giftiger Wasserschierling. W. rübenf. verdickt, mit Querfächern. WFasern fäblich. Stgl. röhrig, rund, 1—4' h. B Stiele rundl., röhrig. B. 3fach gefiedert; Blättch. lineal=lz., spitz, spärl.= aber scharf=gesägt. Dolde 5—8strahlig, ohne Hülle. Döldch. kugelig, mit zahlreichen kleinen Hüllblättch. Rand des K. 5zähnig, Zähne blattig. Blb. vk.=hzf., mit einem einw. gebogenen Läppch. Fr. rundl., v. d. Seite zsgezogen, 2knotig; Früchtch. mit 5 fast gleichen Riesen, die seitenst. randend; Thälch. 1striemig, Striemen die Thälch. ausfüllend; FrHalter 2theilig. — Teiche u. langsam fließende Wasser; Schöppacherhof, Wertach, Sinkel, Schmutter.

561. **Falcaria Rivini.** *Host.* Rivin's Sichelbolde. Stgl. 1—2' h. WB. einfach u. 3zählig; StglB. 3zählig, das mittl. Blättch. 3sp., die seitenst. ausw. 2= u. 3sp.; Zipfel lineal=lz., gleich= mäßig u. gedrängt stachelspitzig gesägt. Rand des K. 5zähnig. Blb. vk.=eif., ausgerandet, mit einem einw. gebogenen Läppch. Fr. längl., v. d. Seite her zsgedrückt; Früchtch. mit 5 fäbl., gleichen Riesen, die seitenst. randend; FrHalter frei, 2spaltig; Thälch. 1strie= mig, Striemen fäbl. — Ak. zw. b. protest. Gottesacker u. Ziegelstadel.

562. Pimpinella Saxifraga. *L.* Gem. Bibernell. Stgl.
½—2′ h., kahl o. schwach flaumig, ftielrund, zart gerillt, oben faft
blattlos. B. gefiedert; Blättch. ftzend, eif., ftumpf, gezähnt, lappig
o. geschlitzt. BthStiele kahl. Dolden flach, ohne Hülle. KRand
verwischt. Blb. vk=eif., ausgerandet, mit einem einw. gebogenen
Läppch. Gf. während der BthZeit kürzer als der Frkn. Fr. v. d.
Seite zfgezogen, eif., mit dem kiffenf. Stempelpolfter u. ben zurück=
gebogenen Gff. gekrönt; Früchtch. mit 5 fäbl., gleichen Riefen, bie
feitenft. randend; Thälch. 1ftriemig; FrHalter frei, 2fp. — Trk.
Wf. u. Hb.

563. Berula angustifolia. *Koch.* Schmalb. Berle. Stgl.
runbl., geftreift, 1—2′ h. B. gefiedert; Blättch. eif., längl., ein=
geschnitten gefägt. Dolden geftielt, ben B. gegenft. Hülle reichb.,
meift fieberfp. Rand des K. 5zähnig. Blb. vk=eif., ausgerandet,
mit einem einw. gebogenen Läppch. Fr. eif., v. d. Seite zfgezogen,
faft 2kantig; Stempelpolfter kurz kegelf., mit einem schmalen Rand
umzogen; Gff. zurückgebogen; Früchtch. mit 5 fäbl., gleichen Riefen,
bie feitenft. vor den Rand geftellt, reichftriemig; Striemen mit einem
dicken, rinbigen FrGehäuse bedeckt; FrHalter 2th. — Grb., Bäche.

564. Libanotis montana. *Allioni.* var. minor. Berg=Heil=
wurz. Stgl. 1′ h., kantig gefurcht, flaumig. B. gefiedert; Blättch.
fieberfp. eingefchnitten; Zipfel lz, ftachelfpitzig, die untern Paare
der Blättch. an der Mittelrippe kreuzftändig. Hülle reichbth. KZähne
verlängert, pfriemi., abfällig. Fr. kurzh. — Lechf. b. d. Bleiche.

565. Selinum Carvifolia. *L.* Kümmelb. Silge. Stgl.
rinnig, kantig, bis 2′ h. B. 3fach gefiedert; Blättch. tief fieberfp.;
Zipfel lineal=lz., ftachelfpitzig, weiß. Dolde etwas gewölbt, Strahlen
kahl. Hüllchenblättch. lineal pfriemi. KRand verwifcht. Blb. vk.
eif., ausgerandet, mit einem einw. gebogenen Läppchen. Narben
röthl. Fr. v. Rücken her zfgedrückt, am Rand flügelig; Früchtch.
mit 5 häutig geflügelten Riefen; Flügel der feitenft. Riefen dopp.
fo breit. — Sumpfige Wbthäler, Lechmoore; Diebelbach, Derching.

566. Angelica sylvestris. *L.* Wald=A. Stgl. gefurcht, bick,
runb, hohl, 3—6′ h. Scheiden f. groß, beutelf. aufgeblafen. B.
3fach gefiedert; Blättch. eif. o. lz., gefchärft=gefägt, nicht herablaufenb,
bas enbft. ganz u. 3fp., feitenft. faft ftzend, am Grund ungleich, u.
manchmal 2fp. Dolde gewölbt; Döldch. kugelig. KRand verwischt.
Blb. lz., ganz, zugefpitzt. Fr. v. Rücken her zfgedrückt, beiderf.
2flügelig; Früchtch. mit 3 fäbl., erhabenen Rückenriefen, bie 2 feitenft.
in einen häutigen Flügel verbreitert. — Fcht. Wf. u. Wb.; Kanalufer.

567. Peucedanum Cervaria. *Lapp.* Starrer Haarftrang.
Stgl. f. fteif aufr., ftielrund, gerillt, 2—4′ h. B. 3fach gefiedert;
Blättch. untf. mattgrün, eif., faft bornig gefägt, bie unt. an der
hintern Seite des Grundes gelappt, bie ob. zffließend. Veräftlungen
bes BStiels abftehend. Hülle reichb., zurückgebogen. KRand 5zähnig.
Blb. vk. hzf., in ein einw. gebogenes Läppch. verengert. Striemen

der Berührungsflächen gleichlaufend. — Lechf., Gbfch. zw. Bobingen
u. Straßberg, Wf. b. Pulvermagazin gegen Mergenthau.

568. P. Oreoselinum. *Moench.* Berg-H. Stgl. stielrund, gerillt,
1 — 3' h. B. 3fach gefiedert, gerieben stark aromatisch riechend.
Veräſtlungen des BStiels zurückgeschlagen spreizend; Blättch. glän=
zend, untſ. nicht mattgrün, eif., faſt fiederſp. gezähnt; Zähne kurz
zugeſpitzt, ſtachelſpitzig. Hülle reichb., zurückgebogen. Striemen der
Berührungsflächen bogig, an den Rand ſtoßend. — Lechfeld, Lech=
auen bei Mergenthau.

569. Thysselinum palustre. *Hoffm.* Sumpf-Oelſenich.
Stgl. 3—4' h., gefurcht. B. 3fach gefiedert; Blättch. tief fiederſp.;
Zipf llneal lz., zugeſpitzt, am Rand etwas rauh. Hülle u. Hüllch.
reichb., zurückgeschlagen; häutig berandet. Striemen der Berührungs=
flächen vom FrGehäuſe bedeckt. — Gbfch, im Diebelthal, hinter
Leitershf.; Sumpfwf. b. Mühlhf.

570. Laserpitium latifolium. Breitb. Laſerkraut. Stgl.
ſtielrund, feingerillt, kahl. W= u. unt. StglB. 3zählig dopp=geſie=
dert; Blättch. eif., gefägt, am Grund hzf., ſämmtl. ungeth., o. die
endſt. der WB. 3ſp. Doldenzweige an der innern Seite rauh.
KRand 5zähnig. Blb. vk. eif., ausgerandet, mit einem einw. gebo=
genen Läppch. Früchtch. breit oval, mit 5 fädl. Hauptriefen und 4
geflügelten Nebenriefen. — Lechf., Meringerau, Mergenthau.

571. L. Siler. *L.* Gebräuchl. L. Stgl ſtielrund, fein=
gerillt, kahl. W= u. unt. StglB. gefiedert; Blättch. lz, ganzrandig,
ungeth o. 3lappig; Hauptadern ſchief. Gff. zurückgekrümmt, an die
lineal längl. Fr. angedrückt. — Lechf.

572. L. prutenicum. *L* Preußisches L. Stgl. kantig ge=
furcht, untw. ſteifh.; Haare rückw. gekehrt. B. am Rand u. den
BStielen rauhh., dopp. gefiedert; Blättch. fiederſp.; Zipfel lz. Hüll=
blättch. der Döldch. zurückgeschlagen, mit weißem Hautrande. Fr.
oval; Hauptriefen ſteifh.; Stempelpolſter niedergedrückt, mit einem
erhabenen Rand umzogen. — Fcht. Wbthäler der weſtl. Höhen;
Diebelthal, hinter Leitershofen.

573. Caucalis daucoides. *L* Mohrrübenf. Haftdolbe.
Stgl. gefurcht, äſtig, ½—1' h. B. 2—3fach gefiedert; Fiederch.
fiederſp.; Zipfelch. lineal=ſpitz. Hülle 1bth. o. fehlend. KRand
5zähnig. Blb. vk. eif., mit einem einw. gebogenen Läppch., die
äußern ſtrahlend, 2ſp. Fr. v. d. Seite her etwas zſgedrückt; Früchtch.
mit 5fädl., borſtigen Hauptriefen; Nebenriefen 4, mehr hervorſpring=
gend, in eine einfache Riefe von kahlen Stacheln von der Länge
des Breitedurchmeſſers der Fr. geſpalten. — Haſenmühle bei Lechhf.

574. Conium maculatum. *L.* Gefleckter Schierling.
Stgl. 3—6' h., röhrig, ſtielrund. unten roth gefleckt, völlig kahl.
B. glänzend, kahl, 3fach gefiedert, gerieben übelriechend, mit ſtiel=
runden, hohlen BStielen; Blättch. längl. eirund, ſpitz, tief fiederſp.;
Zipfel eingeſchnitten gefägt, mit weißem Krautſpitzch. Hülle und

Hüllch. 3—5b.; Hüllch=Blättch. lz., zugespitzt, kürzer als das Dölbch.
KRand verwischt. Blb. vk=bzf., etwas ausgerandet, mit einem f.
kurzen, einw. gebogenen Läppch. Fr. v. d. Seite her zsgedrückt,
eif.; Früchtch. kahl, mit 5 hervorspringenden, wellig gekerbten, glei=
chen Riefen; Thälch. vielriflig, striemenlos. — Giftig. — Schutt,
an Wegen, Mauern, Zäunen; Derching, Wulfertshausen, Wöllen=
burg u. f. w.

(Außenseite oft röthl.)

575. Sesili coloratum. *Ehrh.* Gefärbter Sefel. Stgl.
aufr, ½—2' h., einfach äftig. BScheiden ihrer ganzen Länge nach
den Stgl. o. die Aefte umfaff. WB. u. unt. StglB. 3fach gefie=
dert, im Umriß eif.; Zipfel lineal. BStiel obf. rinnig. Haupt=
dolde 20—30ftrahlig; Strahl kantig, faft gleich, einw. nebft den
jüngern Früchten fläuml. Hülle fehlend. Hüllchenblättch. frei, lz.,
zugespitzt, breithäutig berandet, länger als das Dölbch. Rand des
K. 5zähnig; Zähne kurz, dickl. Blb. vk eif., in ein einw. gebogenes
Läppch. verschmälert. Fr. eif. o. längl., mit den einwärts gebogenen
Gff. gekrönt; Früchtch. mit 5 erhabenen, dicken u. rindigen Riefen;
FrHalter 2th. — Hd., Lechf, Gerfthf., Carlsberg bei Mühlhf.

(Oft röthlich.)

576. Chaerophyllum.hirsutum. *L.* Rauhh. Kälberkropf.
Stgl. unt. d. BAnfätzen nicht verdickt, rauhh., 1—3' h. B. dopp.
3zählig; Blättch. 2—3fp. o. fiederfp., eingeschnitten gefägt. Hüllch.
breit lz., zugespitzt, krautig, am Rand nebft d. Blb. bewimpert.
Gff. aufr., mehrmals länger als das Stempelpolfter; FrHalter an d.
Spitze 2fp.; Früchtch. mit 5 ganz ftumpfen, gleichen Riefen; Thälch.
1ftriemig. — Schutt u. fcht. Wd. der öftl. u. weftl. Höhen; zw.
Friedb. u. Scherneck, Engelshof.

(Bleich gelb.)

577. Silaus pratensis. *Bess.* Wiefen=Silau. Stgl kantig,
gefurcht, 2—3' h. WB. 3—4fach gefiedert, feitenft. Abfchn. ganz
o. 2—5th., die endft. 3—7th.; Zipfel lineal, ftachelfpitzig, roth;
ob. B. einfach gefiedert. Hülle 1—2b.; Blättch. lineal lz., häutig
berandet. KRand verwischt. Blb. vk eif. längl., in ein einw.
gebogenes Läppch. verengert — Fcht. Wf., Lechhf. :c.

(Gelb.)

578. Pastinaca sativa. *L* Gem. Paftinak. Stgl. kantig,
gefurcht, 2—4' h. B. gefiedert, obf glänzend, untf. flaumig;
Blättch. eif=längl. o. längl., ftumpf, gekerbt gefägt, die feitenft. am
Grund gelappt u. 3zählig, das endft. 3lappig; Sägezähne f. kurz
ftachelfpitzig. Hüllch. fehlend. KZähne verwischt. Blb. rundl., ganz,
einw. gerollt, geftutzt Fr. oval; Fuge 3ftriemig. — Gbfch :c. u.
cultivirt.

D. Compofiten.

1. Scheibenbth. röhrig, Randbth. zungenf.

a. Beide gelb.

(S. Nr. 179. 180. 182. 183. 184. 186. 187. 189.)

579. Solidago Virga aurea. *L.* Gem. Goldruthe. Stgl. aufr., 1—3' h., an b. Spitze einfach traubig o. rispig traubig, mit geraden Zweigen. Trb. aufr. Unt. B. ellipt., gefägt; mittl. B. eif. o. lz., zugespitzt, in ben geflügelten BStiel fortlaufenb, ziewl. haarig. HüllB. ungleich, bachziegelf. Früchtch. stielrunb. Frkr. haarig, gleichf. Frb. nackt. — Wbränder, Gbsch., Lohe, Schmut- terthal.

580. S. canadensis. *L.* Canabifche G. Stgl. aufr., zottig, 3—6' h. B. lz., spitz, gefägt, rauh. Traube einerfeitswenbig, zu- rückgebogen. Köpfch. kleiner, als bei voriger. — Hie unb ba ver- wilbert, z. B. bei Lechhaufen, links von ber Brücke, zwischen Gbsch.

581. Buphthalmum salicifolium. *L.* Weidenb. Rinbs- auge. B. längl. u. lz., etwas gezähnelt, flaumig; bie unt. stumpf, in ben BStiel verschmälert; bie ob. sitzend, verschmälert spitz. HR. bachig; Blättch. bes HR. lz., haarspitzig, so lg. als bie Bth. bes Mittelfelbs. Früchtch. kahl; Frkr. kurz, kronenf., aus zerriffen ge- zähnelten Schuppen gebilbet. Frb. spreuig. — Lechf., Lech = unb Wertachuf.

582. Inula salicina. *L.* Weidenb. Alant. Kahl. Stgl. 1—2' h., 1—mehrköpfig, faft ebensträußig. B. lz., zugespitzt, entfernt- unmerkl. gezähnelt, abrig, kahl, am Ranb rauh; bie ob. hzf. stgl- umfaff., bie unt. lz. zugespitzt. HR. bachig; Blättch. kahl. o. etwas gewimpert, bie innern am Enbe zugespitzt. Ranbbth. viel länger als bie Scheibenbth. Früchtch. kahl; Frkr. haarig, gleichf. Frb. nackt. — Fcht. Wf. u. Gbsch., Wolfszahn, hinter Lechhaufen, Lechf.

583. I. Conyza. *DC.* Dürrwurz = A. Stgl. krautig, ästig; Aeste ebensträußig. B. ellipt. lz., gezähnelt, bie unt. in b BStiel verschmälert, unten schwachfilzig. HR. bachig, krautig. Früchtch. schnabellos; Frkn. haarig, gleichf. Frb. nackt. — Wb., Siebentifch, Hammelberg, Hohlwege v. Harb gegen Großaiting.

584. Pulicaria dysenterica. *Gaertn.* Ruhr = Flohkraut. Stgl. 1—2' h., zottig, ebensträußig. B. längl. ellipt., mit breiterm, tief hzf. Grunb umfaff., schwach gezähnelt, wellig, untf. graufilzig. Strahl viel länger als bas Mittelfeld. Frkr. bopp.; bie innere haarig, verlängert; bie äußere kronenf., kleingekerbt. — Fcht. Wf., Gbsch. an Grb. u. Bächen.

585. Anthemis tinctoria. *L.* Färber = Hunbskamille. Stgl. aufr., 1 — 1½' h. B. flaumig, bopp. fieberfp.; Spinbel ge- zähnt; Fieberch. kammf. gestellt, stachelspitzig gefägt. HR. bachig. RandBth. kaum halb fo lg. als ber Querburchmeffer bes Mittel- felbes. Früchtchen ungleich 4kantig zfgebrückt, schmalgeflügelt, beiberf. 5streifig, mit einem geschärften Ranbe anliegenb. Frb. faft

halbkugelig; Spreublättch. Iz., in eine starre Stachelspitze verlaufend
— Af. obh. des evang. Gottesackers.

586. Senecio sylvaticus. *L.* Wald = Greiskraut. Stgl.
steif aufr., ½—3′ h. B. spinnwebig flaumig, tief fiedersp.; Fieder
fast lineal, gezähnt o. fast fiedersp, die dazwischengeschobenen kleiner.
Ebenstrauß weitschweifig, gleich hoch. HR. kahl o. flaumig; äußerer
K. f. kurz, angedrückt, meist ungefleckt; innere HBlättch. an der
Spitze schwarz. Randbth. zurückgerollt. Früchtch. grauflaumig. Frb.
nackt. — Wd. b Westseite.

587. S. erucifolius. *L.* Raukenb. G. Ganze Pflanze spinn=
webig. W. kriechend. Stgl. 2—5′ h. B. fiederth., die unt. ge=
stielt, die übrigen sitzend; Fieder lineal, gezähnt und fiedersp., die
am Grund kleiner, ganzrandig, ährenf.; Endlappen der StglB. in
die nach u. nach breiter werdenden, eingeschnitten gezähnten Seiten=
fiedern übergehend, starr. Spindel ganzrandig. Ebenstrauß viel=
köpfig, gedrängt. Aeußerer K. mehrb., angedrückt, halb so lg. als d.
HR. Strahl abstehend. Früchtch. haarig rauh, sämmtl. mit gleichf.
Frkr. — Gbsch. am Lech= u. Wertachuf.

588. S. Jacobaea.. *L.* Jakobs=G. Stgl. 1—3′ h. W.
abgebissen, faserig. WB. u. unt. StglB. gestielt, längl. vk. eif.,
am Grund verschmälert, leierf.; die übrigen stglst. mit einem vielbth.
Aehrchen stglumfaff., fiederth.; Fieder ausgeschweift gezähnt o. fast
fiedersp., vorn 2 — 3sp., Zipfel auseinanderfahrend; Endlappen in
Seitenfieder übergehend. Spindel ganzrandig. Aeste des Ebenstraußes
aufr. Aeußere K. meist 2b., f. kurz, angedrückt; innerer aus einer
Reihe gleichf., an der Spitze schwarzer HB. bestehend. Strahl ab=
stehend. Früchtch. des Mittelfeldes haarig rauh, die des Randes
kahl, mit wenig behaarter, hinfälliger Frkr. — Wegränder, Wf.
u. Gbsch.

589. S. aquaticus. *Huds.* Wasser=G. Niedriger als die
vorigen, ½—2′ h. WB. u. unt. StglB. gestielt, längl. eif., am
Grund verschmälert, ungeth. bis fast leierf., die übrigen stglst. mit
einem geth. Aehrch. halbstglumfaff., am Grund eingeschnitten o. leierf.;
Endzipfel eif. längl , gezähnt o. gelappt; die seitenst Fieder lineal
o. längl , schief aus der Mittelrippe entspringend, der endst. Iz., lappig
gezähnt, weich; die obern B. fiedersp. o. ungeth., gezähnt. Eben=
strauß aufr. abstehend, locker. Köpfch. fast dopp. so groß als bei
der vorigen. Aeuß. K. meist 2b., angedrückt, f. kurz. Strahl ab=
stehend. Früchtch. des Mittelfeldes schwach fläuml., des Randes
kahl und mit wenig behaarter, hinfälliger Frkr. — Fcht. Wf., bei
Mühlhf., Schmutterthal.

b. Beide weiß o. weißl.
(Manchmal gelbl. o. röthl.)
590. Achillea Millefolium. *L.* Gem. Schafgarbe. Stgl.
aufr., etwas zottig, ½—2′ h. B. wellig zottig o. fast kahl, die
stglst. im Umriß lz. o. fast lineal, dopp. fiedersp.; Fiederch. 2—3sp.

o. gefiedert 5fp.; Läppch. lineal u. eif., zugespitzt, stachelspitzig;
Spindel ungezähnt o. an der Spitze des B. etwas gezähnt. Ebenstrauß dopp. zsgesetzt. Blthköpfe mit etwa 5 Blümch.; die Zungen-
blumen kürzer als der eif. o. längl. dachige HR. Bfr. 5zähnig,
Röhre flach zsgedrückt, 2flügelig. Frb. spreuig. — Wege, Af.

591. A. Ptarmica. *L* Bertram's Sch. Stgl. aufr., 1—
2' h. B. kahl, lz. lineal, verschmälert spitz, aus beiderf. eingeschnitten gezähntem Grunde bis zur Mitte klein und dicht gesägt, über
der Mitte tiefer u. entfernter gesägt; Sägezähne stachelspitzig, kleingesägt, zieml. angedrückt. Ebstrß. zsgesetzt. Blthköpfch. mit etwa
10 Blümch. Zungenbth. v. d. Länge des HR. — An Grb. u. Hf.;
zw. Pferfee u. Stadtbergen, Diebelthal u. Scherneck.

c. Beide gelbl. weiß.

592. Erigeron canadensis. *L.* Gem. Berufkraut. Stgl.
¹/₂—2' h., steif aufr., steifh., rispig. Rispe längl., zahlreiche, kleine
Köpfch. tragend. Aeste und Aestch. traubig. B. kurzh., lineal lz.,
beiderf. verschmälert, borstig gewimpert, die unt. entfernt gesägt.
HR. dachig. Früchtch. schnabellos; Frkr. haarig, gleichf. Frb. nackt.
— Schutt, Dämme, Flußuf.

d. Blaß lila.

593. E. droebachensis. *Mill.* Kantiges B. Stgl. traubig,
zuletzt fast ebensträußig. Aeste 1—3köpfig. B. entfernt, abstehend,
lineal lz., kahl, am Rand gewimpert; Wimpern aufw. gekrümmt; die
unt. B. in den BStiel verschmälert. Strahl so lg. als die Blth.
des Mittelfeldes o. ein wenig länger; die innern Blth. fädl. u. zahlreich. — Auf Lechkies.

(Weiß, lila, o. blaß fleischroth.)

594. E. acris. *L.* Scharfes B. Stgl. ¹/₂—2' h., braunpurpurn, traubig, zuletzt fast ebensträußig. Aeste 1—3köpfig. B.
entfernt, abstehend, lineal lz., rauhh., ganzrandig, die unt. zuweilen
entfernt gesägt, immer in den BStiel verschmälert. Köpfch. erbsengroß. Strahl so lg. als die Blth. des Mittelfeldes; die innern Blth.
fädl., zahlreich. S. mit Frkr. — Flußuf., trock. Wf. u. Wegränder.

e. Randbth. weiß, Scheibenbth. gelb.

595. Chrysanthemum inodorum. *L.* Geruchlose Wucher-
blume. Ganze Pflanze kahl. Stgl. aufr., obw. ästig, ¹/₂—2' h.
B. dopp. 3fach fiederfp.; Zipfel lineal fädl. HR. dachig, zieml.
flach. Strahl abstehend. Frb. nackt, halbkugelig, innen markig.
Früchtch. 3kantig, braun, gleichf., flügellos, ohne Frkr. — Afränder,
an Wegen; Diedorf, Burgwalden.

2. Alle Bth. zungenf. — a. Gelb.

596. Arnoseris pusilla. *Gaertn.* Kleiner Lämmersalat.
Stgl. 4—8" h. B. vk. längl. eirund, gezähnt. BthStgl. blattlos,
1—3köpfig, nach oben keulig verdickt, hohl. HR. aus einer einfachen
Blättchenreihe gebildet, vielb.; mit einem kurzen AußenR., nach dem
Verblühen kugelig zsschließend, wulstig, gekerbt. Früchtch. kantig

gefurcht, mit einem 5kantigen Rande endigend, abfällig. Frb. nackt. — Sand. Af. am Kobel.

597. **Lapsana communis.** *L.* Gem. Rainkohl, Hafen=
lattig. Stgl. ½—3' h., ästig, rispig. B. eckig gezähnt, die unt.
leierf., mit eif. Seitenzipfeln u. großen Endlappen. Köpfch. klein,
armbth. HK. aus einer einfachen Reihe von 8—10 Blättch. gebildet, mit einem kurzen 2—3b. AußenK., nach dem Verblühen aufr.
u. unverändert. Früchtch. zsgedrückt, gerieft, mit einem verwischten
Rande endigend, abfällig, ohne Haarkr. Frb. nackt. — Schutt, Af.

598. **Hypochoeris radicata.** *L.* Langwurzl. Ferkelkraut.
Stgl. 1—2' h., ästig, kahl, blattlos. B. steifh., kahl, keilig elliipt.,
buchtig gezähnt o. buchtig fiederfp. ZungenBth. länger als der dachige
HK. Früchtch. sämmtl. lang geschnäbelt. Frkr federig. Frb. spreuig,
Spreu abfällig. — Wegränder, Flußuf., trk. Wd.

599. **Leontodon autumnalis.** *L.* Herbst=Löwenzahn. W.
abgebissen, faserig. Schaft ½—1' h., 1—mehrköpfig. B. buchtig
o. fiederfp. gezähnt. BStiel allmälig verdickt, obw. schuppig, auch
vor dem Aufblühen aufr. HK. dachig. Früchtch. allmälig in einen
Schnabel verschmälert; Riefen feinwurzlig; sämmtl. Strahlen der
Frkr. gleichlang und federig, am Iz. Grund kleingefägt. Frb. nackt.
— Raine, trk. Trft.

600. **Chondrilla prenanthoides.** *Vill.* Hafenlattigähnl.
Knorpelfalat. WB. Iz., nach dem Grund verschmälert, entfernt
gezähnt. Die Stgl. fast nackt, gabelfp.=ästig. Die endst. Köpfch.
gebüschelt, gleichhoch. Früchtch. ungefähr so lg. als der Schnabel,
mit einem kurzen, kleingekerbten Krönch. endigend. — Auf Lechkies.

601. **Lactuca muralis.** *Fres.* Mauer=Salat. Stgl. aufr.,
1 — 3' h. B. gestielt, leierf. fiederfp. mit winkeligen Zipfeln und
großem, eif. eckigem Lappen. BthStand locker rispig. Köpfch. arm=
bth. HK. dachig. Fr. flach zsgedrückt, mehrstreifig, in einen fädl.
Schnabel zugespitzt, rothbraun. — Mauern, Schutt.

602. **Crepis alpestris.** *Tausch.* Alpen=Pippau. Schaft
1köpfig, blattlos, o. am Grund wenigb., etwas ästig, an der Spitze
filzig. B. Iz., gezähnt, o. schrotfägef. HK. grau o. kurzh. Früchtch.
gleichgestaltet, fast stielrund, an der Spitze schmäler; Frkr. haarig,
Strahl haarfein. Frb. nackt. — Lechf., Hd. vor dem Siebentischwd.
Friedberger Au.

603. **Sonchus arvensis.** *L.* Acker=Gänsedistel. W. krie-
chend. Stgl. einfach, aufr., 2—4' h., an der Spitze ebensträußig.
B. Iz., feicht, schrotfägef., die stglst. am Grund hzf., die ob. ungeth.
HK. dachig, nebst den BthStielch. drüsig behaart. Bth. vielreihig.
Früchtch. zsgedrückt, an der Spitze abgeschnitten, ohne deutl. Schnabel,
mit querrunzligen Riefen, blaßbraun; Frkr. haarig, ohne Rand;
Strahl weich und biegsam, dopp. fo lg. als die Fr. Frb. nackt. —
Unt. d. Getreide.

604. Hieracium staticefolium. *Vill.* Grasnelkenb. Ha=
bichtskraut. Die W. kriecht, tief unt. b. Oberfläche Ausläufer trei=
bend, weit u. breit. Stgl. faft nackt, 1—3köpfig. WB. lineal, o.
Iz. lineal, zieml. ftumpf, entfernt gezähnt o. ganzrandig, nach dem
Grund verfchmälert, kahl. B. lineal=abgerundet, meift ganzrandig,
fatt bläul. grün. BthStiele aufgerichtet, verlängert, obw. vielfchup=
pig und nebft dem HR. von drüfigen Haaren graulich. HR. dachig,
Blättch. zugefpißt. Früchtch. ftielrund, 10riefig, fchnabellos; Frkr.
haarig, Strahl haarfein, zerbrechl. — Frb. nackt. — Lechf., Lech=
auen, Lechuf., Siebentifchwb,, Wolfszahn.

605. H. vulgatum. *Fries.* Gem. H. Stgl. ebenfträußig,
1—4' h., vom Grund an beblättert, an der Spitze nebft den Bth=
Stielch. u. b. HR. von fternf. Flaum graulich und von kohlfchwar=
zen, drüfentragenden Haaren kurzh. B. grasgrün, untf. und am
Rande rauhh., ei=lz., o. eif., beiderf. verfchmälert, vorwärts gezähnt;
W= u. unt. StglB. geftielt, die ob. faft fißend; StglB. 3—6.
Frkr. ungeftielt. — Gbfch., Wd.

b. Bläul. roth.

606. Prenanthes purpurea. *L.* Pupurrother Hafen=
lattich. Stgl. 2—4' h. B. mit hzf. Grund ftglumfaff., kahl,
untf. meergrün, die unt. eif. o. längl., in den geflügelten BSttiel
zfgezogen, winkelig buchtig; die ob. lz., zugefpißt, ganzrandig. Köpfch.
rifpig. HR. 8b., durch die äußern kürzern Blättch. dachig. Blümch.
5, 1reihig. Früchtch. zfgedrückt, fchnabellos; Frkr. haarig. Frb. nackt.
— Wd. zw. Banacker und Burgwalden.

c. Blau.

607. Cichorium Intybus. *L.* Gem. Wegwarte. Stgl.
1—4' h., fteif fparrig=äftig, wénigb. Die bthft. B. aus breitem,
faft ftglumfaff. Grunde lz., fieberlappig. Unt. B. fchrotfägef., ob.
längl. ungeth. Köpfch. zu 2 o. mehreren, fißend o. geftielt, tellerf.
ausgebreitet. Aeuß. HR. 5b., innerer 8b.; Blättch. am Grund zfge=
wachfen. Frkr. mehrmals kürzer als das Früchtch. Frb. nackt. —
Wegränder.

3. Alle Bth. röhrig.
a. Gelb.

608. Bidens tripartita. *L.* Dreitheil. Zweizahn. Stgl.
äftig, ½—3' h. B. 3th. o. fieberig 5fp., Zipfel lz., gefägt. HR.
reichb., 2reihig: die äußern Blättch. abftehend u. länger als das
ungeftrahlte, aufr. Köpfch. Früchtch. vk. eif., am Rand rückw. ftache=
lig, fo lg. als die äußern Blättch. des HR. Frb. flach, fpreuig. —
Pfützen, fcht. Grb.; Lechhf.

609. B. cernua *L.* Nickender Z. Stgl. einfach o. äftig,
¼—2' h. B. einfach, lz., gefägt, am Grund etwas zfgewachfen.
Köpfch. nickend, mit u. ohne Strahl. Die äußern Blättch. des HR.
länger als die Köpfch. Früchtch. vk. eif. keilig, am Rand rückw.

ſtachelig, ſo lg. alß die innern Blättch. beß HK. — An Bächen u. Grb.

(Gelbl. weiß.)

610. **Filago arvensis.** *L.* Feld=Fadenkraut. Dicht weiß=wollig. Stgl. rißpig, $^1/_2 — 1'$ h. Aeſte aufr., beinahe einfach, faſt ährig. B. lz. Köpfch. ſchwach 5kantig, walzl., in ſeiten= u. endſt. Knäuelchen. Scheibenblümch. 4zähnig; Randblümch. fadenf., zw. b. äußern HB. verſteckt. HK. dachig, Blättch. ſtumpfl., wollig, a. b. Spitze zuletzt kahl. Früchtch. ſchnabelloß; Frkr. haarfein, hinfällig. — Ak., Sandberg, Gerſthf.

611. **F. germanica.** *L.* Deutſcheß F. Filzig weißwollig. Stgl. $^1/_4 — 1'$ h., gabelſp. B. aufr., anliegend, längl. lz., wellig. Köpfch. außen ſchwach eckig, zu 20—30 in kugeligen, gabel= und endſt. Knäuelch. HKBlättch. mit röthl., kahlen Haarſpitzen. Frb. kegelf. — Ak.; Roſenauberg, Gerſthf., am Weg zw. Statzling und Derching.

612. **F. minima.** *Fries.* Kleinſteß F. Filzig, etwaß wollig. Stgl. 4—8" h., äſtig. Aeſte gabelſp. B. lineal lz., aufr. u. an=gedrückt, kürzer alß die BthKnäuelchen. Köpfch. 5kantig, kegelf., in gabel=, ſeiten= und endſt. Knäuelch. Blättch. beß HK. zieml. ſtumpf, gelbl., an der Spitze kahl. — Ak. b. Friedberg.

613. **Tanacetum vulgare.** *L.* Gem. Rainfarn. Die Stgl. aufr., 2—4' h, ſtrauchähnl., reichbeblättert. B. dunkelgrün, dopp. fiederſp., Zipfel längl. Iz Köpfch. halbkugelig, in Ebenſträußen. HK. dachig. Früchtch. kantig geſtreift. — Gbſch., Hk., Flußuf.; an b. Wertach, Schmutter, hinter Schloß Wöllenburg gegen Berghelm.

h. Gelblͤ grün.

614. **Artemisia Absinthium.** *L.* Wermuth=Beifuß. Stgl. aufr., 2—4' h., rißpig. B. ſeidenhaarig weißgrau, die wurzelſt. 3fach, die ſtglſt. 2fach u. einfach fiederſp., ſehr bitter; Zipfelch. lz., ſtumpf; die bthſt. B. ungeth. BStiele ohne Oehrchen. Köpfch. faſt kugelig, nickend, erbſengroß. HK. dachig; Blättch. grau, die innern ganz ſtumpf, am Rande trockenhäutig: die äußern lineal, nur an der Spitze trockenhäutig, ſo lg. alß die innern. Frb. rauhh. — An Wegen, Schutt, auf Mauern; in Gärten cult.

c. Röthl. gelb.

615. **A. campestris** *L* Feld=B. Die unfruchtb. Stgl. raſig, die bthtragenden aufſtrebend, 1—2' h., rißpig. B. ſeidenh. grau o. kahl, im Umriß eif., 2—3fach gefiedert, mit linealen, ſtachel=ſpitzigen Zipfelch.; die unt. ſtglſt. am BStiel geöhrlt, o. fiederſp. gezähnt, die ob. ſitzend, einfach fiederſp., die ob. bthſt. ungeth. Köpfch. eif., kahl., meiſt aufr. Blättch. beß HK. eif., am Rand trockenhäutig, die äußern kürzer Frb. kahl. — Sand. Hügel zw. Friedbg. u. Mühlhf.; Gailenbach.

d. Gelbl. weiß.

616. Gnaphalium sylvaticum. *L.* Wald = Ruhrkraut. Stgl. aufr., 1 — 2′ h., einfach, wolligfilzig, ruthenf., langährig. WB. lz.; StglB. allmältg kleiner, die ob. lineal, sämmtl. spitz, nach dem Grund verschmälert, untf. weißfilzig, obf. zuletzt kahl wer-dend. Köpfch. in den BWinkeln gebüschelt. HR. trockenhäutig, dachig, gewöhnlich braun; die äußersten Blättch. ⅓ fo lg. als das Köpfch. Haare der Frkr. fädl. — Wld., Weiden.

617. Gn. uliginosum. *L.* Schlamm=R Stgl. v. Grund an äftig, ausgebreitet, 3 — 9" h. und wie die lineal=lz., nach dem Grund verschmälerten B. grauwollig. Köpfch. knäuelig gehäuft, be-blättert, winkel= u. endft. HR. braun. Früchtch. glatt. — Fcht. Ak.

e. Fleischroth, selten blaßroth o. weiß.

618. Eupatorium cannabinum. *L.* Hanfähnl. Wasserdoft. Stgl. ftark, 3 - 6′ h. B. geftielt, 3 — 5th.; Zipfel lz., gefägt, der mittl länger. HR. dachig, walzl. Saum der Bth. allmälig in die Röhre verschmälert. Frkr. haarig. Frb. nackt. — Gbfch. der Lech= u. Wertachuf.

f. Bläul. purpurn, felten weiß.

619 Serratula tinctoria. *L.* Färber=Scharte. Stgl. aufr., 1 — 3′ h B. etwas rauh, geschärft=gefägt, eif., ungeth. o. leierf o. fiederfp. Köpfch. längl, ebenfträußig, 2häuflg. HR. dachig, Blättch. an der Spitze purpurroth. Stbf. vom Grund an warzig, rauh. Frkr. haarig, mehrreihig, innerfte Reihe der Strahlen länger. Frb. borftig fpreuig. — Wbränder, Straßberg.

g. Purpurn. HR. rundl. eingeschnürt.

620. Centaurea Jacea. *L.* Gem. Flockenblume. Stgl. 1 — 3′ h., aufr. o. auffftrebend. B. lz., ungeth., o. die unt. entfernt buchtig o. fiederfp., in den BStiel verschmälert. Die Anhängfel den ganzen HR. bedeckend, bräunl., concav, eif., ungeth., zerriffen o. die unt. kammf. gefranzt; die letzte Franze borftl., nicht dicker und nicht ftarrer als die übrigen. Die Röhren der Bthch. allmälig in einen trichterf. Saum erweitert. Frb. borftig fpreuig. Früchtch zfgedrückt. — Trk. Wf., Trft.

(Röthl. violett.)

621. C. phrygia. *L.* Phrygische F. Stgl. aufr., äftig. B. längl. ellipt. u. eif., ungeth. o. etwas gezähnelt. Anhängfel des HR aus lz. Grund lz. pfrieml., zurückgekrümmt, fiederig gefranzt. die unt. Franzen genähert, die ob. entfernt, fämmtl. verlängert borftl.; die Anhängfel der innerften Reihe rundlich, zerriffen gezähnt, von den Franzen der folgenden Reihe bedeckt. Frkr. ⅓ fo lg. als die Früchtch. — Wb. d. weftl. Höhen; Straßberg, Deuringen, Hammel.

(Violett.)

622. C. Scabiosa. *L.* Scabiosen=F. Stgl. 2 — 4′ h., äftig. B. faft wollig u außerdem rauh. o. kahl, fiederfp. o. dopp. fiederfp.;

Zipfel lz., mit einem fchwieligen Punkte endigend. Köpfe groß, dick.
Anhängfel des HK. trockenhäutig, mit gefchwärzten, 3eckigen, fpitzigen
flachen, gefranzten, die Blättch. nicht verdeckenden Anhängfeln;
Blättch. rundl., nervenlos; Franzen fchlängelig, die endft. breiter u.
ftärker, kurz o. in einen Dorn vorgezogen. Frkr. ungefähr fo lg.
als die Fr. — Wf. Ak.

(Hellviolett.)

623. C. maculosa. *Lam.* Gefleckte F. Stgl. aufr., rispig
äftig, 1 — 3' h. B. rauh, faft wollig, die wurzelft. dopp. gefiedert,
die ftglft. ungeth., lineal o. einfach gefiedert; Fieder u. aftft. B.
ungeth., lineal. Anhängfel des eif. HK. eckig, mit einem kurzen
Dörnch. endigend, gefranzt, fchwarzgefleckt, die Blättch. nicht verde=
ckend; diefe rundl. eif., 5nervig; Franzen faft knorpelig, fchlängelig.
Fr. dopp. fo lg. als die Frkr. — Trk, fonnige Hügel; Rofenaubg.,
Derching, am Lech.

(Blau.)

624. C. Cyanus. *L.* Kornblume. Stgl. 1 — 3' h. B.
lineal lz., die unt. am Grund gezähnt, die wurzelft. vk. eif. lz.,
ungeth. u. 3fp. Blättch. des HK. gefchwärzt berandet, gefägt ge=
franzt. Fr. u. Frkr. von gleicher Länge. — Unter dem Getreide.

Bth. in Diftelköpfen.

Cirsium. *Tournef.* Kratzdiftel. Die Randbth. nicht ver=
größert u. wie die innern mit Stbf. u. Gf. verfehen; die Stbf. frei.
Köpfe faft kugelig; HB. dachig, Blättch. lz. Früchtch. zfgedrückt;
Frkr. federig, am Grund durch einen Ring verbunden, abfällig.
Frb. borftig fpreuig.

Gelbl. weiß.

625. C. oleraceum. *Scop.* Kohl=K. Stgl. einfach, 2—4' h.
B. nicht herablaufend, kahl o. zerftreut. fläuml., ungleich dorniq=
gewimpert, ftglumfaff., die unt. fiederfp., mit lz. gezähnten Zipfeln,
die ob. ungeth., gezähnt. Köpfch. endft., gehäuft, von großen, eif., gelbl.
Deckb. umhüllt. Blättch. des HK. in ein kleines Dörnch. endigend,
an der Spitze abftehend. — Fcht. Wf., an Fluß= u. Bachufern.

Roth.

626. C. rivulare. *Link.* Bach=K. Stgl. obw. faft nackt.
B. nicht herablaufend, zerftreut flaumig, ungleich dornig gewimpert,
ftglumfaff., fiederfp ; die unt ftglft. in den geflügelten, gezähnten,
am Grund verbreiterten BStiel zfgezogen; Fieder lz., zugefpitzt,
fpärlich gezähnt. Dckb. lineal, ganzrandlg. Blättch. d. HK. ange=
drückt, ftachelfpitzig. — Fcht. Wf. des Lech= und Wertachthals.

Blaßrofenroth, auch lila.

627. C. arvense. *Scop.* Brach=K. W. kriechend. Stgl.
2—4' h., faft kahl, äftig, reichb. B. etwas. herablaufend, längl lz.,
dornig gewimpert, obf. nicht dornig kurzh., ungeth. o. fiederfp. buch=
tig, an den Enden d. Lappen mit einem ftärkeren Dorn. Köpfch.

klein, eif., rispig, ebensträußig. B. des HK. angedrückt, stachelspitzig, fast wehrlos. — Unt. d. Getreide.

Purpurfarben.

628. C. eriophorum. *Scop.* Wollköpfige K. Stgl. 3—5' h., ästig. B. obf. stachelig, untf filzig, stglumfaff., nicht herablaufend, tief fiedersp.; Fieder 2th; Zipfel lz., ganzrandig, der vordere am Grund gelappt; Zipfel u. Lappen mit einem Dorn endigend. Köpfch. einzeln, breit-kugelig, spinnwebig wollig. Blättch. des HK. lz., mit der linealen, vor dem Dorn verbreiterten Spitze abstehend. — Straßen= gräben, Hk.; zw. Lechhf. u. Mühlhf., Straßbg., Friedbg.

629. C. palustre. *Scop.* Sumpf=K. Stgl. einfach, 2—3' h. B. obf nicht stachelig, gänzl. herablaufend, zerstreut haarig, tief fiedersp; mit 2sp. stachelspitzigen Zipfeln; Zipfel und Lappen mit einem Dorn endigend. Aeste an der Spitze vielköpfig. Köpfch. traubig geknäuelt. Blättch. d. HK. dornig=stachelspitzig. — Sum= pfige Wf.

630. C. bulbosum. *DC.* Knollige K. W. spindelf.; Wfasern in der Mitte knollig verdickt. Stgl. v. d. Mitte an blattlos, 1—2' h., 1—3köpfig. B. obf. zerstreuth., untf. etwas spinnwebig wollig, dornig gewimpert, tief fiedersp., die untern gestielt; Fieder gezähnt= kleingelappt u. 2—3sp.; Zipfel lz. BthStiele verlängert. Blättch. d. HK. angedrückt, klein=stachelspitzig. — Fcht. Torfwf., Flußuf.; Siebenbrunnen, Lechhf., Mühlhf

(Purpurn, fleischroth o. weiß.)

631. Carduus acanthoides. *L.* Stacheldistel. Stgl. 1— 4' h. u. nebst den kurzen, durch Blappen gekräuselten BthStielen dornig geflügelt B. dünn, mit schmalen Flächen buchtig fiedersp., dornig gewimpert, herablaufend, kahl o. untf. auf den Adern zottig; Fieder eif., fast handf. 3sp. u. gezähnt; Lappen u. Zähne mit einem starken Dorn endigend. BthStiele kurz, gekräuselt, dornig. Köpfch. meist einzeln, rundl. HB mit feiner, zurückgekrümmter Stachelspitze. Früchtch. fein runzlig; Frkr aus einfachen o. ganz fein gezähnelten Härchen. — Schutt, Wegränder.

(Purp. o. weiß.)

632. C. crispus. *L.* Krause Distel. Stgl. 2—5' h. B. obf. zerstreuth., untf. wollig filzig u. auf den Adern etwas zottig, herablaufend, längl. buchtig fiedersp.; Fiedern eif., 3lapp. u. gezähnt, der mittl. Lappen größer; Lappen u. Zähne dornig gewimpert und mit einem stärkeren Dorn endigend. BthStiele kurz, dornig, an der Spitze nackt. Köpfch. rundl., gehäuft o. einzeln. Blättch des HK. angedrückt oder zurückgekrümmt. — An Wegen, Hk. b. Mering, Bobingen.

633. C. nutans. *L.* Nickende D. Stgl. 1—2' h. B. herablaufend, obf. zieml. kahl, untf. auf den Adern zottig, tief fiedersp.; Fiedern eif., fast handf. 3sp. u. gezähnt, dornig gewimpert; Lappen und Zähne mit einem starken Dorn endigend. BthStiele lang, filzig.

Köpfch. groß, rundl., einzeln, nickend, ſpinnwebig wollig. Blättch. des HK. oberh. des eif. Grundes verengert, obh. der Verengerung lz., in einen ſtarken Dorn zugeſpitzt, zurückgeknickt abſtehend, meiſt ge- färbt. Bth. wohlriechend. Frb. borſtig. — Trk. Wegränder, Hd.

Lappa. *Tournef.* Klette. Köpfch. kugelig. HK. dachig, Blättch. mit einer hakigen, ſehr ſpitzigen Stachelſpitze. B. mehr o. weniger hzf. Frkr. haarig, kurz, vielreihig.

634. **L. major.** *Gaertn.* Große K. Stgl. 2—4′ h., an der Spitze ebenſträußig. B. f. groß, geſtielt, am Grund rundl., ſchwach hzf. HK. zieml. kahl, Blättch. auf ¼ der Länge anliegend, ſämmtl. pfrieml. u. hakig, die innern gleichfarbig. — Wg., Schutt, Graben.

635. **L. minor.** *DC.* Kleine K. Stgl. 2—3′ h. HK. etwas ſpinnwebig wollig; Blättch. auf ¾ der Länge anliegend, alle pfrieml. u. hakig, die innern etwas gefärbt. Köpfch. traubig, halb ſo groß als bei der vorigen. — Straßengrb., Schutt.

636. **L. tomentosa.** *Lam.* Filzige K. Stgl. 2—4′ h. HK. ſtark ſpinnwebig wollig, die innern Blättch. lz., ſtumpfſ., mit einem aufgeſetzten, geraden Stachelſpitzch., gefärbt, halb anliegend, faſt ſtrahlend. Köpfch. beinahe ebenſträußig. — Straßgrb., Schutt.

E. Labiaten.
a. Weiß. (S. Nr. 85.)
(Weiß, innen mit purp. Punkten.)

637. **Lycopus europaeus.** *L.* Gem. Wolfsfuß. Stgl. 1—3′ h., äſtig. B. geſtielt, eif. längl., grob eingeſchnitten gezähnt, am Grund fiederſp. KZähne zugeſpitzt. Bkr. trichterf., 4ſp., faſt gleich, der ob. Zipfel ausgerandet. Keine Haarleiſte. Stbgf. 2. — Franzoſenwall, Deuringen, zw. Derching u. Mühlhſ.

b. Gelbl. weiß, innen braunroth geſtrichelt.

638. **Stachys recta.** *L.* Gerader Zieſt. Stgl. aufr., 1—3′ h., nebſt den B. rauhh. Quirle meiſt 6bth. B geſtielt, längl. lz., gekerbt geſägt, in den BStiel verſchmälert; die ob. bthſt. eif., zugeſpitzt, ganzrandig, begrannt. Dckb. klein. K. rauhh.; Zähne 3eckig, zugeſpitzt, mit einer kahlen, gelben Stachelſpitze endigend, ungefähr ſo lg als die BkrRöhre. Stbf. 4, genähert. Ob. Bkr- Lippe concav. Haarleiſte in der BkrRöhre. — Trk. Hügel u. Hd.; Roſenauberg.

(Hellgelb.)

639. **Teucrium montanum.** *L.* Berg-Gamander. Stgl. halbſtrauchig, geſtreckt, 4—12″ lg. B lineal lz., ganzrandig, untſ. o. bbrſ. grau. Quirle in endſt. Köpfch. zſgedrängt. Ob. BkrLippe 2th.; Zipfel auf den Rand der ULippe vorgerückt, daher eine Spalte ſtatt der OLippe u. eine 5lappige ULippe. Keine Haarleiſte. Stbgf. genähert, aus den Spalten der OLippe hervortretend. — Hd. u. Wd. b. Lechebene; Lechf., Siebentiſch.

c. Gelb; ULippe mit einem violetten, weißberandeten Mittellappen; Seitenzipfel v. d. Mitte an weiß.

640. Galeopsis versicolor. *Curt.* Bunter Hohlzahn.
Stgl. 2—4′ h., steifh., unt. den Gelenken verdickt. B. längl. eif.,
zugespitzt. BkrRöhre dopp. so lg. als der K. Mittelzipfel der
ULippe rundl. 4eckig, flach, kleingekerbt, stumpf o. ausgerandet. —
Lichte Wd. d. westl. Höhen; Diebelthal.

d. Violett bis blau. (S. Nr. 83. 84. 192.)

Mentha. *L.* Minze. Bkr. trichterf., Saum 4sp., fast gleich,
der ob. Zipfel ausgerandet. Keine Haarleiste. Stbgf. oben ausein-
andergeneigt

641. M. sylvestris. *L.* Wilde M. Stgl. 1—3′ h. B.
fast sitzend, eif. o. lz., 2—3mal so lg. als breit, gezähnt-gesägt,
obf. graufilzig, untf. grau= o. weißfilzig. Dckb. lineal-pfrieml. Aehren
lineal walzl., die untern Quirle genähert. K. schwach gerieft, der
frtragende bauchig, obw. eingeschnürt; Zähne linealpfrieml., zuletzt
ein wenig zsneigend. Nüßch. tief punktirt, an d. Spitze oft mit
Borsten. — Grb. u. Bachuf.

642. M. aquatica. *L.* Wasser=M. Stgl. 1—3′ h., einfach o. ästig, beh. o. fast kahl. Bth. quirlig=kopfig. KZähne aus
3eckigem Grund pfrieml, die des frtragenden K's gerade vorgestreckt.
KRöhre gefurcht. KMündung beh. BkrRöhre innen beh. Nüßch.
warzig. — Uf., Grb.

643. M. sativa. *L.* Gezähmte M. B. gestielt, eif. o.
ellipt., gesägt. BthQuirle sämmtl. entfernt, kugelig. K. röhrig
trichterf.; Zähne 3eckig lz., zugespitzt, die des frtragenden gerade
vorgestreckt. — Sumpf. Stellen, Grb.; Banacker.

644. M. arvensis. *L.* Acker=M. Stgl. meist am Grunde
liegend, ½—1½′ lg. B. gestielt, die unt. kreisrund o. ellipt, die
ob. eif. o. hzf., stumpf o. spitz Quirle sämmtl. entfernt, kugelig.
K. kugelig glockig, beh. o. fast kahl; Zähne 3eckig eif., so lg. als
breit, die des frtragenden K's gerade vorgestreckt. BkrRöhre innen
dicht zottig. — Uf., scht. Af.

(Blauviolett.)

645. Salvia verticillata. *L.* Quirlständiger Salbei.
Stgl. 1—2′ h. B. 3eckig=hzf., ungleich gekerbt gesägt. Stiele der
unt. B. geöhrlt. Dckb. verwelkend. Quirle fast kugelig, reichbth.,
getrennt. BthStielch. ungefähr so lg. als der K. OLippe des K.
mit 3 kurzen, ULippe mit 2 dreieckigen, zugespitzten Zähnen. Gf.
auf der ULippe liegend. — Raine, Grb. d. Lechebene; Pfersee,
Stierhof.

(Röthl. violett, bisweilen weiß.)

646. Ballota nigra. *L.* Schwarze B. Stgl. ästig, 1—
3′ h. B. eif., gekerbt o. gesägt. K 5zähnig; Zähne elf., begrannt.
OLippe concav, Mittelzipfel der ULippe vk.=hzf. Haarleiste in der

14

Bkr. Stbgf. genähert, unt. d. OLippe gleichlaufend, einfach, nach dem Verblühen gerade. — Hk. Gbsch.

(Blaß violett, ULippe innen weiß mit blauen Punkten.)

647. Scutellaria galericulata. *L.* Gem. Helmkraut. Stgl. 1/2—1 1/2' h., mit abw. stehenden Haaren, meist ästig. B. traubig, aus hzf. Grund längl. lz., entfernt gekerbt gesägt; die bthst. gleichgestaltet, aber stufenweise kleiner. Bth. bwinkelst., einerseitswendig, gegenst. K. kahl, OLippe hinten mit einer concaven Schuppe. BkrRöhre am Grund fast rechtwinklig gekrümmt, vielmal länger als d. K. OLippe der Bkr. concav, 3sp.; ULippe ungeth.; Schlund fast geschlossen. Frkr. an der Spitze zsgedrückt geschlossen. — Fchte Gbsch., an Flußuf.; Wertach, Lech.

(Violett, seltener weiß.)

648. Prunella vulgaris. *L.* Gem. Brunelle. Stgl. 1/2 —1' h., meist aufstrebend und ästig. B. gestielt, längl.; eif., ganzrandig, gezähnt o. fiedersp. Bth. in längl., endst. Aehren. OLippe des K. mit 3 gestutzten, stachelspitzigen Zähnen. Ob. BkrLippe concav, Zähne sehr kurz, abgeschnitten, stachelspitzig; Zipfel der ULippe stumpf, Zähne ei=lz., stachelspitzig, schwach wimperig. Haarleiste in der Bkr. Die längern Stbgf. an der Spitze mit einem dornf., geraden Zahn. — Wsf., Welden.

649. P. grandiflora. *Jacq.* Großbth. B. Stgl. 1/4—1' h., aufstrebend. B. gestielt, längl. eif., ganzrandig, gezähnt o. fiedersp. Bth. dopp. so groß als bei der vorigen. OLippe des K. mit 3 breit eif., spitzbegrannten Zähnen; Zähne d. ULippe lz., in eine Granne zugespitzt, gewimpert. Stbgf. alle wehrlos, die längern an der Spitze mit einem kleinern Höcker. — Wsf., Welden.

e. Roth bis purpurn.

(Blaßroth, selten dunkelroth o. weiß.)

650. Origanum vulgare. *L.* Gem. Dosten. Vielehig-2häusig; die Stplbth. haben Stbgf., die kürzer als die Röhre sind u. halb so große Bkr. Stgl. 1—2' h., zieml. kahl o. fläuml. B. eif., spitz. Dckb. auf der innern Seiten drüsenlos. K. mit 5 gleichen Zähnen. Ob. BkrLippe gerade, ausgerandet, ULippe 3sp. Schlund mit Haaren besetzt, aber keine Haarleiste in der Röhre. — Uncult. Orte, Hk.

(Purpurroth.)

651. Clinopodium vulgare. *L.* Gem. Wirbeldosten. Stgl. aufr., 1/2—1 1/2' h., weiß zottig. B. eif. längl., mit entfernten Zähnen, obf. haarig. Quirle gleich, reichbth. Bth. mit einer Hülle umgeben, welche aus borstl. B. v. d. Länge des K. zsgesetzt ist, die dem ganzen Quirl u. nicht den einzelnen Bth. angehören. — Wbränder, Hk., Gbsch.

(Auch weiß, u. purp. geschäckt.)

652. Melittis Melissiphyllum. *L.* Melissenb. Immenblatt. Stgl. rauhh., 1—2' h. B. eif., rauhh. K. weit, glockig,

lappig = 2lippig. OLippe der Bkr. zieml. flach., gerade; Mittelzipfel der unt. vk. eif., flach. Keine Haarleiste in der Röhre. — Lohe, Kobel, Wöllenburg, Staßling.

(Purpurroth mit einem gelbl. weißen, purp. gefleckten Hofe auf der ULippe.)

653. Galeopsis Ladanum. *L.* Acker = Hohlzahn. Stgl. ¹/₂—1¹/₂′ h., von abw. angedrückten, weichen Haaren flaumig, unt. den Gelenken nicht verdickt. B. lz o. längl. lz., gesägt o. fast ganzrandig. Dckb. lineal, länger als die Blth. OLippe gewölbt, meist schwach gezähnelt. ULippe am Grund beiderf. mit einem spitzen, hohlen Zahn, Mittelzipfel stumpf. — Ak.

(Roth mit einem schwefelgelben, purpurgefleckten Hofe am Grund d. ULippe.)

654. G. Tetrahit *L.* Gem. H. Stgl. 1—2′ h., steifh., unt. b. Gelenken verdickt. B. längl. eif., zugespitzt, scharfgesägt. BkrRöhre so lg. als der K. o. kürzer. Mittelzipfel der ULippe fast 4eckig, flach, kleingekerbt, stumpf o. seicht ausgerandet. — Ak.

(Röhre weißl., obw. bräunl. gelb; Grund d. ULippe hellpurpurn u. dunkler gefleckt.)

655. G. pubescens. *Bess.* Flaumiger H. Stgl. mit abw. angedrücktem, weichem Flaum bedeckt, unt. d Gelenken steifh. u. etwas verdickt. B. breit eif., zugespitzt, die unt. fast hzf. BkrRöhre länger als der K. Mittelzipfel der ULippe fast 4eckig, flach, kleinge= kerbt, seicht ausgerandet. — Lichte Wb. u. Gbsch.; hinter Deuringen u. Leitershf, zw. Mühlhsf. u. Anwalding.

(Braunpurp.; ULippe mit schlängeligem, weißl. Streifen.)

656. Stachys sylvatica. *L.* Wald = Zieft. Unterirdische Ausläufer an d. Spitze gleich dick. Stgl. 1—2′ h., aufr., rauhh., obw. ästig u. drüsig beh. B. lg gestielt, breit ei=hzf., zugespitzt, gesägt, rauhh. Dckb. klein. Quirle 6blh. KZähne aus 3eckigem Grund pfrieml., stachelspitzig. Bkr. dopp. so lg. als der K. OLippe concav, Mittelzipfel der unt. vk. eif. o. vk. hzf. Haarleiste in der Röhre. — Gbsch., Gartenzäune, Wd.

(Purpurn, mit geschlängelten weißen Streifen auf d. ULippe.)

657. St. palustris. *L.* Sumpf = Z. Unterirb. Ausläufer an der Spitze keulig verdickt. Stgl. aufr., 1—3′ h., einfach, steifh. o. von herabgebogenen Haaren kurzh. u. drüslg. B. aus schwach hzf. Grund lz., spitz, gekerbt gesägt, flaumig, die unt. kurz gestielt, die ob. sitzend, halbstglumfass. Dckb. klein. Quirle 6—12blh. KZähne aus 3eckigem Grund pfrieml., stachelspitz. Bkr. dopp. so lg. als d. K. — Sümpfe, Grb., schl. Ak.

(Purpurroth.)

658. Betonica officinalis. *L.* Gebräuchl. B. Stgl. 1— 2′ h., steif aufr., sparsam beblättert. B. aus hzf. Grund elf. lz., rauh o. kahl. Quirle eine lange, endst. Aehre bildend. K. aderlos. Bkr. außen dichtflaumig; Röhre lang; Lippen auseinanderstehend; OLippe concav, längl. eif., ganzrandig, gekerbt o. ausgerandet, später

zurückgebogen; Mittelzipfel der ULippe stumpf. Stbf. kürzer als die halbe OLippe. Keine Haarleiste in d. Bkr. — Lichte Wd., Hd., Lechf.

(Röthl.)

659. Teucrium Botrys.- *L.* Trauben=Gamander. Stgl. 3—10" h., meist äftig B. dopp. fiederfp. geschlitzt, die bthst. den stglst. gleichgestaltet. Quirle 2—6bth., bwinkelst., von einander entfernt. K. 5zähnig. Ob. BkrLippe 2th, Zipfel auf den Rand der ULippe vorgerückt, daher eine Spalte statt der OLippe und eine 5lappige ULippe. Stbf. aus der Spalte der OLippe hervortretend. Pflanze stark u. süßl. riechend. — Trft. beim Lochhaus am Lechufer.

F. Blumenblattlose.

1. Wasserpflanzen.
(S. Nr. 89—92.)

660. Rumex aquaticus. *L.* Waffer = Ampfer. Stgl. 3 —5' h. WB. hz.=cif., spitz, am Grund verbreitert. BStiele rinnig zfgezogen. Tr. rispig, blattlos. Innere Zipfel des FrPg. ohne Schwielen, hz= eif., häutig, ganzrandig o. etwas gezähnelt. — Uf., am Diebelbach, Altwasser der Wertach bei Göggingen. — Polygoneen.

661. Ceratophyllum demersum. *L.* Rauhes Hornblatt. Ganz untergetauchte, dunkelgrüne, krautige, dichtbeblätterte Pflanze. W. vielköpfig. Stgl. dünn. B. quirlst., gabelfp., in 2—4 lineale Zipfel geth., am Rücken gezähnelt; dunkelgrün. Bth. 1häuf., klein, winkelst. Hülle der SbgfBth. 12b., lineal, am Ende abgeschnitten, 2dornig; Stbf. 12—16, sitzend. Stplbth. ohne Hülle; Frkn. frei; Gf. pfrieml. Fr. eif., flügellos, 3dornig; 2 Dornen am Grund zurückgekrümmt, der endst. so lg. als die Frkr. o. länger. — Schmutter bei Gessertshausen, Hainhofen; Paar, Wulfertshausen. — Ceratophylleen.

662. Hippuris vulgaris. *L.* Gem. Tannenwedel. Ganz untergetaucht. Stgl 1 — 3' lg., aufr. o. fluthend; der bthtragende Theil außerhalb des Wassers. B. lineal, quirlig, 8—12st., bei den in Bächen fluthenden Exemplaren durchscheinend. Bth. bwinkelst., f. klein. KSaum ganz, schwach 2lappig; Röhre an den Frkn. angewachsen. Stbf. 1. Steinfr. mit dünnem Fleisch u. knorpeliger Schale, mit dem Rand bekrönt. — Wassergrb. um die Stadt, Wulfertshf., Statzling. — Hippurideen.

2. Landpflanzen.
(S. Nr. 194, 195, 197, 198.)
a. Grünl.

663. Amarantus retroflexus. *L.* Rauhstengeliger A., Fuchsschwanz. Stgl. aufr., 1/2—2' h., kurzh. B. eif., zugespitzt, an der Spitze stumpf. Dckb. dopp. fo lg. als das Pg., fast dornig stachelspitzig. Zipfel des 5th. Pg. lineallängl., stumpf, o. mit einem

Stachelspitzch. gestutzt. Stbf. 5. Gf. 3. Knäuelch. ährig; die
endst. Ähre zsgesetzt. — Schutt u. Gartenland; Hofraum der Mörz'schen
Spinnerei. — Amarantaceen.

664. Polycnemum arvense. *L.* Acker = Knorpelkraut.
Stgl. niederliegend, 6—8" lg., o. aufr u. abstehend ästig, 2—3' h.
B. zieml steif, 3kantig, pfrieml., stachelspitzig. Bth. bwinkelst.,
sitzend. Pg. 56, mit 2 Dckb., die kaum so lg. als das Pg. sind.
Stbf. 3, N. 2. — Sandige, überschwemmte Stellen des Lechufers
beim Wolfszahn. — Chenopodeen.

665. Chenopodium hybridum. *L.* Bastard = Gänsefuß.
Stgl. kantig, 1 — 3' h., nebst B. u. Pg. mehlig, aber nicht beh.
B. hzf., eckig gezähnt; Ecken zugespitzt, d. mittl. größer, verlängert.
BthSchweife rispig; Bth. zwitterig. Stbf. 5, auf dem Grund des
Pg. eingefügt, N. 2. Pg. 5sp. S. grubig punctirt. — Schutt,
Hf., Mauern; Mühlbf. Scherneck. — Chenop.

666. Ch. album. *L.* Gemeinster G. Weißl. grüne, stark
mehlig bestäubte Pflanze. Stgl. 1 — 3' h., aufr. B. rauten=eif.,
spitz, ausgebissen gezähnt, die ob. längl., ganzrandig, untf. bläul.
grün. BthSchweife fast blattlos. S. glatt, glänzend. — Schutt,
Wege, Ak.

667. Ch. Vulvaria. *L.* Stinkender G. Stgl. ½—1½' lg.,
liegend, ausgebreitet ästig. B. rauten=eif., ganzrandig, graumehlig.
Tr. blattlos. S. glänzend, f. fein punctirt. Riecht nach faulenden
Häringen. — Wg., Schutt, Straßenpflaster.

668. Atriplex patula. *L.* Schmalb. Melbe. Schmutzig
grüne Pflanze. Stgl. 1—3' h., krautig. Die unt. Aeste spreizend.
B. gleichfarbig, lz., die unt. gezähnt, fast spleßf, die übrigen lz., die
ob. lineal. FrAehren steif. Bth. 1häuf. Stplbth. 2th. FrPg.
spleß=rautenf. — Schutt, Wgrd. — Chenop.

669. Rumex palustris. *Smith.* Grüngelber Ampfer.
Stgl. 1 — 1½' h. B. lz. lineal o. verlängert lz., in den BStiel
verschmälert. Quirle mit einem B. gestützt, zieml. entfernt. Pg.
bis auf den Grund 6th., die 3 innern Zipfel größer, zschließend,
eif. längl., beiderf. borstl. 2zähnig, an der lz. vorgezogenen Spitze
ganzrandig, sämmtl. große Schwielen tragend. Zähne kürzer als
die Zipfel des Pg. — Sumpfgrund eines abgelassenen Weihers bei
Haardt. — Polygoneen.

670. R. conglomeratus. *Murr.* Geknäuelter A. Stgl.
1—3' h., mit fast wagr., weit abstehenden Aesten. Unt. B. hzf. o.
eif. längl., stumpf o. spitz, die mittl. hzf.=lz., zugespitzt. Quirle
entfernt, jeder mit einem Blatt gestützt, nur die obersten unbeblättert.
Pg. bis auf den Grund 6th., die 3 innern Zipfel größer, zschlie=
ßend, lineal längl., stumpf, ganzrandig. Stbf. 6, paarweise den
äußern Zipfeln des Pg. gegenübergestellt. N. pinself. Nuß 3eckig,
durch die 3 innern PgZipfel, welche eine falsche Kapsel darstellen,
ganz bedeckt. — Straßgrb. u. Uf.

671. R Hydrolapathum. *Huds.* Fluß = A. Stgl. aufr., 4—6' h. BStiele obf. flach. B. lz., zugespitzt, nach dem Grund verschmälert, flach, am Rand kleingekerbt. Die innern Zipfel des FrPg. eif. 3eckig, ganzrandig o. hinten gezähnelt, sämmtl. schwielentragend. — An Wassergrb. auf d. Wolfszahn.

672. R. sanguineus. *L.* Blutrother A Stgl. 2—3' h., zuweilen wie die BAdern blutroth. Aeste gerade, aufr. abstehend. Unt. B. hzf. längl., stumpf o. spitz, die mittl. hz=lzf., zugespitzt. Quirle sämmtl. unbeblättert, o. nur die untersten mit einem B. gestützt. Innere Zipfel des FrPg. lineal längl., stumpf, ganzrandig; nur einer derselben schwieletragend. — An Bächen b. Friedb.

673. R. obtusifolius. *L.* Stumpfb. A. Stgl. 2 — 3' h. Unt. B. hz=eif., stumpf o. spitz.; die mittl. hzf=längl., spitz; die ob. lz. Ir. blattlos. Quirle zieml. entfernt. Innere Zipfel des FrPg. eif. 3eckig, am Grund mit pfrieml. Zähnen, in eine längl., stumpfe, ganzrandige Spitze vorgezogen. — An Wg., Straßgrb.

674. R. crispus. *L.* Krauser A. Stgl. 2 — 3' h. B. lz., spitz, wellig kraus, f. groß. Quirle genähert u. blattlos. Innere Zipfel des FrPg. rundl, fast hzf., ganzrandig o. am Grund gezähnelt. — Af, Wf., an Grb.

675. Cannabis sativa. *L.* Gebauter Hanf. Stgl. stark, bis 8' h. B. fingerf., 5—7zählig; Blättch. schmal lz., spitz gesägt, rauhh. Bth. 2häuf. StbgfBth. in lg. gestielten Trauben mit 5 Stbgf.; StplBth. settl. im Winkel kleiner Dckb., mit 2 Gf.; Pg. 5th., auf der einen Seite der Länge nach gespalten. Nuß vom bleibenden Pg. eingeschlossen. — Aus Indien, wird cult. — Urticeen.

676. Humulus Lupulus. *L.* Gem. Hopfen. Stgl. lg., windend. B. 3lappig, rauh, am Grund hzf., grobgesägt. Bth. 2häuf. Pg. 5th. StplPg. schuppenf., offen, zw. d. Schuppen einer zapfenf. Aehre; StbgfBth. in ausgebreiteten Rispen mit 5 Stbgf. — Gbsch., bsds. Ufergbsch. an der Paar, an Hecken. — Urtic.

(Grasgrün, mit purp o. weißem Rand.)

677. Polygonum aviculare. *L.* Vogel=Knöterich. Stgl. $1/4$—$1\frac{1}{2}'$ h., liegend o. aufstrebend, ästig; Aeste bis an die Spitze beblättert. B. lz. o. ellipt., abrig, flach, am Rande rauh. Tuten meist 6nervig, 2sp., die Zipfel lz., zugespitzt, zuletzt vielsp. Bth. einzeln o. in den BWinkeln knäuelig. Stbgf. 8, die Fäden der 3 innern am Grund breit eif., aber keine Drüsen im Grund des K. Gf. 3, f. kurz, frei. N. f. klein. Nüsse runzlig gestrichelt, fast glanzlos. — Wg., Af., Schutt. — Polygoneen.

(Grasgrün, am Rand u. inwendig weiß.)

678. P. Convolvulus. *L.* Windenartiger K. Stgl. krautig, windend, $1/2$—3' lg., kantig=gerieft. B. hz=pfeilf. Bth. in den BWinkeln gebüschelt. Die 3 innern Zipfel des Pg. stumpf gekielt, FrPg. vergrößert. Keine Drüsen im Grund des Pg. Stbf. 8, 3

tiefer eingefügt. Gf. 1, kurz, mit einer 3lappigen N. Nüsse 3kantig, glanzlos. — Unt. b. Getreide.

(Grün o. roth.)

679. P. lapathifolium. *L.* Ampferb. K. Stgl. 1—3' h., oft rothgefleckt, Gelenke manchmal f. verdickt, ästig, jeder Aft mit einer Aehre endigend. B. einfach, ellipt. o. lz. o. eif. Tuten kahl o. etwas wollig, kurz o. sehr fein gewimpert. Aehre längl. walzl., gedrungen, aufr. o. etwas nickend. BthStiele u. K. drüstg = rauh. Stbf. 6. Gf. bis zur Hälfte gespalten. — Fcht. Grb., Ufer.

(Weißl. o. purpurn.)

680. P. Persicaria. *L.* Floh = K. Stgl. 1 — 1½' h. B. eif., ellipt. o. lz., gewöhnl. in der Mitte gefleckt. Tuten rauhh., lg. gewimpert. Aehre längl. walzl., gedrungen, aufr. o. etwas nickend. BthStiele u. K. drüsenlos. Stbf. 6. — Fcht. Grb. rc.

(Grünl., am Rande purp. o. weißl.)

681. P. Hydropiper. *L.* Pfeffriger K. Stgl. 1—1½' h., röthl., mit geschwollenen Gelenken. B. breit lz., lang zugespitzt, am Raude wellig, kahl. Tuten fast kahl, kurz gewimpert, die bthft. fast wimperlos. Aehre fädl., locker, überhängend, unterw. unterbro= chen. Bth. drüsig punctirt. Stbf. 6. Die ganze Pflanze von pfefferartig beißendem Geschmack. — Waldpfützen.

b. Purp. o. (selten) weiß.

682. P. minus. *Huds.* Kleiner K Stgl. ½—1' h. B. aus abgerundetem Grund fast gleichbreit, vorn allmälig verschmälert, lz=lineal. Tuten angedrückt behaart, lg. gewimpert. Aehre fädl., locker, meist aufr. Bth. drüsenlos. Stbf. 5. — Waldpfützen, Grb.

c. Pg. bei der Reise roth.

683. Blitum virgatum. *L.* Seitenbth. Erdbeerspinat. Stgl. ½—2' h., f. ästig. B längl. 3eckig, fast spießf., tief gezähnt, nach oben allmälig kleiner, alle ein BthKnäuelchen auf dem Grund des BStiels tragend. FrPg. beerenartig. — Schutt u. Gartenland, Lechdamm zw. d. Lechh. u. Friedb. Brücke, Stadtbergen. — Che- nopodeen.

d. Dunkel=rothbraun. Pg. 4kantig, Saum 4th.

684. Sanguisorba officinalis. *L.* Gem. Wiesenknopf. Stgl. schlank, 2—4' h. B. unpaarig gefiedert; Blättch. hzf. längl., gesägt. Bth. in eif. längl. Aehren; jedes Blüthch. mit 4 Stbgf. u. 1 Gf. mit pinself. N. KRöhre von 3 Dckb. umgeben. Kapfel 1—2famig. — Fchte Torfwf. — Sanguisorbeen.

e. Drüsen (die innern, mit der fleischigen Scheibe bedeckten Zähne der eigen- thüml. Hülle) gelb.

685. Euphorbia helioscopia. *L.* Sonnenwendige Wolfs= milch. B. vk. eif., vorn gesägt, ohne Nb. Aeste 3gablig mit gabelsp. Aeschen. Dolbe 5sp. Drüsen rundl., ungeth. Kapsel glatt. S. mit vertieften Punkten, wabig netzig. — Ak., Gartenland. — Euphorbiaceen.

686. E. stricta. *L.* Steife W. Stgl. $\frac{1}{2}$—1' h. B. spitz,
v. d. Mitte an ungleich kleingesägt. vk. lz., mit hzf. Grund sitzend;
die unt. vk. eif., f. stumpf, in den BStiel verschmälert. Aeste der
3—5fp. Dolde 2gabelig, mit gabelfp. Aestchen. Hüllch. eif., faft
3eckig, stachelspitz, kleingesägt. Drüsen unge'h. Kapsel warzig;
Warzen zerstreut, kurz walzl. S. oval, glatt. — Bei der Gögginger
Brücke gegen Wöllenburg.

687. E. Peplus. *L.* Rundb. W. Stgl. 4—10" h. B.
gestielt, vk. eif., f stumpf, am Grund in den BStiel vorgezogen,
ganzrandig, die unt. fast kreisrund. Aeste der 3fp. Dolde wiederholt
2fp. Hüllch. eif. Drüsen 2hornig. Knoten der Kapfel auf dem
Rücken 2knötig; Kiele etwas geflügelt. S. auf einer Seite der
Länge nach 2furchig, auf der andern Seite grubig punktirt. —
Schutt, in Dörfern, Gärten ꝛc.

G. Monokotyledonen.

1. Waffer= und Sumpfpflanzen.

a. Bth. röthl. weiß. K. u Kr. 3b.

688. Alisma Plantago. *L.* Gem. Froschlöffel. Stgl.
aufr., $\frac{1}{2}$—2' h., quirlig=riApig. WB. rosettig, bald breit eif. u.
am Grund hzf., bald lz. u. am Grund verschmälert. StglB. herz=
eif., eif. o. lz. Stbf. 6. Frk. inwendig über dem Grund den Gf.
tragend. Früchtch. an der Spitze abgerundet stumpf, wehrlos, auf
dem Rücken 1—2furchig, in eine stumpfe, 3eckige Fr. zsgestellt.
— Stehendes Wasser, Grb. — Alismaceen.

b. Rosenroth. Pg. 6b., bkr.=artig.

689. Butomus umbellatus. *L.* Doldige Wafferviole.
Schaft bis 3' h., eine einfache, mit einer Hülle versehene Dolde
tragend. WB. lg., schmal, 3scheidig, rinnenf. Stbf. 9, davon 3
innere. Kapseln 6, untw. zsgewachsen, einw. auffspringend. — Grb.
u. stehendes Wasser; Friedbg., Mühlhf., an der Schmutter. — Bu-
tomeen.

Pg. 4th.

Potamogeton. *L.* Laichkraut. Bth. zwitterig, in Aehren,
im Winkel kleiner Dckb. Stbf. 4, sitzend, auf dem Grund der
Zipfel des Pg. eingefügt. Frkn. 4; Gf. fehlend. Steinfr. 4, sitzend.
— Potameen.

(Röthl.)

690. P. natans. *L.* Schwimmendes L. Stgl. einfach.
B. wechselst., alle lg. gestielt, die untergetauchten schmäler, lz. o.
längl.; die schwimmenden lederig, fast hz=eif., oval o. längl.; die
die BthStiele stützenden B. gegenst. BStiele auf der ob. Seite
flach u. etwas concav. BthStiele gleich dick. Bth. in dichten zoll=
langen Aehren. Die frischen Fr. am Rande stumpf. — Grb., Alt=
wasser.

c. Unrein grünl.

691. P. rufescens. *Schrad.* Röthl. L. Stgl. einfach.
Untergetauchte B. sitzend, häutig, durchscheinend, lz., nach Grund u.
Spitze verschmälert, zieml. stumpf, am Rande glatt; die schwimmen=
den lederig, vk. eif., stumpf, in den BStiel, der kürzer als das B.
ist, verschmälert. BthStiele gleich dick. Die frischen Fr. linsenf.
zsgedrückt, mit einem spitzen Rande versehen. — Langsam fließendes
W., bei Reinhardshs., Derching.

692. P. perfoliatus. *L.* Durchwachfenes L. Die ganze
Pflanze untergetaucht, nur die Aehren während der BthZeit über
das Wasser hervortretend. Stgl. etwas ästig. B. wechfelst., die
btbst. gegenst., alle häutig, durchscheinend, aus hzf, stglumfaff. Grunde
eif. o. eif. lz., am Rand etwas rauh. BthStiele gleichdick. Die
frischen Fr. zsgedrückt, am Rand stumpf. — Altwaffer der Wertach.

693. P. crispus. *L.* Krauses L. Die ganze Pflanze un=
tergetaucht. Stgl. zsgedrückt, ästig. B. häutig, durchscheinend,
sitzend, lineal längl., zieml. stumpf, kurz zugespitzt, kleingefägt, wellig
kraus. BthStiele gleichdick. Aehre klein, 4—9bth. Fr. zsgedrückt,
geschnäbelt. — Grb. zw. Lechhs. u. Gersthofen, Stadtgräben.

694. P. pusillus. *L.* Kleines L. Ganze Pflanze unter=
getaucht, die Aehren während der BthZeit hervortretend. Stgl. aus
dem Stielrunden zsgedrückt, f. ästig. B. grasartig, genau lineal,
kurz stachelspitzig, 3—5nervig, alle gleichgestaltet, sitzend u. wechfelst.,
nur die btbst. gegenüber. BthStiele 2—3mal so lg als die 4—
8bth., oft unterbrochene Aehre. Fr. schief ellipt. — Bach von Hard
gegen Reinhardshf.

695. P. pectinatus. *L.* Fadenb. L. Ganze Pflanze un=
tergetaucht, nur die Aeste während der BthZeit üb. d. Waffer her=
vortretend. B. grasartig, genau lineal, häutig, durchscheinend, alle
gleichgestaltet, 1nervig, mit zieml. dicken Queradern, wechfelst., am
Grunde mit einer an die Mb. angewachsenen Scheide. Aehre lg.
gestielt. Fr. schief vk. eif., halbkreisrund, zsgedrückt. — Grb. und
Bäche, bfds. d. Lechebene.

696. P. densus. *L.* Dichtb. L. Ganze Pflanze unterge=
taucht, nur die Aehren während d. BthZeit über das Wasser her=
vortretend. B. durchscheinend, alle gegenst., häutig, sitzend, stglumfaff.,
ellipt., lz. o. lineal=lz. Aehren gabelst., kurz gestielt, nach dem Ver=
blühen zurückgebogen. — Bch., Grb. u. Altwaffer.

(Bth. in braunen Kolben vereinigt.)

697. Typha latifolia. *L.* Breitb. Rohrkolben. Stgl.
rund, 3—5' h. B. breit=lineal, flach, länger als der bthtragende
Stgl. Die obere (Stbgf.=) u. die untern (Stpl=) Aehre sich be=
rühren. Stbgf. von Borsten umgeben; Stbk. mehrere auf einem
Stbf. sitzend. Frkn. am Grund mit Borsten umgeben, zuletzt gestielt.
Schlauchfr. mit dem bleibenden Gf. gekrönt. — Altwaffer b. Wolfs=
zahn, Weiher beim Schöppacher Hof. — Typhaceen.

698. T. minima. *Hoppe.* Kleinster R. Stgl. aufr., im
Wasser o. Sumpf stehend, 3 — 5' h. mit 2 walzenf. Kolben, deren
oberer, kleinerer, die Stbgfbth., der unt. die Stplbth. enthält; beide
durch einen Zwischenraum getrennt. B. lz. '— Auf scht. Sand der
Lechuf.; Ablaß, Wolfszahn, Lochhaus.

699. Sparganium ramosum. *Huds.* Aestiger Igelkolben.
Stgl. ästig, 1—1½' h. B. am Grund 3kantig, an der Seite concav.
Aehre kugelig, die mit StbgfBth. viel kleiner als die mit Stplbth.
Bth durch ein spreuiges Pg. geschieden. Nb. lineal. Steinfr. ge=
schnäbelt, trocken, sitzend. — Grb., Flußuf. — Typhaceen.

700. Sp. simplex. *Huds.* Einfacher J. Stgl. einfach,
³/₄ — 1½' h. B. am Grund 3kantig, an den Seiten flach. Aehre
mit StbgfBth. wenig kleiner, als die mit StplBth. N. lineal. —
Stehende Wasser; an der Wertach.

2. Landpflanzen.
a. Weiß u. weißl.

701. Goodyera repens. *R. Br.* Kriechende G. Stgl. aus
aufsteigendem Grund aufr., 5 — 10" h., obw. nebst den Bth. beh.
WB. eif., gestielt, netzig. Aehre zieml. locker. Pg. rachtg. Honig=
lippe spornlos, eingeschlossen, untw. sackartig höckerig, obw. zurück=
gekrümmt. Stbmasse frei, hinter dem Schnäbelch. eingefügt, gestielt,
bleibend. Frkn nicht zsgedreht. — Fcht. Wdschatten, Siebentischwd,
Spickel hinter dem Tanzplatz, am Weg nach Siebenbrunnen. —
Orchideen.

702. Anthericum ramosum. *L.* Aestige Zaunblume.
B. lineal, aufr., rinnig, kürzer als der ästige, 1 — 2' h. Schaft.
Dckb. pfrieml. borstl., mehrmals kürzer als ihr BStiel. Pg. 6b.,
abstehend; Honigbehälter fehlend. Stbgf. dem Frb. eingefügt. Stbf.
pfrieml. Gf. gerade, ungeth. Kapsel 3kantig, kugelig, s. stumpf.
— Trk Trft. u. Abhg. d. Lechebene; Siebenbrunnen, Lechf., Mer=
genthau. — Liliaceen.

(Unrein weiß.)

703. Allium sativum. *L.* Knoblauch. Zwiebel gehäuft;
Zwiebelch. eif. längl., in eine Haut eingewickelt. Stgl. 1—3' h.,
stielrund, bis zur Mitte beblättert, vor der BthZt. obw. in einen
Ring zsgedreht. B. breit lineal, flach etwas rinnig. Kleine Zwie=
belchen am Grund der BthStiele. Blumenscheide 1klappig, s. lg. ge=
schnäbelt, länger als der Schirm, hinfällig. Stbg. abwechselnd am
Grund beiderf. 1zähnig, Zähne viel kürzer als der Stbf. — Cult.
— Liliaceen.

(Weiß, an der Spitze grün.)

704. Convallaria verticillata *L.* Quirliges Maiblümch.
Stgl. aufr., 1 — 2' h., kantig. B. quirlig. Pg. walzl. röhrig,
6zähn. Beeren roth. — Guggenberg b. Schloß. — Asparageen.

b. Grünl.

(Hellgrün, o. violett o. röthl. überlaufen; Lippe lila.)

705. Epipactis latifolia. *All.* Breitb. Sumpfwurz.
Schaft 1—2′ h, stark flaumig weichh., reichblh. B. eif., spitz, mit
rauhen Nerven, länger als die Zwischenknoten. Pg. glockig, etwas
abstehend; Platte der Honiglippe zugespitzt, an der Spitze zurückgekrümmt, ein wenig kürzer als die PgZipfel; Höcker am Grund glatt.
Frkn. nicht zsgedreht, aber am Grund in einen gedrehten Stiel verschmälert. — Wd., Gbsch., Uf. — Orch.

(Grünl. weiß. o. hellbräunl.)

706. Asparagus officinalis. *L.* Gebräuchl. Spargel.
Stgl. aufr., 2—4′ h., krautig, stielrund, mit vielen u. langen Aesten
B. büschelig, borstl., stielrund u. nebst den Zweigen ganz kahl u.
glatt. Die auf Schuppen zurückgeführten B. der Aeste tragen in
ihren Winkeln ein Büschel fädlicher B., welches aus einem zsgezogenen,
nicht verlängerten Aestch. besteht. Blth. durch Fehlschlagen 2häusig,
einzeln o. zu 2 an kurzen Stielen. Pg. glockig, 6b.; Röhrch. halb
so lg. als der Saum. Stbf. so lg. als der längl. Stbk. Gf. 1.
N. 3, zurückgebogen. Beeren roth. — Lechuf.; an einem Wbrand.
b. Deuringen. Cult. — Asparageen.

c. Gelb.

707. Tofieldia calyculata. *Wahlenb.* Kelchblh. X. B.
vielnervig, verschmälert, f. spitz. BlhStielch. dopp. deckb.; das eine
Deckb. längl., den Grund des BlhStielchens stützend, das andere
kelchf., 3lappig, der Blth. genähert. Pg. 6b. Gf. pfrieml. Kapseln
3, bis üb. d. Mitte zsgewachsen. — Fcht. Wd. u Wf. — Colchicaceen.

708 Iris Pseud-Acorus. *L.* Wasser-Schwertlilie.
Stgl. aufr, stielrund, mehrblh., gegen 3′ h. B. schwertf., lz=lineal,
ungefähr so lg. als der Stgl. Pg. bartlos, blumenkronenartig, am
Grund röhrig; Saum 6th.; äußere Zipfel eif., breit benagelt, die
innern lineal, schmäler und kürzer als die Zipfel der N.; die äußern
Zipfel statt des Bartes einen dunkelgelben, mit schwarzen o. schwarz=
purp., f. feinen Adern schön bemalten Flecken tragend. N. 3th.,
blumenblattig. — Grb., Sümpfe. — Irideen.

(Blaßgelb.)

709. Sturmia Loeselii. *Rchb.* Löfel'ß St. Stgl. 4—8″ h.,
3kantig, am Grund 2b. B. ellipt. lz. Aehren 3—8blh. Pg. ab=
stehend. Honiglippe aufr., hinten spornlos, eif., stumpf, feingekerbt,
von der Länge des PgZipfel. — Sumpf b. Mühlhf. — Orchideen.

d. Aeuß. PgZipfel hellblau mit viol. Adern; innere violett.

710. Iris sibirica. *L.* Sibirische Schwertlilie. Stgl. 1—
3′ h., stielrund, röhrig, meist 2blh. B. schwertf., lineal, spitz, kürzer
als der Stgl. Pg. bartlos; äußere Zipfel vf. eif., in einen kurzen

Nagel verschmälert. Frkn. 3seitig. Kapfel kurz bespitzt. — Sumpfige Waldstellen im Diebelthal. — Irideen.

e. Rosenfarben.

711. Allium fallax *Don.* **Trüglicher Lauch.** Der Schaft steht an der Seite des Büschels und ist mit diesem Büschel am Grund v. gemeinsch. Scheiden umgeben, er ist nackt, obw. scharfkantig. W. aus einem wagr. Rhizom bestehend, welches die mit ganzen Häuten bedeckten Zwiebeln trägt. B. lineal, ungefähr von der Breite des Schafts, flach, untf. schwachnervig, kiellos. Blumenscheibe 2—3fp. Dolde runbl., kapfeltragend. Stbf. zahnlos, länger als das Pg. — Lechf., an der Eisenbahn zw. Stierhof u. Mering. — Liliaceen.

(Rosenfarben mit violetten Strichen.)

712. A. carinatum. *Sm.* **Gekielter L.** W. zwiebelig. Stgl. 1—2' h., stielrund, bis zur Mitte beblättert. B. lineal, flach, markig, obf. seichtrinnig, unf. 3—5rillig. Blumenscheibe 2klappig, bleibend, die eine Klappe f. lg. geschnäbelt. Dolden zwiebeltragend. PgB. stumpf. Stbgf. zahnlos, zuletzt dopp. fo lg. als das Pg. — Lechauen, Siebentischwald, Moorhaide zw. Lechhf. u. Mühlhf.

f. Purpurfarben.

713. Cephalanthera rubra. *Rich.* **Rothe C.** Stgl. 1—2' h. B. lz., zugespitzt. Dcfb. länger als d. zsgedrehte, weichh. Frkn. PgZipfel aufr., etwas zsneigend, alle zugespitzt, so lg. als die Lippe. Honiglippe spornlos, 2gliederig, d. unt. Glied sackartigconcav; Platte eif., zugespitzt, so lg. als die innern Zipfel. Stbk. endst., frei. — Lohe. — Orchideen.

714. Allium suaveolens. *Jacq.* **Wohlriechender Lauch.** Zwiebelhäute an der Spitze unregelm. gespalten. Stgl. stielrund, am Grund beblättert. B. lineal, flach, etwas rinnig, untf. scharf gekielt. BScheide an der Spitze schief abgeschnitten. Blumenscheibe 2klappig, kürzer als die BthStiele. Dolde fast kugelig, kapfeltragend. Stbgf. 1½mal fo lg. als das Pg., alle einfach. — Sümpfe bei Mühlhf., Statzling. — Liliaceen.

(Blaß braunroth mit dunklern Flecken.)

715. Lilium Martagon. *L.* **Türkenbund-Lilie.** Stgl. flaumig rauhh., 1—3' h. B. quirlig, ellipt. lz., zugespitzt, am Rande rauh. Bth. überhängend. Pg. 6b., zurückgerollt; die B. am Grund mit einer honigführenden Längsfurche bezeichnet. Gf. ungeth. N. 3seitig. — Gbsch., Lbwld.; Eichelau, Lohe, Wulfertshf. — Liliaceen.

H. Gewächse mit Bth. v. verschiedener Gestalt.

1. Im o. zunächst am Wasser.

a. Weiß. K. 4b.; Blb. zahlreich, ohne Honiggrübch.

716. Nymphaea alba. *L.* **Weiße Seerose.** B. runbl., tief hzf., ganzranbig. Lappen des Grundes wegen der grablinigen

Bucht ſchief eif. Bfr. 2½—3″ im Durchmeſſer. Frkn. kugelig, oben etwas flachgedrückt, bis gegen die Spitze mit Stbf. beſetzt. N. 12—20ſtrahlig, gelb. — Teiche, Schöppacher Hof, zw. Straßbg. u. Burgwalden. — Nymphaeaceen.

b. Gelb. K. 3—5b. Blb. mit Honiggrübch., die mit Schuppen bedeckt ſind.

717. Ranunculus Lingua. *L.* Großer Hahnenfuß. W. faſerig. Stgl. ſteif aufr., 2—4′ h., hohl, vielbth., an den unterſten Knoten quirlig bewurzelt, Ausläufer treibend. B. ungeth., verlängert lz., zugeſpitzt, ſtark gerippt, die unt. oft 1′ lg. Früchtch. zſgedrückt, berandet, glatt. Schnabel breit, kurz ſchwertf. Giftig. — Uf. b. Aach ſübl. vom Pulvermagazin. — Ranunc.

Dunkelgelb, Gaumen mit rothgelben Streifen. K. 2b.; Kr. larvig, geſpornt.

718. Utricularia vulgaris. *L.* Gem. Waſſerſchlauch. Stgl. ½—2′ h. B. nach allen Seiten hin abſtehend, gefiedert vielth., in Umriß eif.; Zipfel haarfein, entfernt feindornig. BStiel 3mal ſo lg. als das Dckb. Kurze Traube von 2lippigen, maskirten, geſpornten Blth., die ſich über d. Waſſer erheben. Sporn kegelf. OLippe rundl. eif., undeutl. 3lappig, von der Länge des 2lappigen Gaumens. — Stehende Waſſer, Altwaſſer; Wertach, Wulfertshf., Mühlhf. — Lentibularieen.

Blaßgelb, Gaumen roſtfarben geſtreift.

719. U. minor. *L.* Kleiner W. Stgl. 2—4″ h. B. nach allen Seiten hin abſtehend, gabelſp. vielth., in Umriß kurz eif.; Zipfel borſtl., kahl. OLippe ausgerandet, v. d. Länge des Gaumens; ULippe eif., v. d. Seite zurückgerollt; Gaumen nicht höckerig, ſondern aus einem erhabenen Rande beſtehend. FrStiele zurückgebogen. — Empf., Waſſergrb.; Mühlhf., Göggingen, Wöllenburg, Bergheim.

c. Roſenroth. (Blb. 4, ſ. klein u. hinfällig.)

720. Myriophyllum verticillatum. *L.* Quirlf. Tauſendblatt. Stgl. 1—2′ lg. B. quirlf., meiſt zu 5 u. 6, fiederth.; Zipfel borſtl. Dckb. kammf. fiederſp., in der Länge ſehr wechſelnd, aber meiſt länger als die Bth. Bth. 1häuf., in bwinkelſt. u. ährigen Quirlen. KSaum 4th., b. d. Stplbth. kleiner. Stbgf. 8. Steinfr. ſaftlos. — Altwaſſer, Grb. an der Wertach, Wulfertshf. — Halorageen.

721. M. spicatum. *L.* Aehrenf. T. Stgl. 1—4′ lg. B. quirlig, meiſt zu 4, fiederth. Bth. quirlig; Quirl ährenf., die jungen Aehren aufr. Die unt. Dckb. eingeſchnitten, ſo lg. als der Quirl o. ein wenig länger, die übrigen ſämmtl. ganz, kürzer als der Quirl. — Grb. an d. Wertach.

2. Landpflanzen.

a. Weiß u. weißl. KRand unmerkl.; Btr. radf., 4ſp.

(Vgl. Nr. 227. 228. 230. 231.)

722. Galium boreale. *L.* Nordiſches Labkraut. Stgl. aufr., ſteif., 4kantig, kahl o. fläuml., obw. rispig. B. 4ſt., lz.,

3nervig, grannenlos, am Rande rauh. Bth. endft., rispig. Bth=
Stielch. nach dem Verblühen wagr. abftehend. Fr. filzig=fteifh. o.
kahl. — Hd., Wbwf.; Ablaß. — Stellaten.

723. G. sylvaticum. *L.* Wald=L. Stgl. aufr., 1—4' h.,
ftielrund o. ftumpf 4rippig, kahl o. kurzh. B. längl., lz., ftumpf,
ftachelfpitzig, am Rande rauh, untf. meergrün, die ftglft. 8ft. Rispe
weitfchweifig. BthStielch. haarfein, vor der BthZeit nickend, nach
dem Verblühen aufr. abftehend. Zipfel d. Bfr. kurz befpitzt. Fr.
kahl, etwas runzlig. — Laubwd.
KSaum 2th.; Blbl. 2.

724. Circaea lutetiana. *L.* Gem. Hexenkraut. Stgl.
aufr., 1—2' h., an der Achfe abftehend borftig. B. eif., etwas
hzf., gefchweift gezähnelt, kurz beh. o. faft kahl. BthStielch. ohne
Dckb. Stbf. 2, mit den Blb. abwechfelnd. Fr. nußartig, 2fächerig,
vk. eif. mit widerhakigen Stacheln. — Schattige Laubwd.; Mühlhf.,
Derching. — Onagrarien.

725. C. alpina. *L.* Alpen=H. Stgl. unten niederliegend,
auffteigend, 1/4—1' h, kahl o. oben mit kurzen, entfernten abftehen=
den Haaren. B. breit eif., tief hzf., gefchweift gezähnt. BthStielch.
mit borftl. Dckb. Frkn. längl. keulig. — Fcht. Wdthäler d. Weft=
feite; zw. Lettershofen u. Anhaufen, Deuringen.
(KSaum fchwach 3zähnig. S. Nr. 99.)
(Weißl. o. hellila.) Aehren v. kl. Bth. K. tief 4th.; BlrRöhre eif., Saum
4th., zurückgebrochen. (Vgl. Nr. 236.)

726. Plantago major. *L.* Großer Wegerich. Schaft
auffrebend, 1/4—1' h., ftielrund, fchwach gerieft, ungefähr fo lg. als
die B. B. auf dem Boden ausgebreitet, geftielt, eif. oder ellipt.,
etwas gezähnt, kahl o. zerftreut flaumig, 5—9nervig. Aehre lineal,
walzl., verlängert. Dckb. eif., ftumpfl., gekielt, am Rande häutig.
Staubbeutel violett. Kapfel 8famig. — Wegränder, Mauern. —
Plantagineen.

(Weiß, mit gelbl. u. blauen Flecken u. Streifen.) K. röhrig, 4fp.; Kr. lip=
penähnl.

727. Euphrasia officinalis. *L.* Gem. Augentroft. Stgl.
äftig, 2—6" h. B. eif., fitzend, meift beiderf. 5zähnig, die untern
Zähne genäherter, die der ob. B. zugefpitzt, ftachelfpitzig. Bth. in
den BWinkeln gegenft. Bfr. kahl. Ob. BfrLippe 2lappig; Lappen
abftehend, 2—3zähnig; ULippe 3fp., Zipfel tief ausgerandet. Stbf.
4mächtig. — Wf. u. Wd. — Rhinanthaceen.

K. 5th.; Bfr. am Grund buckelig, 2lippig. mit 2 gelben Flecken auf dem
Gaumen; auch gelb, fleifchfb. o. roth.

728. Antirrhinum majus. *L.* Großes Löwenmaul. Stgl.
1—2' h. B. ggft. o. wechfelft., lz., kahl. Bth. dicht traubig.
KZipfel eif., ftumpf, viel kürzer als die Bfr. OLippe 2th.; ULippe
3fp., in der Mitte aufgeblafen hervortretend u. den Schlund ver=
fchließend. — Mauer am rothen Thor. — Antirrhineen.

K. 4—5ſp.; Bkr. glockig o. krugf., 4—5ſp.

729. Cuscuta europaea. *L.* Gem. Flachsſeide. Stgl.
2—5′ lg., fadenf., blattlos, äſtig, andere Pflanzen, aus denen ſie
durch kleine, warzenf., ſeitl. am Stgl. hervortretende Saugorgane
ihre Nahrung zieht, umſchlingend u. dann am Grund über der Erde
abſterbend. Bth. klein, in kopff. Knäueln. BkrRöhre walzl., ſo lg.
als der Saum, mit aufrechten, an die Röhre angedrückten Schuppen.
N. ſädl. — Am Wg. zw. Mühlhſ. u. Anwalding, auf Neſſeln am
Schloßbg. in Wöllenburg. — Convolvulaceen.

(Rein weiß.) K. 5ſp.; Kr. trichterf.=glockig, eckig=5lappig, 5faltig.
730. Convolvulus sepium. *L.* Zaun=Winde. Stgl. in
Geſträuchen ꝛc. links ſich emporwindend, 4—6′ lg. B. pfeilf., mit
abgeſchnittenen, gezähnten Oehrchen. K. von 2 großen, hzf. Dckb.
eingeſchloſſen. BthStiele 4kantig, 1bth., lgr. als d. BStiel. — Hk.
u. Weidengebüſch. — Convolv.

(Milchweiß, blaßfleiſchfb., roſenroth, oft mit anders gefärbten Falten o. gelbl.,
ſternf. Zeichnung am Schlund.)
731. C. arvensis. *L.* Acker=W. Stgl. 1—2′ lg., kahl o.
fein beh., liegend o. an niedern Gewächſen emporwindend. B. wech=
ſelſt., geſtielt, pfeilf., mit ſeitl. abſtehenden, ſich verſchmälernden
Oehrchen. Dckb. v. d. Bth. entfernt. BStiele meiſt 1bth. Bth.
nur in Sonnenſchein geöffnet. — Ak. u. uncult. Orte.
KSaum durch Verſchwinden der 2 innern Zähnch. 3zähnig; Bkr. trichterf.,
mit rglm., 5ſp. Saum.
732. Valerianella dentata. *DC.* Gezähnter Feldſalat.
Stgl. wiederholt gabelſp. B. längl. Iz. KSaum faſt glockig, ⅓
ſo breit als die Fr., in einen hintern, ſpitzen, 3eckigen Zahn ſchief
abgeſchnitten, die vord. Zähne ſ. klein. Fr. faſt kugelig=eif., fein
5rippig, vorne 1furchig. — Ak., b. Anwalding ꝛc. — Valeriaceen.

KMündung mit 5 deutl. Zähnen. (Vg. Nr. 232.)
733. V. Auricula. *DC.* Ohrfrüchtiger F. Stgl. wieder=
holt gabelſp. B. häufig am Grund gezähnt. Hinterer KZahn längl.,
ſtumpf, gezähnelt. KSaum ⅓ ſo breit als die 3rippige, kugel=eif.
Fr. — Ak., am Kobel.

(Röthl. weiß.) KSaum 5zähnig; Bkr. rabf., mit 5ſp. Saum.
734. Sambucus Ebulus. *L.* Zwerghollunder, Attig.
Stgl. krautig, kleinwarzig, 2—5′ h. B. ggſt., gefiedert, mit 5—9
eif. lz. Blättch. Nb. blattig, eif, geſägt. Hauptäſte des Ebenſtraußes
3zählig. Bth. ſtark riechend. Beeren ſchwarz. — Wb. b. Mühlhſ.
u. Stettenhf., hint. Friedbg., b. Gailenbach. — Caprifoliaceen.

K. 5ſp.; Bkr. 5b.
735. Spiraea Ulmaria. *L.* Sumpf=Spierſtaude. WFa=
ſern gleichmäßig. Stgl. zu vielen, ſtark, kantig, 2—4′ h. B. un=
terbrochen gefiedert; Blättch. eif., ungeth., das endſt. größer, handf.
3—5ſp. Nb. an den BStiel angewachſen. Ebenſträuße riſpig,

sprossend. Kapsel kahl, zsgewunden. — Grb., scht. Wf. — Ro-saceen.

K. 5th.; Blb. 5.

736. Pyrola rotundifolia. *L.* Rundb. Wintergrün. Stgl. ½—1' h., nur am Grund mit einer Rosette von großen, obs. glän-zenden, gestielten, fast kreisrunden, gekerbten B. Diese mit einem Adernetz versehen, welches auf der ob. Seite mehr als auf der unt. hervortritt. (Letzteres auch bei den folgenden Arten.) Tr. endst., ährenf., die BthStiele v. kl. Dckb. gestützt. KZipfel lz., zugespitzt, an der Spitze zurückgekrümmt, halb so lg. als die Bkr. Blb. vk. eif. Stbgf. aufw. gekrümmt. Gf. abw. geneigt, an der Spitze bogig. — Wd., Siebentisch, Wöllenbg., Deuringen. — Pyrolaceen.

737. P. media. *Swartz.* Mittl. W. Stgl. ½—1' h. B. groß. Stbgf. über dem Frkn. gleichf. zsschließend. Gf. nicht ge-krümmt, aber etwas schief; der Ring an der Spitze des Gf. breiter als die N. — Im Wd. von Bergh. gegen Anhausen.

(Röthl. weiß.)

748. P. minor. *L.* Kleines W. Stgl. 6—8" h. B. klein. Tr. dicht; Blumen klein. Gf. gerade, senkr. aufgesetzt. N. 5kerbig, dopp. so br. als d. Gf. — Wd. zw. Leitershofen u. Diedorf.

(Grünl. weiß.)

739. P. chlorantha. *Swartz.* Grünlichblühendes W. Stgl. 6—8" h. B. klein, dunkelgrün. Tr. klein, armbth. KZipfel eif., kurz zugespitzt, so breit als lg., an Bkr. u. Kapsel angedrückt, ¼ so lg. als die Bkr. Blb. vk. eif. Stbgf. aufw. gekniet. Gf. abw. geneigt, an der Spitze bogig. — Wd. d. östl. Höhen; zw. Banacker u. Straßbg. am Abh., bei Deuringen.

(Grünl. weiß.)

740. P. secunda. *L.* Einseitswendiges W. WStock weit umher kriechend, viele 2—5" h., aufstrebende, bis zur Hälfte be-blätterte Stgl. treibend. B. eif., gesägt, spitz, wie kleine Birnbaum-blätter. Tr. einerseitswendig. Blumen nickend, eif. Blb. eif-längl. Gf. hervorragend, ein wenig aufw. gebogen. — Wd., Siebentischw'd., hinter Deuringen.

(Milchweiß.)

741. P. uniflora. *L.* Einblumiges W. Schaft 1—3" h., blattlos, mit einer Schuppe besetzt, 1blumig. WB. fast kreisrund, gesägt. Bth. ansehnl., offen. Stbf. pfrieml., am Grund ausw. ge-krümmt, 3kantig, dick, aufstrebend, paarweise genähert. Stbk. 3kantig, mit 2 auseinandertretenden Hörnchen. N. groß, 5kerbig. — In einem Sumpfwäldchen zw. Miebring u. Derching; bei Inningen.

K. tief 5sp.; Bkr. 5b.

742. Drosera rotundifolia. *L.* Rundb. Sonnenthau. Schaft aufr., 3—8" h., 3mal so lg. als die B. B. klein, auf

Sumpfmoospolſtern ruhend, weit abſtehend, roſenfrb., kreisrund, lg.
geſtielt, mit roth. Drüſenh. beſetzt. Aehre einſeitig. Blmch. nur im
Sonnenſchein offen; Stbgf. 5; N. keulig, ungeth. — Moore der
Lechebene u. b. weſtl. Höhen; zw. Straßbg. u. Banacker, bei Burgwalden. — Droseraceen.

743. D. longifolia. *L. Hayn.* Langb. S. Schaft aufr.,
bopp. ſo lg. als die B. B. lineal keilig. N. keulf., ungeth. —
Torfmoore, Smpf., Straßbg., zw. Statzling u. Derching.
(K. u. Kr. 46. S. Nr. 215; K. u. Kr. 56. S. Nr. 216. 219. 221. 222.)
K. u. Bfr. 56. (S. Nr. 95.)

744. Parnassia palustris. *L.* Sumpf-P. Stgl. ½ — 1¼' h.,
aufr., äſtig, kahl, mit einem hzf., ſitzenden, umfaſſ. B. WB. geſtielt,
hz-eif., kahl, fingerig nervig. Blb. mit wäſſerigen Abern, kurz benagelt.
Stbgf. 5, die Stbbeutel vor ihrer Entleerung dem eif., weißen Frkn.
anliegend. N. 4, ſitzend. Nebenkronenb. gelbgrünl., 5, borſtig gewimpert mit 9 — 13 Borſten, zierliche Drüſen tragend. — Smpf.,
Wſ., Hb., Moore. — Droser.

745. Sagina nodosa. *E. Mey.* Knotiges Maſtkraut.
Stgl. niedrig, oft liegend. B. lineal fädlich, kurz ſtachelſpitzig, gegenſt.,
am Grund durch einen häut. Rand verbunden, ohne Nb.; die ob.
gebüſchelt. Die blühenden u. abgeblühten BthStiele aufr. Blümch.
zierlich, klein; Blb. länger als d. K. — Fcht. Flußuf., Hb. mit
Torfgrund zw. Lechhf. u. Miebring — Alsineen.

746. Alsine Jacquini *Koch.* Büſchelbth. Miere. Stgl.
3—9" h., einzeln, aus aufſtrebendem Grund aufr., ſchnurgerade, obw.
äſtig. B. pfrieml-borſtlich, am Grund 3nervig. BthStielch. kürzer
als das Dckb. Bth. büſchelig-ebenſträußig. KB. ungleich, lzpfrieml.,
ſ. ſpitz, weiß knorpelig, mit einem krautigen 1nervigen Rückenſtreifen.
Blb. ellipt., ⅓ ſo lg. als der K. — Tr. Hügel des Lechf., bei der
Bleiche von Haunſtetten. — Alsineen.

747. Arenaria serpyllifolia. *L.* Quendelb Sandkraut.
Die Stgl. aufſtrebend, 2—6" h., äſtig, gabelſp., rispig. B. eif., zugeſpitzt, gegenſt., ſitzend. Bth. zerſtreut, einzeln in den Gabeln u.
BWinkeln. KB. eif., zugeſpitzt, 3nervig, 1½mal ſo lg. als die eif.,
nach b. Grund verſchmälerten Blb. Stbf. 10, Gf. 3. — Tr. Grasplätze, Ak., Mauern. — Alsineen.

748. Linum catharticum. *L.* Purgir-Lein. Stgl. fadenf.,
obw. gabeläſtig, 3--6" h. B. kahl, am Rand etwas rauh, gegenſt.,
die unt. vk. eif., die ob. lz. Blümch. klein KB. ellipt., zugeſpitzt,
ſchwach drüſig bewimpert, ungefähr ſo lg. wie die Kapſel. — Wſ.,
Wb. — Lineen.

(Manchmal roſenroth.)

749. Sedum album. *L.* Weiße Fetthenne. Die dünne
W. treibt einen Raſen von blühenden und aufſtrebenden, 3—6" h.

Stgln.; die blühend. Stgl. treten zw. d. zerstreut und abstehend be-
blätterten nicht blühenden hervor. Stämmch. kriechend. B. längl.
lineal u. lineal, stumpf, beinahe walzl., obw etwas flach, mit gleichem
Grunde sitzend. Rispe fast gleichhoch, kahl. Blb. Iz., stumpfl., 3mal
so lg. als d. K. Stbf. braunpurpurn. — Mauern, tr. Orte. —
Crassulaceen.

750. Monotropa Hypopitys. *L.* Vielblumiges Ohnbl.
Stgl. blattlos, 4—8" h., mit eif., gelbl. Schuppen besetzt. Bth. in
endst., dichten, überhängenden, zuletzt aufr. Tr. KB. flach. Blb.
gezähnelt, am Grund höckerig, fast gespornt, inwendig mit Honiggf.
Die ganze Pflanze bleich, nur die N. safrangelb. — Auf Baumwurzeln: Siebentischwld., rechts am Fußweg nach dem Ablaß; bei
Burgwalden. — Monotropeen.

b. Gelb. (schwefelgelb.) K. fast blumenblattig; 4—5b.; Bfr. fehlt.
(S. Nr. 238—241. 244. 247.)

751. Thalictrum flavum. *L.* Gelbe Wiesenraute. W.
kriechend. Stgl. 2—4' h., gefurcht. B 3zählig, 2—3fach gefiedert;
Blättch. vf. eif., keilig, ganz o. 3sp., Zipfel der ob. B. lineal;
Oehrch. d. ob. BScheiden längl. eif., zugespitzt, gezähnelt. Die unt.
Verästlungen des BthStiels mit Nb. Rispe fast ebensträußig. Bth.
an den Spitzen der Aestch. gehäuft u. nebst den Stbf. aufr. Stbf.
gelb, ohne Spitze. Fr. in dichten Büscheln sitzend, längsfurchig. —
Gbsch. d. Lech= u. Wertachuf., Wolfszahn, fcht. Wf. vor Mühlhf. —
Ranunculaceen.

(Gelb.) K. aufgeblasen, 4zähnig; Kr. lippenähnl. (S. Nr. 250.)

752. Rhinanthus alpinus. *Baumg.* Alpen=Klappertopf.
Stgl. 1—2' h B. längl. Iz Dckb. verschiedenfarb., bleich, schwarz
gefleckt u. punctirt, die ob. eingeschnitten gesägt. Zähne pfrieml-
haarspitzig. Bfr.Röhre gekrümmt, fast so lg. als der kahle K.; OLippe
b. Bfr. aufstrebend, beiderf. mit einem längl. Zahn; ULippe abstehend,
mit mehreren blauen Flecken. — Lechf., Lech= u. Wertachauen. —
Rhinanthaceen.

(Gelbl. weiß o. bläul.) K. 1b., 4zähn.; Bfr. rachig; B. auf Schuppen
zurückgeführt.

753. Orobanche ramosa. *L.* Aestige Sommerwurz.
Stgl. ästig, 1/4—3/4' h., anfangs bläul., später gelbl. K. ringsum
geschlossen, mit 4 eif., 3eckigen Zähnen, von 3 Dckb. gestützt. Stbf.
kahl. — In einem Hanfacker bei Mühlhf. — Orobancheen.

(Unrein gelb u. röthl.) K. 2b.; Bfr. rachig. B. auf Schuppen zurückgeführt.)

754. O. Epithymum. *DC.* Quendel=S. Stgl. 5—6" h.,
schmutzig gelb, oft purpurn überlaufen, überall mit rostbrauner, klebriger Haut bedeckt, wohlriechend. KB. mehrnervig, Iz., pfrieml.
zugespitzt, länger als d. BfrRöhre, ungeth. o. durch einen spreizenden

Zahn 2sp. Bkr. glockig, auf dem Rücken sanft gebogen, auswendig
sowie die OLippe inwendig drüstg beh.; die Haare rostbraun, auf
einem f kleinen Knötch. sitzend. Lippen ungleich, spitz gezähnt, am
Rand gekräuselt; OLippe an der Spitze ein wenig aufw. gebogen,
2lappig, die Lappen ausgebreitet; der mittl. Zipfel der ULippe dopp.
so lg. als die seitenst. Stbf. gleich über dem Grund der Bkr. eingefügt, untw. zerstreut beh., an der Spitze nebst dem Gf. drüstg beh.
NScheibe feinsammtig, ohne hervortretenden Rand. N. dunkelpurpurn.
— Raine bei den Lohwälbch., auf Thymus Serpyllum.

(Röthl.= o. violett=hellgelb.)

755. O. rubens. *Wallroth.* Braunröthl. S. Stgl. $\frac{1}{2}$—1' h.
KB. mehrnervig, breit eif., plötzl. in eine oft gezähnte o. in 2 Iz-
pfrieml. Spitzen übergehend, von der halben Länge der BkrRöhre,
vorn zsstoßend u. zsgewachsen. Bkr. 9—10" lg., aus gekrümmtem
Grund röhrig glockig, auf dem Rücken gerade, an der Spitze helmartig abschüssig, außen drüstg; Lippen ungleich; OLippe 2lapp., Lappen
abstehend; Zipfel der ULippe eif., zieml. gleich, die seitenst. abstehend.
Stbf. in der Biegung der BkrRöhre eingefügt, obw. etwas drüstg,
v. Grund bis zur Mitte dicht beh. NScheibe fein sammtig, ohne
hervortretenden Rand. N. wachsgelb. — Karlsberg bei Mühlhf.,
Wf. hinter Lechhf. Auf Medicago falcata.

(Rein gelb.) KRöhre lang, mit 4sp. Saum; Blb. 4.

756. Oenothera biennis. *L.* Zweijährige Nachtkerze.
Stgl. 2—3' h., kurz weichh. u. mit längeren, auf Knötch. sitzenden
Haaren bestreut. B. eif., lz., flach, gezähnelt. Blb. rundl., länger
als die Stbgf., fast um die Hälfte kürzer als die KRöhre. Bth.
wohlriechend, nur v Abend bis zum Morgen o. an trüben Tagen
geöffnet. — Uf. d. Lech u. d. Wertach. — Onagrarien.

K. 5th.; Bkr. rabf., Saum 5th.

757. Lysimachia vulgaris. *L.* Gem. L. Stgl. aufr., 2—4' h.
B. gegenst. o. 3—4 im Quirl., ganzrandig, kurz gestielt, längl. lz.
o. eif., untf. etwas zottig. Tr. rispig. BthStiele aufr., wechselst.
o. quirlig. BkrZipfel eif, zieml. spitz, ganzrandig, am Rande kahl.
Stbf. 5, v. Grund bis zur Mitte zsgewachsen, den Frkn. bedeckend.
Kapsel 5klapp. — Fchte. Hk., Wd. u. Uf. Gbsch. — Primulaceen.

K. 5sp.; Bkr. trichterf., Saum 5lappig, ungleich.

758. Verbascum Schraderi. *Meyer.* Schrader's Woll-
kraut. B. kleingekerbt, filzig, der Filz gelbl., alle von Blatt zu
Blatt hinablaufend. Tr. meist einzeln. Die bthtragenden BthStlelch.
kürzer als d. K. Stbf. 5, die 2 längern kahl o. obw. spärl. beh.,
4mal so lg. als ihr auf der einen Seite kurz hinablaufendes Staubkölbch. — Uncult. O., Hgl., Ackränder, Wd. — Verbasceen.

K. 5ſp.; Blr. rabf., Saum 5lapp., ungleich.

759. V. phlomoides. *L.* Windblumenähnl. W. Stgl. 1—3' h., einfach o. unt. an der Tr. äſtig. B. gekerbt, filzig, der Filz gelbl., auch wohl grau, die ob. kurz- o. halb-hinablaufend. Tr. meiſt einzeln. BthStielch. kürzer als d. K. Stbf. 5, weißwollig, die 2 längern kahl o. obw. ſpärl. beh., gegen 2mal ſo lg. als ihr auf der einen Seite lg. hinablaufendes Staubkölbch. — Schutt; bei der Mörz'ſchen Spinnerei; b. evang. Stadtjäger.

760. V. nigrum. *L.* Schweifiges W. Stgl. 1—3' h., obw. ſcharfkantig, einfach o. unrglm. äſtig. B. gekerbt, obſ. zieml. kahl, untſ. fein filzig, nicht hinablaufend; WB. mit hzf. o. abge-ſtutztem Grunde; die unt. ſtglſt. längl. eif., am Grund hzf., lg. geſtielt; die mittl. eif., geſtielt; die ob. eif. längl., faſt ſitzend. Tr. mit reichbth. Knäuelch, ſ. verlängert. BthStielch. dopp. ſo lg. als d. K. Stbf. violettwollig. — Trk., ſteinige O.; bei Gerſthf., Die-dorf, Lohe ꝛc.

K. 5th.; Blr. am Grund geſpornt, 2lippig.

761. Linaria vulgaris. *Mill.* Gem. Leinkraut, Frauen-flachs. Stgl. 1—1¹⁄₂' h., kahl, aber dicht mit lineal Iz., ſpitzen, 3nervigen B. beſetzt. Spindel u BthStielch. drüſig flaumig. Lange Tr. mit dicht ſtehenden, anſehnl Bth. KZipfel längl. Iz., 3nervig, ſpitz, kürzer als d. Kapſel. Schlund u. Blr. durch d. hervorragenden Gaumen der ULippe geſchloſſen. S. flach, mit einem kreisrunden Flügel umgeben, in der Mitte knotig rauh. — An Wg, Aeckern. — Antirrhineen.

K. kreiſelf., mit 5ſp. Saum; Blb. 5.

762. Agrimonia Eupatoria. *L.* Gem. Odermennig. Stgl. aufr., einfach, 1—3' h. B. unterbrochen gefiedert; Blättch. längl. Iz., geſägt, untſ. grau kurzh.; die dazwiſchengeſtellten kleinern eif., gezähnt; das unpaarige kurz geſt. Die entwickelten Aehren verlängert, ruthenf. K. unt. b. Saum mit zahlreichen, hakigen, weichen, bei der Reife vergrößerten u. verhärteten Dornen bewehrt. FrKelche entfernt geſtellt, vk. kegelf., bis zum Grund tief gefurcht; die äußern weit abſtehend. BlrB. eif. Stbf. 15, Frkn. 2. — An Weg, Hecken. — Rosaceen.

K. 5th.; Blr. 5b.

763. Saxifraga aizoides. *L.* Immergrüner Steinbrech. Stämmch. und Stgl. aufſtrebend, beblättert. B. wechſelſt., lineal, ſtachelſpitz., borſtig wimperig, untſ. flach, obſ. zieml. conver, vor d. Spitze 1punctig. K. halb unterſt.; Zipfel abſtehend, grannenlos. — Lechkies b. Siebenbrunnen. — Saxifrageen.

764. S. Hirculus. *L.* Ciſtenblumiger St. Stämmch. niedergeſtreckt, ſäbl. Die Stgl. aufr, beblättert. B. Iz., flach, ganz-

randig, die unt. in d. gewimperten BStiel verfchmälert. K. unterft., zurückgefchlagen. Blb. vielnervig, am Grund mit 2 Schwielen. Stbf. pfrieml. — Fcht. Wbthäler; Straßbg., zw. Leitershf. u. Anhaufen, Aßstetten.

K. 5th.; Bfr. 5b.

765. Hypericum perforatum. *L.* Gem. Hartheu, Johannskraut. Stgl. 1—1½' h., aufr., 2fchneidig B. gegenft., eif., längl., burchfcheinend punctirt. Bth. ebenfträußig. KB. lz., f. fpitz, ganzrandig, dopp. fo lg. als der Frkn. Stbf. zu 5 Bündeln verwachfen. Bf. 3. — Hk., Hb., Wb. — Hypericineen.

766. H. quadrangulum. *L.* Vierkantiges H. Stgl. aufr., 1—1½' h., fchwach 4kantig, kahl. B. längl. eif., zerftreut burchfcheinend punctirt, o. unpunctirt. KB. ellipt, ftumpf, ganzrandig, oft mit f. kurzer Stachelfpitze. KrB. fchwarz punctirt. — Grb., fcht. Hecken.

767. H. tetrapterum. *Fries.* Vierflügeliges H. Stgl. aufr, 1—1½' h., geflügelt 4kant. B. längl. eif., dicht burchfcheinend punctirt. Bfr. viel kleiner u. blaffer gelb, als bei vor. KB. lz., zugefpitzt, ganzrandig. — Wb., Wulfertshf., Meringerau.

768. H. montanum. *L.* Berg=H. Stgl. aufr., 1—2' h., ftielrund, kahl. B. hz=eif., fitzend, die ob. burchfcheinend punctirt. KB. lz., fpitz, drüfig gewimpert; die Drüfen kugelig, geftielt. — Wb. d. öftl. u. weftl. Höhen.

769. Linum flavum. *L.* Gelber Lein. Stgl. obw. fcharfkantig. B. kahl 3nervig, am Rande glatt, am Grund bbrf. von einer Drüfe geftützt; die ob. lz., fpitz, die unt. vk. eif., lz., kurz zugefpitzt. KB. lz, zugefpitzt, drüfig gewimpert, länger als d. Kapfel, Stbg. 5. — Lechf. — Lineen.

K. u. Bfr. 5b.; unrglm.; am K. häufig 2 B. fehlend; das unt. KB. f. groß, lappenf. u. blumenblattig, anfangs die ganze Blume umfaff.

770. Impatiens noli tangere. *L.* Empfindl. Springkraut, gelbe Balfamine. Stgl. 1—2' h., wie burchfcheinend, glasartig; Gelenke gefchwollen. B. eif., entfernt gefägt, dünn. Bth= Stiele 3—4bth., kürzer als die auf dünnem Stiele hängenden Bth. Sporn an d. Spitze zurückgebogen; die 2 feitenft. Blb. 2fp., aus 2 zfgewachfenen gebildet. Stbf. 5; Stbbeutel verbunden. N. 5, vereinigt. Kapfel verlängert, die 5 Klappen vom Grund gegen die Spitze einw.·gerollt. — Fcht., fchatt. Schluchten; Derching, Wulfertshf., am Weg v. Deuringen nach Diedorf, Grb. v. d. Schwibbogenth. — Balsamineen.

K. 5b.; Blb. 5, mit Honiggrübch., die von fleifchigen, aufw. fchauenden Schuppen bedeckt find.

771. Ranunculus Flammula. *L.* Brennender Hahnenfuß. W. faferig. WB. lg. geftielt, löffelf. StglB. ungeth., ellipt.,

Iz. o. lineal. Stgl. aufstrebend o. niedergestreckt, 1—1¹/₂' h., oft wurzelnd, vielbth. Bth. klein. Früchtch. einen rundl. Kopf bildend, vk. eif., glatt, schwachberandet, mit einem kurzen, stumpfen Spitzch. endigend. — Empf. Wf. — Ranunc.

(Röthl. gelb.) K. fast blumenblattig. 4—5b.; Blt. fehlt.

772. Thalictrum galioides *Nestl.* Labkrautartige Wiesen= raute. W. kriechend. Stgl. gefurcht. Blättch. spiegelnd, lineal, ungeth., die endst. oft 3sp. Aehrch. d. ob. B. eif. längl., zugespitzt, gezähnelt. Rispe längl. pyramidenf. Aeste traubig. Bth. zerstreut, nickend. Früchtch. längsfurchig, sitzend, an der Spitze gerade. — Hd., Lechsf. b. den Sandgruben; Wf. unfern d Derchinger Mühle, Wolfszahn. — Ranunc.

c. Grün. Pg. 5zähnig.

773. Xanthium Strumarium. *L.* Gem. Spitzklette. Stgl. 1—3' h., f. ästig, wehrlos, stielrund, oft fingerdick. B. 3nervig, die unt. hzf., 3lappig. Bth. 1häuf., röhrig, durch Spreublättch. getrennt, in end= u. bwinkelst. Köpfch.; die StplBth. unten, die StbgfBth. an d. Spitze des Köpfch. HK. der StbgfBth vielb.; HK. d. Stpl= Bth. 1b., 2bth., zuletzt verhärtet. Fr. klein, flaumh, der Klette ähnl., aber längl. eirund, Stacheln au d. Spitze hakig. — Hofraum d. Mörz'schen Spinnerei; Lechgeröll b. Gersthf. — Ambrosiaceen.

(Gelbgrün.) K. 3th.; Blb. fehlend (eigentl. Stbf. ohne Kölbch.)

774. Herniaria glabra. *L.* Kahles Bruchkraut. Kahles Pflänzch. Die Stgl. 2—8" lg, niedergestreckt. B. ellipt o. längl, nach dem Grunde verschmälert. Bth. in bwinkelst., meist 10bth. Knäuelch. KZipfel flach concav, innen etwas gefärbt. Stbf. 10, 5 ohne Kölbch. Frkn. kugelig. Gf. f. kurz. N. 2, stumpf. — Sand= Ak. zw. Dasing u. Aichach. — Paronychieen.

d. Rosenfarben. S. Nr. 255. 256. 258.)
(KRöhre mit ihrer ganzen Länge dem Frkn angewachsen, Saum 4th.; Blb. 4.
Epilobium. *L.* Weidenröschen. K mit der an der Spitze des Frkn. ringsum abspringenden, langen Röhre abfällig. Stbgf. 8. Gf. fädl. N. 4. Kapsel 4fächrig, 4klappig, vielsamig. S. schopfig. — Onagrarieen.

775. E. angustifolium. *L* Schmalb. W. Ausläufer treibend. Stgl. einfach, 2—5' h, oft roth. B zerstreut, lz, ganzrandig o. schwach drüslg gezähnelt, aderig. Tr. endst., locker, mit großen▪Blum. KRöhre fast fehlend Blb. benagelt, vk. eif, ausgebreitet. Stbgf. abw. geneigt; Gf. zuletzt abw gebogen. — Wd.

776. E. hirsutum. *L.* Zottiges W. W. Ausläufer treibend, Stgl. 2—3' h., stielrund, f. ästig, v. einfachen längern u. drüslgen kürzern Haaren zottig. Die unt. B. gegenst., stglumfass., mit blattigem Grund etwas herablaufend, lz längl., haarspitzig, gezähnelt kleingesägt;

ble ob. B. wechſelſt., Sägezähne einw. gebogen. Blth. trichterf, an=
ſehnlich. KrB. dopp. ſo gr. als d. KZipfel. KRöhre kurz, doch
bemerklich. N. abſtehend. — Bch., Waſſergrb.. Gbſch.

777. E. parviflorum. *Schreber.* **Kleinblumiges W.** Grau=
haarig. W. ohne Ausläufer. Stgl. ſtielrund, 1—2′ h., meiſt einfach,
v. einfachen Haaren zottig o. flaumig. Unt. B. gegenſt., kurz ge=
ſtielt; ob. B. wechſelſt., ſitzend, lz., ſpitz, gezähnelt. KRöhre kurz,
doch bemerkl. Blth. trichterf., klein. N. abſtehend. Treibt nach der
Reiſe an den unterſten Stglgliedern BRoſetten. — Grb., Uf., Smpf.

778. E. montanum. *L.* **Berg=W.** Ohne Ausläufer. Stgl.
ſtielrund, flaumig, 1—3′ h. Unt. B. gegenſt, kurz geſtielt; ob. B.
wechſelſt., eif., o. eif. längl., ungleich gezähnt geſägt, am Rand u.
auf den Adern flaumig. KRöhre kurz, doch bemerkl. Blth. trichterf.;
Blb. durch einen ſpitzen, tiefen Einſchnitt ausgerandet. N. abſtehend,
deutl. 4th. — Wd., bſds. d. öſtl. u. weſtl. Höhen.

779. E. palustre. *L.* **Sumpf=W.** Ausläufer fädl. Stgl.
1—2′ h., einfach o. äſtig, ſtielrund, etwas flaumig; Flaum kraus
u. angedrückt, bisweilen in 2 herablaufende Linien geordnet. Unt.
B. gegenſt.; ob. B. wechſelſt., lz., nach d. Spitze allmälig verſchmälert,
ganzrandig o. ſchwach gezähnelt, mit keilf. Grund ſitzend. N. in
eine Keule zſgewachſen. — Grb., Moorgründe hinter Lechhf.

780. E. tetragonum. *L.* **Vierkantiges W.** Stgl. ¹/₂—2′ h.,
einfach o. äſtig, faſt kahl, mit 2—4 erhabenen, herablaufenden Linien.
B. lz., vom Grund bis zur Spitze allmälig verſchmälert, gezähnelt
geſägt, die mittl. mit blattigem Grund herablaufend angewachſen,
die unt. etwas geſtielt. N. in eine Keule zſgewachſen. — Grb. zw.
Gablingen u. Hürblingen.

781. E. roseum. *Schreb.* **Roſenrothes W.** Stgl. ¹/₂—
1¹/₂′ h., ſ. äſtig, reichbth., mit 2—4 erhabenen, herablaufenden Linien,
obw. flaumig. B. zieml. lg. geſtielt, längl., an beiden Enden ſpitz,
dicht ungleich gezähnelt geſägt, am Rand u. auf den Adern fläuml.;
unt. B. gegenſt. N. in eine Keule zſgewachſen o. zuletzt etwas ab=
ſtehend. — An Lechkanälen, b. d. Frölich'ſchen Fabrik.

K. 5zähnig, am Grund nackt; Blb. 5, nach dem Grund allmälig verſchmälert.

782. Gypsophila muralis. *L.* **Mauer=Gypskraut.** Stgl.
aufr., 3—6" h., faſt gabelſp, äſtig rißpig, am Grund etwas rauh,
ſ. ſchwach. B. gegenſt., lineal, nach beid. Enden verſchmälert. Blth.
zerſtreut. K. kreiſelf., Zähne abgerundet ſtumpf. Blb. gekerbt o.
ausgerandet, mit dunklern Adern. Stbf. 10, Gf. 2. — Ak. bei
Bergheim, Grb. am Stadtberger Ziegelſtadel. — Sileneen.

K. 5zähnig, am Grund nackt; Blb. 5, am Schlund in einen linealen Nagel
zſgezogen.

783. Saponaria Vaccaria. *L.* **Kuh=Seifenkraut.** W.
ſenkr. Stgl. aufr., 1—2′ h., ganz kahl. B. lz., am Grund zſge=

wachsen. Bth. locker ebensträußig. K. geflügelt kantig. Blb. klein=
gekerbt, am Grund ohne Anhängsel. Stbf 10. Gf. 2. Kapsel an
b. Spitze 4zähn. — Auf einem Ak. b. Meidingen. — Sileneen.
784. S. officinalis. *L.* Gebräuchl. S. W. kriechend. Stgl.
aufr., 1—1½' h, stielrund, oft roth angelaufen. B. gegenst., längl.
ellipt., 3nervig, kahl. Bth. ansehnl., büschelig ebensträußig. K. walzl.,
kahl, Zähne kurz. Blb. gestutzt, bekrönt; Nagel lineal, am Schlund
mit 2 spitzen Zähnen. — Ak., Wegränder, Ziegelstadel, Göggingen,
Grb. zwischen Kriegshaber u. Steppach. — Sileneen.

(Blaß rosenroth o. milchweiß.)

785. Silene noctiflora. *L.* Nachtblühendes Leimkraut.
Stgl. aufr., ¼—1' h., einfach o. obw. gabelsp., nebst den BthStielen
u. K. klebrig zottig. B. längl., spitz, die ob. sitzend, aus kz. Grund
schmal zulaufend, die vk. eif. Bth. aufr., in einer armbth., gabelsp.
Traube. K. etwas bauchig röhrig, 10streifig, aberig, die frtragenden
ellipt, Zähne desselben pfrieml. fädl. Blb. tief 2sp., bekränzt. Fr=
träger ⅛ so lg. als die einfächerige Kapsel. Bth. Abends geöffnet.
— Wurde früher bei Lechhf. gefunden. — Sil.

K. 5zähn., am Grund mit Schuppen gestützt; Blb. 5, nach dem Grund
allmälig keilig verschmälert.

786. Tunica Saxifraga. *Scop.* Steinbrechende Felsnelke.
Die dünnen, niedrigen Stgl. nach allen Seiten hingebreitet, obw.
ästig. B. lineal, spitz, am Rande rauh, am Grund häutig berandet,
an den Stgl. angedrückt. BthStiele zerstreut, 1bth. K. glockig,
Zähne stumpf. — Trk. Hg., Abhang, Trst. b. Lechebene; Rosenaubg.,
Lechf., Lechuf. — Sileneen.

K. 5zähn., am Grund mit Schuppen gestützt; Blb. 5, lineal benagelt.

787. Dianthus Seguiri. *Villars.* Seguir's Nelke. Stgl.
obw. 2sp. B. lineal lz., verschmälert zugespitzt, meist 5nervig; die
Scheide so lg. als die Breite des B. Dckb. lz. KSchuppen eif.,
begrannt; Granne krautig. Blb. vk. eif., gezähnt. — Bei Biburg
am Saum des Wd. gegen Aistetten einmal gefunden. — Sil.

K. 5sp.; Bkr. trichterf., Saum 5sp.

788. Erythraca Centaurium. *Persoon* Tausendgulden=
kraut. Stgl. einfach, bis 1' h, 4kantig. B. oval längl., meist
5nervig. Ebenstrauß endst, gebüschelt, nach dem Verblühen zieml.
locker, immer gleichhoch. BkrZipfel oval. — Bach= und Flußuf.,
Trst., Wd. — Gentianeen.

K. tief 5th.; Blb. 5.

789. Lepigonum rubrum. *Wahlenb.* Rothes Sandkraut.
Stgl. gestreckt und aufstrebend, v. Grund an ästig; Aeste traubig.
B. gegenst., lineal fädl., stachelspitzig, etwas fleischig, auf beiden

Seiten flach, mit trockenhäut. Nb. BthStiele nach dem Verblühen herabgeschlagen. KB. Iz., stumpf, nervenlos, am Rand häutig. Kr. nur im Sonnenschein offen. Gf. 3. S. keilig, beinahe 3eckig, fein runzlig, flügellos. — Sand=Hgl., Engelshof, Anhausen, Luisenruh. — Alsineen.

(Rosenroth mit purp. Rückenstreifen.) K. u. Kr. 5b.

790. Sedum villosum. *L.* Drüsenh. Fetthenne. Keine kriechenden Stämmch. Stgl. aufr., 4—8" h. B. lineal, stumpf, stielrund, obf. etwas flach, aufr., mit gleichem Grunde aufsitzend u. nebst der etwas krautigen Rispe drüsig flaumig Blb. eif., spitz, dopp. so lg. als d. K. — Sumpf. Wsf. am Wöllenburger Weiher, Schmutterhäusch., Banacker. — Crassulaceen.

(Röthl. weiß.) K. glockig, 12zähn.; 6 Zähne kürzer, zurückgebogen; Blb. 6, hinfällig.

791. Peplis Portula. *L.* Gem. Afterquendel, Zipfel= kraut. Stgl. 3—8" lg., liegend, wurzelnd, vielästig, röthl. B. gegenst., vk. eif., kurz gestielt. Bth. bwinkelst., einzeln, fast sitzend. Blb. dem Schlund des K. eingefügt, schnell verschwindend. Stbg. 6; Gf. 1. Kapsel 2fächr., fast kugelf. — Fcht. Wbwege zw. Straßbg. u. Banacker, Wöllenburg u. Engelshof. — Lythrarieen.

(Rosenroth.) K. 12th.; Blb. 12, am Grund mit den Stbg. u. unter sich zsgewachsen.

792. Sempervivum tectorum. *L.* Hauswurz. B. in fast kugelf. Rosetten, plötzl. in eine Stachelspitze zugespitzt, dick, saftig, grasgrün, kahl, am Rande überall gewimpert. BthStgl. bis 1' h., dick, weichh. Blumen zahlreich. Blb. straff, sternf. ausgebreitet, lz., zugespitzt, dopp. so lg. als d. K. Frkn. 12; Stbgf. 24, in 2 Reihen; die innere Reihe verwandelt sich bei den auf Dächern und Mauern wachsenden Rasen in gestielte unvollkommene Frkn. Schuppen unter dem Stgl. f. kurz, conver, drüsenf. — Hie und da auf Dächern. — Crassulaceen.

K. dopp., der äuß. 3b., der innere 5sp.; Blb. 5.

Malva. *L.* Malve. Blb. frei, o am Grund verwachsen Stbgf. viele; Stbf. am Grund zu einer Röhre verwachsen. Frkn. aus vielen, in einen Kreis gestellten, zsf. einen flachen Kuchen („Käse") bildenden, mehr oder weniger verwachsenen Nüßchen bestehend. — Malvaceen.

793. M. Alcea. *L.* Sigmar's M. Stgl. aufr., 1½—2½' h., einfach o. vielästig, durch angedrückte Sternhaare graugrün Wurzelst. B. hzf=rundl., gelappt; stglst. B. handf. 5th.; Zipfel fast rautenf., 3sp., eingeschnitten gezähnt o. fiedersp. BthStielch. nebst den K. filzig rauhh.; Haare büschelig. Aeußere KB. eif., längl. Bth. groß; Blb. tief ausgerandet. Kapsel kreisrund; Klappen kahl, fein quer=

runzlig, auf dem Rücken gekielt, am Rand abgerundet. — Weg= u. Wbränder, Wulfertshf., Pferſee, Wöllenburg.

794. **M. sylvestris.** *L.* **Wilde M.** Stgl. liegend, aufr. o. aufſtrebend, meiſt äſtig, 1 —.3' h., mit entfernten, ſteifen Haaren. B= u. BthStiele rauhh. B. kreiſf., ſeicht= 5—7lappig, kerbig gezähnt. Bth. in den BWinkeln büſchelig gehäuft, vor u. nach dem Verblühen aufr. Aeußere KB. ellipt. längl. Blb. 3mal ſo lg. als d. K., ausgerandet, mit Purpurſtreifen. Klappen berandet, kahl, netzig runzlig. — Hk. um die Dörfer; Lechhf., Stadtbergen.

795. **M. rotundifolia.** *L.* **Rundb. M.** Stgl. geſtreckt, auf= ſtrebend. B. Iggeſtielt, hzf. rundl., 5—7lappig. BthStiele gehäuft, nach dem Verblühen abwärts geneigt, mit aufr. K. Blb. 2—3mal ſo lg. als d. K., ausgerandet. Klappen unberandet, glatt. — Weg= ränder, Hk.

e. Roth. (Carminroth, dunkler punctirt.) K. 5zähn., am Grund mit Schuppen geſtützt; Blb. 5, lineal benagelt.

796. **Dianthus Armeria.** *L.* **Rauhe Nelke.** Stgl. rauhh., aufr., 1—2' h. B. lineal, nach vorn verſchmälert, die ob. ſpitzig, alle flaumh. Bth gebüſchelt. KSchuppen u. Dckb. lzpfrieml., krautig, ungefähr ſo lg. als die Röhre, rauhh. Platte der Blb. vk. eirund länglich, fein geſägt. — An einem Wbrand b. Wöllenburg einmal geſammelt. — Sileneen.

(Carminroth mit hellern Puncten u. purp. Kranz in der Mitte.)

797. **D. deltoides.** *L.* **Deltafleckige N.** W. vielköpfig, viele kriechende Stämmch. mit aufſteigenden, flaumig rauhh., mehr= bth, ½—1' h. Stgln. treibend. B. lineal lz., die unt. ſtumpf, nach dem Grund verſchmälert. KSchuppen meiſt zu 2, ellipt., begrannt, ſammt der pfrieml. Granne halb ſo lg. als der K. Blb. vk. eif, gezähnt, gewöhnl. am Grund mit weißlichen Puncten. — Trk. Hgl., bſds. d. weſtl. Höhen; Leitershf., Banacker, Weſth.

(Purpurroth, am Grund mit dunklerer Zeichnung.)

798. **D. Carthusianorum.** *L.* **Karthäuſer N.** Stgl. aufr, ½—1½' h., kahl, meiſt raſenf. beiſammen. B. ſämmtl. lineal, die Scheide länger als die 4fache Breite des B. Bth. in endſt., meiſt 6bth. Köpfch. KSchuppen lederig, braun, rauſchend, vk. eif.; Granne pfrieml., länger als die halbe Röhre. Hüllſchuppen faſt ebenſo ge= ſtaltet. Krb. bärtig. — Trk. Hügel, Raine, Grasplätze.
K. u. Kr. 5b. S. Nr. 260.

(Fleiſchroth.) Blb. fein fiederſp. vielth.

799. **D. superbus.** *L.* **Pracht=N.** Stgl. 1—1½' h., aufr, meiſt einzeln, 2—mehrbth. B. grasgrün, lineal lz., zugeſpitzt, die unt. ſtumpfl. Bth. zerſtreut. KSchuppen eif., zugeſpitzt begrannt, ⅓ ſo lg. als die Röhre. Blb. mit einem längl. Mittelfeld, mit

purp. Haaren gebärtet; Bth. wohlriechend. — Fcht. Wf. b. Höhen
u. Flußthäler; Straßbg., Schmutterthal, Wulfertshf.

K. 5zähn.; BlrRöhre grün, Saum fleischroth, 5sp.

800. Limosella aquatica. *L.* Waffer = Sumpfkraut.
WStock mit fadenf. Ausläufern. Stgl. 1—2" h. B. alle grundst.,
lgstielig, spatelf. lineal. Stbgf. 4, 2mächtig, dem Schlund eingefügt.
N. kopfig. — Auf sumpfigen Holzwegen zw. Banacker und Burgwalden, Anhf. u. Engelshof. — Antirrhineen.

(K. 5zähn., Blb. 5. S. Nr. 254. 259.)
(Hell purpurroth, später etwas bläul.) K. u. Kr. 5b.

801. Geranium palustre. *L.* Sumpf = Storchfchnabel.
Stgl. ausgebreitet äftig, obw. von drüsenlosen, rückw. gekehrten Haaren
rauh. B. faft schilbf., handf. 5—7lappig, eingeschnitten gezähnt.
BthStiele 2bth.; Stielch. f. lg., nach dem Verblühen abw. geneigt.
Blb. vk. eif., kurz benagelt, abgerundet, dopp. so lg. als der begrannte
K. Stbgf. obw. mit drüsenlosen Haaren. Klappen glatt (nicht ge-
faltet), mit abstehenden, drüsenlosen Haaren bestreut; Schnabel faft
kahl. S. fein punctirt. — Grb., Bachuf., fcht. Hf. — Geraniaceen.

(Purpurroth, grünl. weiß, o. gelbl.) K. 5th.; Blr. 5b.

802. Sedum purpurascens. *Koch.* Röthl. Fettkraut.
Stgl. steif aufr., 1—2' h. B. flach, gezähnt gefägt; die unt. fchmal
ellipt., faft geftielt; die ob. mit abgerundetem Grunde fitzend, manchmal gegenft. Bth. zurückgeschlagen. — Wldränder, an Wegen;
Haunftetten, Lohe, Mühlhf., Schernck. — Crassulaceen.

(Hellpurpurroth mit fatteren, weiß berandeten Flecken.) K. 5th.; Blr. glockig,
mit schiefem 4sp. Saum.

803. Digitalis purpurea. *L.* Nother Fingerhut. Stgl.
rundl, aufr., 1—5' h, filzig. B. ei-lz., gekerbt, untf. filzig, die
unt. in den BStiel verschmälert. KZipfel ei-lz., zugespitzt, 3nervig,
flaumig. Blr. außen ganz kahl; OLippe f stumpf, abgeftutzt o. feicht
ausgeranbet; Zipfel der ULippe kurz eif., abgerundet. Stbgf. 4,
2mächtig, im Grund der Bfr. eingefügt. Kapfel 2fächerig. — Wald
links von der Straße vor Stettenhofen; Hammel. — Antirrh.

(Dunkel purpurroth.) K. 10sp., Zipfel 2reihig, die 5 äußern kleiner, abstehender; Blb. 5.

804. Comarum palustre. *L.* Blutauge. WStock kriechend.
Stgl. niederliegend und auffftrebend, 1—3' lg. B. gefiedert, 2zeilig,
untf. graugrün, feidenh.; Blättch. scharf gefägt, zu 5 o. 7. K. innen
dunkel rothbraun. Blb. 1/3 fo lg. als der K. — Sumpf Wthäler
d. Weftfeite; Banacker, Wöllenburg, Anhauserthal. — Rosaceen.

(Purpurroth.) K. röhrig-walzl., 12zähn., Zähne abwechfelnd aufw. u. abw.
stehend; Blb. 6.

805. Lythrum Salicaria. *L.* Gem. Weiberich. Stgl.
4kantig, 1—5' h. B. hz-lz., die unt. gegenft. o. quirlig. Bth.

quirlig ährig. K. am Grund ohne Dckb.; die innern Zähne pfrieml.,
dopp. ſo lg. als die äußern. Stbf. 12, abwechſ. kürzer u. länger;
Gf. fädl.; N. kopfig. Kapſel vielſamig. — An Wegen, Schutt,
Grb. — Lythrarieen.

f. Braun. (Grünl. braun, oben purpurbraun.) K. 5ſp.; Bkr. faſt kugelig,
mit kleinem, 5lapp. Saum.

806. Scrophularia Ehrharti. *Stev.* Ehrhart's Braun=
wurz. Stgl. 2—4' h., aufr. äſtig u. nebſt den BStielen breit ge=
flügelt. B. eif. längl. o. hz=eif., kahl, ſcharf geſägt, die unt. Säge=
zähne kleiner. Rispe endſt. KZipfel rundl, ſ ſtumpf, breithäutig
berandet. Stbgf. 4, 2mächtig; Anſatz des 5ten Stbgf. vk. hzf., 2ſp.;
Zipfel ſpreizend. — Grb., Bäche. — Verbasceen.

(Hellbraun, fleiſchroth o. blaßgelb.) K. 2b.; Bkr. rachig; B. auf Schuppen
zurückgeführt.

807. Orobanche Galii. *Duby.* Labkrauts=Sommerwurz.
Stgl. 1/2—11/4' h., weißröthl. o. gelbbraun. KB. mehrnervig, zieml.
gleichf. 2ſp., halb ſo lg. als die BkrRöhre, vorn zſſtoßend o. zſge=
wachſen. Bkr. behaart, aus allmälig erweitertem Grund glockig, auf
dem Rücken gekrümmt, wie Nelken riechend. Lippen ungleich gezähnelt;
OLippe helmartig, mit vorw. gerichteten, nicht abſtehenden Lappen;
Zipfel der ULippe eif., faſt gleich, vorw. gerichtet, nicht halb ſo lg.
als die Röhre. Stbgf. obh. des Grundes der Bkr. eingefügt, dicht
beh., obw. nebſt dem Gf. drüſig beh. N. dunkelpurpurn; NScheibe
fein ſammtig, ohne hervortretenden Rand. Auf Galium Mollugo u.
boreale. — Grb. v. Neuſäß gegen den Kobel. — Orobancheen.

(Violett=braun mit dunklern Adern.) K. 5ſp.; Bkr. aus kurzer Röhre glockig.

808. Atropa Belladonna. *L.* Tollkirſche. Stgl. krautig,
glänzend, braunroth, aufr, 2—4' h., oben äſtig. B. eif., ungeth.,
in den BStiel herablaufend, zu zweien ſtehend, das eine kleiner.
Bth. zu 1—3 in den BWinkeln. Stbf. mit ihrem Grund den Schlund
verſchließend, obw. auseinander tretend u. nebſt dem Gf. abw. geneigt.
Beeren 2fächerig, von der Größe einer Kirſche, am Grund vom blei=
benden K. umgeben, erſt grün, dann ſchwarzblau. Giftig. — Ge=
lichtete Wld., Siebentiſchw.; Wulfertshf, zw. Gablingen u. Peterhof.
— Solaneen.

g. Violett, lila bis blau. (S. Nr. 15. 16. 19. 124. 261. 262. 263. 266.
268. 269. 272. 273. 276—280.) (Hell violett, mit gelbl. weißen Lippen.)
K. 5th.; Bkr. 2lippig, am Grund geſpornt.

809. Linaria minor. *Desf.* Kleines Leinkraut. Ueberall
drüſig beh. Stgl. aufr., äſtig, 1/4—1' h. B. lz., ſtumpf, in den
BStiel verſchmälert; die unt. gegenſt., geſtielt; die ob. wechſelſt.,
lineal, ſitzend. Bth. einzeln, bwinkelſt., faſt traubig. BthStiele
3mal ſo lg. als der K. OLippe 2ſp., Zipfel ſpreizend; ULippe 3ſp.,

in der Mitte aufgeblasen hervortretend. Stbf. 4, 2mächtig. Kapsel
2klappig. — Ak u. Kiesbänke der Flüsse. — Antirrhineen.

(Violettblau, blau u. weiß gescheckt, selten weiß.) K. blumenblattig, 5b.,
das ob. B. gewölbt; Blb. 5, die 2 ob. kaputzenf., lg. benagelt.

810. Aconitum Napellus. *L.* Wahrer Eisenhut. Stgl.
2—3′ h. B. handf. 5—7th. Bth. traubig. Helm zsgedrückt, kurz
geschnäbelt. Sporn etwas zurückgekrümmt. Die Honigbehälter auf
einem gebogenen Nagel wagr., nickend. Die jüngern Fr. spreizend.
Kapseln vielsamig. S. scharf 3kantig, auf dem Rücken stumpf faltig
runzlig. — Lech= u. Wertachauen. — Ranunculaceen.

(Blaßlila.) Bth.Köpfch. mit einer reichen, wagr. stehenden Hülle umgeben.

811. Dipsacus sylvestris. *Mill.* Wilde Karde. Stgl.
3—5′ h., stachelig, unbeh. B. sitzend, gekerbt gesägt, am Rand kahl
o. zerstreut stachelig, die unt. am Grund verschmälert, die stglst. breit
zsgewachsen, ganz o. die mittl. fiedersp. Innerer K. beckenf., äußerer
an der Spitze mit einem kurzen, gezähnten Krönch. endigend. Bkr.
4—5sp. mit ungleichen Zipfeln. Hüllblättch. lineal pfrieml., bogig
aufstrebend. Spreublättch. biegsam, längl. vk. eif., begrannt haar=
spitzig, gerade, länger als die Bth. — Wegränder, Gräben. —
Dipsaceen.

(Blau.)

812. Scabiosa suaveolens. *Desf.* Wohlriechende Sc.
Stgl. fein beh., 1′ h. B. der unfruchtbaren Büschel nebst den unt.
stglst. längl. o. lz., ungeth., ganzrandig, die übrigen fiedersp.; Zipfel
lineal, ganzrandig. Innerer K. schüsself., am Rand in 5 borstl.,
rauhe Zähne ausgehend; Borsten 1½mal so lg. als der kleingekerbte
Saum des äußern K. Fr. mit 8 durchlaufenden Furchen. — Hd.
u. Wegränder; Lechf., zw. Gersthf. u. Batzenhf., b. d. Hasenmühle.
— Dips.

(Bläulich roth.)

813. Knautia sylvatica. *Dub. DC.* Wald = Kn. Stgl.
1—3′ h., oft f. stark u. röhrig, am Grund v. zwiebeligen Haaren steifh.,
obw. v. f kurzen, drüsenlosen Haaren flaumig u. v. längern steifh.
B. ellipt lz., gekerbt, ganz o. am Grund eingeschnitten, die ob. mit
breitem, zsgewachs. Grund sitzend. Innerer K. halb so lg. als die
Fr., meist 8zähn. Zähne aus breitem Grund pfrieml. borstig. Aeuß.
K. kurz gestielt, nicht gefurcht, mit f. kurzen Zähnch. endigend. Kr.
4sp. Stbgf. 4. — Wld., bsds. d. westl. Höhen, Meringerau. —
Dips.

(Hellblau.)

814. K. arvensis. *Coult. DC.* Stgl. 1—2′ h., von f. kurzen,
drüsenlosen Haaren graulich, v. längern steifh. Unt. B. meist un=
geth.; StglB. fiedersp.; Zipfel entfernt, lz., ganzrandig, die endst.

Lappen größer, zugeſpitzt, etwas geſägt; ob. B. mit ſchmalem Grund
ſitzend. Aeuß. K. kurz geſtielt, mit 4 Gruben unter dem mit 4 kurzen,
ungleichen Zähnen beſetzten Saum. Innerer K. becherf, Saum in
8—16 lz=borſtl. Zähne endigend. Randblumen meiſt ſtrahlend. —
Wbränder, Wſ.

(Blau, auch röthl. u. weiß.) K. 4th.; Bfr. walzl., lgr. als ihr Querdurch=
meſſer, Saum 4ſp., faſt 2lippig, der ob. Zipfel breiter.

815. Veronica spicata. *L.* Aehriger Ehrenpreis. Stgl.
½—1' h. B. gegenſt., eif. o lz., gekerbt geſägt, an der Spitze
ganzrandig, die unt. ſtumpf. Tr. endſt., meiſt einzeln, verlängert, ährig,
f. gedrungen Dckb. lz=pfrieml., länger als die BthStielch. Stbgf.
2. N. ungeth. Kapſel rundl., ausgerandet, gedunſen. — Lechf.,
trk. Hgl. in d. Friedb.=Au an d. Lechbrücke, am Wg. von Oberhſ.
nach Hürblingen. — Antirrhineen.

(Höcker des Gaumens ſafrangelb.) K. 5th.; Bfr. 2lippig am Grund geſpornt.

816. Linaria alpina. *Mill.* Alpen=Leinkraut. Völlig
kahl. B. ſitzend, zu 4, lineal längl., am Grund verſchmälert. Trb.
eif., kurz. KZipfel lz., ſpitz, kürzer als die vk. eif., an der Spitze
nicht ausgerandete Kapſel. S. flach, mit einem kreisrunden Flügel
umgeben, kahl. — Lechkies. — Antirrh.

(Innen dunkel azurblau mit 5 grün punctirten Streifen.) K. glockig, 5zähn.
Bfr. walzl. glockig, Saum 5ſp.

817. Gentiana Pneumonanthe. *L.* Gem. Enzian. Stgl.
½—1' h., ganz einfach, 1—vielblth., ohne BRoſetten. B. f. kurz=
ſcheidig, lzlineal, ſtumpf, 3nervig, am Rand umgerollt; die unt.
ſchuppenf. Bth. einzeln, wechſel= o. gegenſt., im Schlund nackt.
BfrRöhre keulig glockig. Saum innen dunkelazurblau mit 5 grün
punctirten Streifen. — Fchte Moorwſ., Waldthäler, Flußufer. —
Gentianeen.

KRöhre kreiſelf.; Bfr. glockig, 5th.

818. Campanula pusilla. *Haenck.* bei *Jacq.* Niedrige
Glocke. Stgl. traubig, 3—6bth. B. der unfruchtb. Büſchel eif.,
hzf u. nierenf., geſägt. BStiel mehrmals länger als das B.; die
unt. StglB. ellipt., kürzer geſtielt, die ob. lineal, ſitzend. Bfr. halbkugelig, glockig. KZipfel pfrieml. Buchten des K. ohne Anhängſel.
— Lechuf., auf Lechkies, unt Gebüſch. — Camp.

819. C. rapunculoides *L.* Rapunzelähnl. Gl. W.
kriechend, mit verdickten, längl. Knollen. Stgl. 1—3' h, ſtumpfkantig, ſteif aufr., eine lange, endſt., einerſeitswendige Trb. v. anſehnl. Blumen tragend. B. ungleich geſägt, etwas rauhh., die unt.
hzeif., lggeſtielt, die mittl. längl., die ob. lz. KZipfel lz. Buchten
des K. ohne Anhängſel. — Raine, Ak, Gbſch.

820. C. Trachelium. *L.* Neſſelblättr. Gl. Stgl. ſteif

aufr., 1—3' h., scharfkantig, rauh. B. grob dopp. gesägt, steifh.;
die unt. lggestielt, hzf., die ob. längl., sitzend. BthStiele bwinkelst.,
1—3bth., in eine Traube zsgestellt. KZipfel ei=lz. Buchten des K.
ohne Anhängsel. — Wbränder, Gbsch.

August und September.

I. Niedriger Strauch.

Bth. röthl. lila, manchmal weiß.

821. **Calluna vulgaris.** *Salisb.* Gem. Heidekraut. Buschiger
Strauch, 1—3' h. B. immergrün, 4zeilig, am Grund pfeilf., lineal,
f. klein, dick, 3seitig, stumpf, kahl. Tr. einerseitswendig. K. 4b.,
gewöhnl. von 4 Dckb. umgeben, länger als die fast glockenf., 4sp.
Bkr. Stbf. 8. Frkn 4fäch., vieleiig. Kapsel 4fächrig, 4klapp. —
Trt. Nadelwd. d. östl. u. westl. Höhen, aber nicht in d. Lechebene.
— Ericineen.

II. Krautartige Gewächse.

(Cruciferen weiß. S. Nr. 66. 158. 321; gelb Nr. 161. 166. 323. 324. 326;
Papilionac. gelb. S. Nr. 330—332. 348; von andern Farben 172. 341.
342. 347. 348.)

A. Umbelliferen.

a. Bth. weiß. (S. Nr. 175. 352. 354. 356. 357. 363.)

822. **Helosciadium repens.** *Koch.* Kriechender Sumpf=
schirm. Stgl. fadenf., kriechend, 1/2' lg. B. lggestielt, gefiedert;
Blättch. rundl. eif., ungleichmäßig sägezähnig u. gelappt. Hülle
3—6b. Hüllch. mehrb. Dolden 3—6strahlig, kürzer als d. BStiel,
den B. gegenst. — Quellensümpfe d. Wertachthals; zw. d. Wertach
u. d. Pferseer Mühle, Bobingen.

b. Bth. gelbl. weiß o. grünl.

823. **Peucedanum Chabraei.** *Rb.* Kümmelb. Haarstrang.
Stgl. gefurcht, aufr., 1 1/2 — 3' h. B. gefiedert, beiderf. glänzend.
Fiedern sitzend, vielsp. o. die der ob. B. ungeth. Zipfel lineal, spitz,
am Grund kreuzst. Hüllch meist 1b. (manchmal 3b.) Strahlen der
Dolde auf der innern Seite kurzh. Blb. vk. hzf, in ein einw. ge=
bogenes Läppch. verengert. Fr. vom Rücken her flach. Thälch.
3striemig. — Gbsch. am Fußweg v. Göggingen nach Bergh.

B. Compositen.

1. Scheibenbth. röhrig, Randbth. zungenf.

a. Scheibe u. Strahl gelb.

824. **Senecio nemorensis.** *L.* Hain=Greiskraut. W.
nicht kriechend. Stgl. 2 — 4' h., aufr, oben ästig, meist kahl. B.
gestielt, ellipt. lz. o. ellipt., zugespitzt, unth. flaumig, ungleich gezähnt
gesägt; Sägezähne mit geraden Spitzen; die unt. B. in d. geflügelten
BStiel zsgezogen, die ob. sitzend. Ebenstrauß vielköpfig. Dckb. lz=

lineal. Bth. des Randes abstehend. Aeußerer K. 5b., so lg. als b. K. Rand meist 5bth. Früchtch. kahl. — Wertachuf.

825. S. saracenicus. *L.* Saracenisches G. W. weit kriechend. Stgl. grün, 2—5′ h., aufr., 4kantig, dichtbeblättert. B. zieml. kahl, längl. lz., f. spitz, am Grund keilig, die unt. in den geflügelten BStiel verschmälert, die übrigen mit breitem Grund sitzend, sämmtl. ungleich gezähnelt gesägt; Spitzen der Sägezähne vorw. gekrümmt. Ebenstr. vielköpfig. Dckb lzlineal. Aeußere K. 5b., ungefähr so lg. als b. HüllK. Rand 7—8bth. Früchtch. kahl. — Uf. d. Schmutter bei Hainhofen, Räbertshf

     b. Scheibe gelb, Strahl weiß, manchmal mit bläul. Anflug.
         (Vgl. Nr. 379. 380.)

826. Stenactis bellidiflora. *A. Br.* Maaßliebenbth. Feinstrahl. Schönblühendes Kraut mit aufr., 1—2′ h., an d. Spitzen ebensträußigem Stgl. Unt. B. vk. eif., grob gesägt; ob. B. lz. Blättch. des HüllK. rauhh. Strahl s. schmal. — In einem Hohlweg bei Miedring.

     c. Scheibe gelb, Strahl weiß o. blaß lila, später purpurröthl.

827. Aster parviflorus. *N. ab Esb.* Kleinblumige Aster. Stgl. flaumh., reichbth. Aeste u. Aestch. traubig. B. sitzend, lz.; stengelst. B. nicht umfass.; an den BthStielen lineal, viel kürzer. Blättch. d. HüllK. am Rande häutig, der häutige Theil gegen den Grund hin anwachsend. Strahl wenig länger als der HüllK. — Im Gbsch. am Wertachuf., auf dem Wolfszahn.

     d. Schb. gelb, Str. lila.

828. A. Amellus. *L.* Virgil's A. Stgl. aufr., 1—2′ h., kurz rauhh., einfach ebensträußig o. einköpfig. B. längl. lz., spitz, 3nervig, flaumig rauh, etwas gesägt o. ganzrandig, nicht stglumfass., die unt. ellipt. Blättch. d. HüllK. gewimpert, sparrig; die äußern krautig, grün, etwas abstehend, die innern gefärbt, häutig. — Hb., trk. Hügel; Lechf., Scherneck.

     e. Scheibe gelb, Strahl röthl. violett.

829. A. Novi Belgii. *L.* Neubelgische A. Stgl. 3—5′ h., ebensträußig zsgesetzt, reichbth., steif u. nebst den Aesten etwas umfass., lz. spitz, obf. am Rand hin rauh, die unt. in der Mitte entfernt angedrückt kleingesägt. Die ob. Blättch. der BthStiele in die Blättch. des HK. übergehend. Aus NAmerika, bei uns verwildert. — Unter Weidengbsch. am Lechuf. b. Lechhf.

2. Alle Bth. zungenf.; gelb. (Vg. Nr. 179. 182—184. 186. 187. 189. 364. 368. 369—372. 374—376.)

830. Picris hieracioides. *L.* Habichtskrautartiges Bitterkraut. Stgl. 1—3′ h., ästig ebensträußig, sammt den längl. lz., gezähnten o. etwas buchtigen, etwas stglumfass. B. von borstigen,

widerhakigen Haaren steifh. Köpfch. an Stgl. u. Aesten endst., eben=
sträußig. Aeußere Blättch. b. HK. abstehend, auf dem Rücken steifh.,
am Rande kahl. Zünglein fast dopp. so lg. als seine Röhre. Fr.
unt. b. Frkn. eingeschnürt, fast schnabellos, fein querrunzlig. Frb.
nackt. — Am Rosenaubg. 6. Göggingen.

831. Hieracium umbellatum. *L.* Doldiges Habichts=
kraut. Stgl. 2—4' h., starr, reichbeblättert, rauhh. o. fast kahl,
die ob. Aeste fast doldig. BthStiele graul. Blättch. b. HK. ab=
stehend, fast kahl, etwas spitz, an b. Spitze zurückgekrümmt, die innern
breiter, ganz stumpf. BForm sehr veränderl.: lineal bis eif., ganz=
randig bis tief fiedersp., die unt in den BStiel verschmälert, die
ob. fast sitzend, die grundst. zur BthZeit fehlend. — Wälder.

832. H. rigidum. *Hartm.* Steifes H. Stgl. starr, 2—
4' h., reichb., rauhh. o. kahl, obw. ästig, fast ebensträußig. B. eif.
lz., lz., o. lineal lz., gezähnt; die unt. in den kurzen BStiel verschmälert, die ob. fast sitzend, die wurzelst. fehlend. BthStiele verdickt, nebst dem HK graulich und oft etwas kurzh. Blättch. des HK.
angedrückt, am Rande heller grün, die äußern an den jüngern Bth=
Köpfch. aufr., die BthKöpfch. überragend. — Gbfch. u. Wld. b.
westl. Höhen; Anhauser Thal.

833. H. boreale. *Fries.* Nördl. H. Stgl. starr, blattreich,
rauhh. o. fast kahl, obw. ästig, 2—5' h. B. ei=lz., lz, ganzrandig,
gezähnt, eingeschnitten bis fiedersp., die unt. in den kurzen BStiel
verschmälert, die ob. fast sitzend, die grundst. zur BthZeit fehlend.
Aeste fast ebensträußig. BthStiele u. HK. graul., oft etwas kurzh.
Blättch. b. HK. angedrückt, gleichfarbig, im Trocknen schwärzlich. —
Wld.; Wöllenbg., Scherneck.

Rothgelb.

834. H. aurantiacum. *L.* Pomeranzenfarb. H. Stgl.
untw. armblättrig, wie die B. von verlängerten schlanken Haaren
rauhh., obw. nebst dem Ebenstrauß schwarz drüsig beh. u. von ein=
fachen Haaren rauhh. B. grasgrün, längl. o. vk. eif. lz., o. vk.
eif. Ebenstrauß 2—10köpfig, geknäuelt, zuletzt locker. — Straße v.
Haunstetten gegen Lechfeld.

3. Alle Bth. röhrig.

a. BthKöpfch. weißl. grün, mit gelben o. röthl. Spitzen, auch strohgelb.

835. Gnaphalium luteo-album. *L.* Gelbl. weißes Ruhr=
kraut. Filzig. Stgl. 2—10" h., einfach o. an der Spitze eben=
sträußig, oft auch v. Grund an ästig. B. schmal lz, beiders. weiß=
wollig, halbstglumfass, die unt. vorne stumpf, die ob. nach b. Spitze
verschmälert. BthKöpfch. klein, geknäuelt, blattlos. Früchtch. fein
höckerig. — Sand. Ak. b. Schlipsheim.

b. Gelb.

836. Helichrysum arenarium. *DC.* Sand=Sonnengold.
Stgl. 6 — 9" h., krautig. Unt. B. vk. eif. Iz., mittl lineal Iz.
Ebstrß. zsgesetzt. HR. schön cltronengelb. — Irk. Ralne: Täfer=
tingen, Biberbach.

837. Artemisia vulgaris. *L.* Gem. Beifuß. Pflanze grün,
oft roth überlaufen. Stgl. aufr, ästig, zuletzt rißpig, 2—5' h. B.
fiebersp., untf. weißfilzig, mit Iz, zugespitzten, meist eingeschnittenen
o. gesägten Zipfeln, am Grund des BStiels mit Oehrch) Köpfch.
filzig, eif. o. längl., fast sitzend, nickend o. aufr. — An Wegen,
Hgl., Uf.

c. Purpurfb. Distelköpfe. (S. Nr. 383. 384.)

838. Cirsium acaule. *All.* Stengellose Kratzdistel.
Stgl. fehlend o. f. kurz. B. obf. fast kahl, untf. spinnwebig wollig
o. schwach zottig, meist herablaufend, purpurn, Iz. buchtig fiebersp.;
Zipfel eif., fast 3fp., dornig gewimpert und mit einem stärkern Dorn
endigend. BthKöpfch. einzeln o. zu 2—3 in der Mitte der grundst.
B. auf der W. sitzend. Blättch. des HR. mit einem einfachen Dorn
o. fast wehrlos. — Miedring, Markt.

Purpurroth.

839. Onopordum Acanthium. *L.* Gem. Eselsdistel.
Stgl. 1—5' h., f. ästig, etwas wollig, durch die herablaufenden B.
f. breit geflügelt. B. ellipt. Iz., buchtig, schimmelig wollig, stachel=
spitzig. BthKöpfe groß. Blättch. d. HR. aus eif. Grund lineal
pfrieml., die unt. weit abstehend. — An Wegen, Feldrainen; Rosenau=
berg, Neusäß.

d. Stachelige Pflanzen mit breiter Scheibe.

Carlina. *L.* Eberwurz. Die innersten Blättch. des dachigen
HR. strahlend, trockenhäutig. Frkr. abfällig, die Strahlen derselben
am Grund in einen Ring verwachsen, ästig. Aeste federig. Frb.
spreuig. Spreublättch. an der Spitze gespalten.

840. C. acaulis. *L.* Stengellose E., Wetterblume.
Stgllos o. stengelig sich erhebend. Stgl. 1köpfig. B. kahl o. untf.
etwas spinnwebig wollig, tief fiebersp.; Fiedern eckig gelappt, gezähnt.
Die strahlenden Blättch. des HR. vom Grund bis über die Mitte
lineal, an der Spitze Iz., die längern Fasern der Spreublättch. stumpf=
keulig. — Irft., Hd., Wd.; Siebentischw., Friedb.=Au.

841. C. vulgaris. *L.* Gem. E. Stgl.- aufr., $1/_2$ — $1^1/_2'$ h.,
beblättert, mit 3—10 weit kleineren, fast ebensträußig stehenden Köpfen,
häufig nur 3, von denen der mittlere etwas tiefer steht. B. längl. Iz.,
buchtig, gezähnt. Die äußern Blättch. d. HR. dopp. fiebersp. dornig,
die innern Iz., verschmälert stachelspitzig, die strahlenden lineal Iz.,

am Grund ein wenig breiter, bis zur Mitte gewimpert. Dckb. kürzer als das Köpfch. — Trft., trf. Waldwf.

C. Labiaten. S. Nr. 83—85. 386.

a. Weißröthl.; ULippe purpurfb. punctirt.

842. Nepeta Cataria. *L.* Gem. Katzenminze. Stgl. aufr., ästlg, 1—4' h. B. gestielt, eif., spitz, tief gesägt gekerbt, am Grund hzf., untf. graufilzig. Bth. quirltg u. kopfig. Mündung des eif., flaumigen, etwas gekrümmten K. schief. KZähne pfrieml., stachel-spitzig. Dckb ungefähr so lg. als die Röhre. Nüßch. glatt, kahl. Pflanze stark riechend. — Schutt; b. prot. Stadtjäger an d. Wertach.

b. Fleischroth o. purp., mit 2 gelbl. Flecken am Schlund; Mittelzipfel der ULippe dunkler roth o. violett, meist mit weißl. Rand.

843. Galeopsis bifida. *v. Bönningh.* Ausgerandeter Hohl-zahn. Stgl. steifh., unt. b. Gelenken verdickt, 1/2—1 1/2' h, bis zur Spitze großb. B. längl. eif, zugespitzt. Bfr. klein; Röhre kürzer als b. K.; Mittelzipfel b. ULippe längl., ausgerandet, später am Rand zurückgerollt. — Biberbach.

c. Rosenfb.; ULippe in b. Mitte gelbl. weiß, mit einem gelben, braun punctirten Fleck.

844. Leonurus Cardiaca. *L.* Gem. Löwenschwanz. Stgl. 3—4' h. Die unt. B. handf. 5sp, eingeschnitten gezähnt; die ob. ganzrandig, 3lappig, am Grund keilig. K. kahl. Unt. BfrLippe in einen spitzen, längl. Zipfel zsgerollt. — In Dörfern, an Wegen u. Mauern; Anhausen, Leiteröhf.

D. Blumenblattlose. (S. Nr. 89—92. 194. 195. 197. 198. 390—392. 394. 400. 402. 403.)

a. Bth. grünl.

845. Blitum glaucum. *Koch.* Graugrüner Erdbeerspinat. Stgl. 1/2—1 1/2' h., niederliegend o. mit aufr. Hauptachse u. aus-gebreiteten Aesten. B. längl. o. eif. längl, stumpf, entfernt gezähnt, untf. graugrün, mehlig. Aehren blattlos. S. glatt, aufr. u. wagr. — Schutt, an Wg.; Lechhf. — Chenopodeen.

Grün, weißl. berandet.

846. Chenopodium murale. *L.* Mauer-Gänsefuß. Stgl. 1—2' h. B. rauten-eif., glänzend. BthSchweife spretzend. S. glanzlos, gekielt berandet. — Schutt, Wegränder, in Dörfern. — Chenop.

847. Ch. polyspermum. *L.* Vielsamiger G. Stgl. 1/2—2' h., häufig niederliegend. o. aufr. mit ausgebreiteten Aesten. B. eif., ganzrandig, stachelspitzig, ganz kahl. Tr. blattlos. FrPg. ab-stehend. S. glänzend, f. fein punctirt. — Ak. b. Reinhardshf.

848. Polygonum dumetorum. *L.* Hecken-Knöterich. Stgl.

oft 5—8' h. über Hk. windend, rund, gestreift. B. hzf. 3eckig, fast pfeilf. Bth. bwinkelst., in gestieltem Büschel. Die 3 äußern Zipfel des Pg. auf dem Rücken häutig geflügelt. Nuß glänzend schwarz, 3kantig. — Derching. — Polygoneen.

E. Monokotyledonen.
1. Wasserpflanzen. (Pg. Nr. 404.)

849. Sparganium natans. *L.* Schwimmender Igelkolben. Stgl. einfach, 1—2' lg. B. lineal, flach, liegend. Die Stbgftragende Aehre meist einzeln. N. längl. Fr. allmälig in .den etwas umgebogenen Gf. verschmälert. — Grb. rechts am Weg nach Wulfertshf. — Typhaceen.

2. Landpflanzen.
a. Weiß (oft mit grünl. Anflug.) (Vgl. Nr. 409.)

850. Spiranthes autumnalis. *Rich.* Herbst=Blüthen=schraube. Stgl. blattlos, bescheidet, 4—9" h. WB. eif. o. eif. längl., in den BStiel zsgezogen, dem Stgl. settl. Aehre schraubenf., gedrängt. PgB. lineal längl. Honiglippe vk. eif., ausgerandet, senkr. abstehend, am unt. Rand gewimpert. — Irk. Wbränder; Oberschöne=feld, zw. Wöllenburg u. Bergh — Orchideen.

Bth. innen weißl., außen grasgrün.

851. Veratrum album. *L.* Weißer Germer. Stgl. aufr., stark, 2—3' h. B. ellipt. o. ellipt. lz., untf. flaumig, schief in eine Scheide verlaufend. Tr. rispig flaumig. Dckb. lgr. als die Bth=Stielch. PgZipfel längl. lz., gezähnelt, abstehend, viel lgr. als die BthStielch. — Diebelthal. — Colchicaceen.

b. Rostfb. u. graugrünl. violett.

852. Epipactis rubiginosa. *Gaud.* Rostfb. Sumpfwurz. B. eif., lgr. als die Zwischenknoten. BthStielch. so lg. als der Frkn. Platte der Honiglippe zugespitzt, an d. Spitze zurückgekrümmt, ein wenig kürzer als die PgZipfel. Kiele auf der OFläche der Honiglippe faltig gekerbt. — Lechauen. — Orchideen.

(Grünl. S. Nr. 415; graugrünl. Nr. 428.)

c. Fleischfarben.

853. Colchicum autumnale. *L.* Herbstzeitlose. Zwiebel mehrbth. Schaft 4—8" h. B. mit der Fr. im darauffolgenden Frühling erscheinend, breit lz., spitz, steif. PgRöhre 4—6mal so lg. als der Saum; Zipfel wellig nervig, lz.; die äuß. vk. eif. lz. Stbf wechselsweise länger u. höher eingefügt. — Wf. u. Weiden. — Colchicaceen.

F. Gewächse mit Bth. v. verschiedener Gestalt.
a. Bth. weiß u. weißl. (S. Nr. 439. 443. 446. 450—453. 455.)
K. 2sp.; Blb. 3.

854. Elatine triandra. *L.* Dreimänniger Tännel. Zartes Wassergewächs. Stgl. fadenf., kriechend, 1—4" lg., gabelästig. B.

gegenst., gestielt, fast spatelf., in den BStiel verschmälert. Bth. wechselst., sitzend. Stbf. 3, frei, unterst. S. schwach gekrümmt. — Wetheruf. b. Wöllenbg. — **Elatineen.**

(KSaum schwach 3zähnig. S. Nr. 99.)

K. röhrig, 4zähn.; Kr. lippenähnlich.

855. Euphrasia salisburgensis. *Funk.* **Salzburger Augen-trost.** Stgl. aufr., 6—9" h. B: lz. o. längl., am Grund keilig, beiderf. 2—3zähnig; Zähne gleichweit entfernt, die der ob. B. u. des K. haarspitzig begrannt. OLippe d. Bkr. 2lappig, Lappen 2—3zähn.; ULippe 3sp., Zipfel tief ausgerandet. — Trk. Hb., Lechf., am Fußweg nach dem Ablaß vor d. Siebentischwld. — **Rhinan-thaceen.**

(K. u. Kr. 4b. S. Nr. 215; K. u. Kr. 5b. S. Nr. 216. 221.)

K. 4—5sp.; Bkr. glockig, 4—5sp.

Cuscuta. *L.* **Flachsseide.** Zarte, windende Pflanzen mit büschelig stehenden Bth.; leben auf andern Pflanzen, aus welchen, sie durch kleine, warzenf., seitl. am Stgl. hervortretende Saugorgane ihre Nahrung ziehen. — **Convolvulaceen.**

856. C. Epilinum. *Weihe.* **Leinseide.** Stgl. einfach. Röhre der Bkr. fast kugelig, dopp. so lg. als der Saum. Schuppen in der Röhre aufr. angedrückt. N. keulenf. Auf Lein schmarotzend, den er oft zerstört. — Stadtbg., Ebenbergen.

(Röthl. weiß.)

857. C. Epithymum. *L.* **Kleine F., Quendelseide.** Stgl. ästig, meist niederliegend u. Haide, Ginster, Klee, Quendel ꝛc. über-ziehend. BkrRöhre walzl., so lg. als der Saum, durch gegen ein-ander geneigte Schuppen geschlossen. N. fädl. — Sumpf-Wf. unt. Mühlthf.; auf Klee b. Neusäß.

(Weiß.) KSaum verwischt; Bkr. rabf., 4sp. (S. Nr. 230. 231.)

858. Datura Stramonium *L.* **Gem. Stechapfel.** Stgl. ½—3' h., gabelästig B. kahl, gestielt, elf., ungleich büschelig ge-zähnt. Bth. einzeln, gabel- u. endst. Kapseln aufr., dornig. — Gartenland, Eisenbahndämme. — **Solaneen.**

(Weißgelb u. weiß.) (S. Nr. 461.) Bkr. rabf., Saum 5lappig, ungleich.

859. Verbascum Lychnitis. *L.* **Lychnisartiges Woll-kraut.** Stgl. 1—6' h., obw. pyramidenf. rispig. Aeste aufr., etwas abstehend, scharfkantig. B. obf. fast kahl, untf. staubig grau-filzig, gekerbt; ob. sitzend, elf., zugespitzt; unt. ellipt., längl., in den oft langen BStiel verschmälert. BthStielchen während der Bth. dopp. so lg. als d. K. Bkr. klein. Stbf. weiß wollig. — Hd., trk. Hügel. — **Verbasceen.**

b. Gelb u. gelbl. (S. Nr. 240. 247. 440. 464—467. 470. 475. 480 485 — 487.) Bfr. rabf., Saum 5lappig, ungleich.

860. V. thapsiforme. *Schrad.* Großblumiges W. Stgl. 1—6′ h., einfach, o. am Grund b. Tr. etwas ästig. B. ganz von einem B. zum andern herablaufend, großgekerbt. BthStand aus vielen 4bth. Knäuelch. zsgesetzt. Bkr. groß, über 1″ im Durchmesser. Stbf. weißwollig, die 2 längern nur 1½—2mal so lg. als ihre Kölbch. — Am Schloßberg von Obergriesbach.

(Orangegelb.) K. u. Kr. 5b.

861. Hypericum pulchrum. *L.* Schönes Hartheu. Stgl. aufr., stielrund, kahl, 1—2′ h. B. hzeif., durchscheinend punctirt. KB. vk. eif., f. stumpf, drüstg gewimpert, die Drüsen sitzend. — Waldrand am Weg von Straßbg. nach Burgwalden. — Hypericineen.

(Bleichgelb.) K. blumenblattig, 5b., das obere B. (Haube) gewölbt; Blb. 5, die 2 ob. kaputzenf., lg. benagelt, die übrigen klein.

· 862. Aconitum Lycoctonum. *L.* Wolfs=Eisenhut. Stgl. 2—3′ h. B. tief handf. 7sp., mit 3sp. Zipfeln. Tr. ästig. Honig= behälter aufr. Sporn fädl., zirkelf. zsgerollt. Helm kegel=walzenf. S. faltig runzlig, stumpf 3kantig, mit scharfem Kiel. — Gbsche smpfger Wbthäler; Diebelthal zw. Straßbg. u. Vanacker; zw Wöllenburg u. Anhf. — Ranunculaceen.

(Schwefelgelb; OLippe u. Gaumen mit purp. Streifen.) K. 2b.; Bfr. larvenf.

863. Utricularia intermedia. *Hayne.* Mittl. Wasser= schlauch. Schwimmende Pflanze. B. 2zeilig, gabelsp. vielseitig, Umriß nierenf. Zipfel borstl., dornig feingezähnelt. Sporn kegelf. OLippe ungeth., dopp. so lg. als der Gaumen. Frtragende Bth= Stiele aufr. — Moor zw. Lechhf. u. Derching. — Lentibularieen.

(Grünl. gelb.) K. 5th.; Bfr. 5b.

864. Sedum maximum. *Sut.* Große Fetthenne. WStock vielköpfig. Stgl ¾—1½′ h., oft etwas niederliegend u. aufstrebend. B. gegenst. o. zu 3 quirlig, gezähnt gesägt, die unt. mit breitem Grund sitzend; die ob. kurz hzf., flach, fast halbumfass. Ebensträuße endst. u. dicht. Blb. abstehend gerade, an der Spitze kappenf. ver= tieft, mit ein kleines zsgedrücktes Hörnchen endigend. Innere Stbf. dem Grund b. Bfr. eingefügt. — Hf. im Schmutterthal, zw. Gab= lingen u. Biberbach, Hammel. — Crassulaceen.

c. Rosenfarben. K. u. BfrSaum 5sp.

865. Erythraea pulchella. *Fries.* Niedliches Tausend= guldenkraut. Stgl. 2—6″ h., scharf 4kantig, f. ästig u. v. unten an sich in Aeste auflösend. B. gegenst., eif., 5nervig. Bth. bwinkelst., gestielt. BfrZipfel lz. — Flußuf., fcht. Wsf. u. Hd.; an Lech u. Wertach; Lechmoore, Lechfeld. — Gentianeen.

K. 5zähn.; Blb. 5, in einen linealen Nagel zsgezogen.

866. Dianthus prolifer. *L.* Sprossende Nelke. Stgl.
aufr., ¼—1½' h. Bth gehäuft köpfig (bei magern Exemplaren
einzeln = D. diminutus.) Die 6 Hüllschuppen durchscheinend häutig,
trocken, rauschend, ellipt.; die 2 äußern um die Hälfte kürzer, stachel=
spitzig; die innersten f. stumpf, länger als die Krone. KSchuppen
den Hüll=Schuppen gleichgestaltet, den K. einwickelnd. S glatt. —
Au bei Scherneck — Sileneen.

(Purp., roth, o. rosenfb. S. Nr. 256; purpurroth Nr. 260.)

d. Roth. (Wg. Nr. 489. 497. 503. 506.)

(Blutroth, am Grund grünl·) Bfr. fast kugelig mit kleinem, 5lapp. Saum.

867. Scrophularia Neesii. *Wirtg* Neesen's Braunwurz.
Starkes, übelriechendes Kraut. Stgl. 2—4' h., stark abstehend ästig,
sammt den BStielen geflügelt. B. eif. o. hzf.; die unt. stumpf,
gekerbt; die mittl. u. ob. spitz, gesägt. Stamminodium (der 5te,
unfruchtb. Stbf.), querlängl., 3mal breiter als lg., hinten abgestutzt,
vorn schwach ausgerandet. — Ufer der Sinkel bei Boblingen. —
Verbasceen.

(Rosenroth; K. 5zähn., Blb. 5. S. Nr. 259.)

e) Lila, violett bis blau. Wg. Nr. 261—263. 266. 268. 269. 272. 273.
276. 376. 512 517. 519. 523. 524. 526. 530. 532.)

(Blau, selten fleischfb. o. weiß.) Bth. auf gemeinsch. Frb. in endst. Köpfen,
durch Spreublättch. gesondert, äuß. K. 4sp.

868. Succisa pratensis. *Moench.* Wiesen=Teufelsabbiß.
WStock abgebissen. Stgl. kahl, 1 3' h. Unt B. eif. längl., in
den BStiel verschmälert. Köpfch. halbkugelig, die frtragenden kugelig.
Aeuß. K. rauhh., Zipfel krautig, eif., stachelspitzig. Innerer K.
5borstig. — Fcht Wf. u. Wd. — Dipsaceen.

(Innen schön azurblau mit dunklern Puncten.) K. glockig; Bfr. 5sp.

869. Gentiana asclepiadea. *L* Schwalbenwurzartiger
Enzian. B. sitzend, aus eif., abgerundetem Grund lz. zugespitzt,
5nervig, am Rande rauh Bth. entgegengesetzt, bwinkel= u. endst.,
am Schlund nackt. Röhre d. Bkr. keulig glockig — Wd., Hf.,
Bachuf.; Siebentischw'b. am Brunnenbach, Meringerau, Straßbg. —
Gentianeen

(Dunkelviolett, Saum auf der Innenseite azurblau.) K. glockig; Bfr. 4sp.

870. G. cruciata. *L.* Kreuzbth. E. W. vielstengelig.
Stgl. ½—1½' h. B. lz., 3nervig, am Grund scheidig, die unt.
Scheiden verlängert, obw. erweitert. Bth quirlig. Röhre d. Bkr.
keulenf., Schlund kahl. — Trk. Wd=Wf.; Siebentischwb., Lechf.,
Straßberg.

(Violett.) K. 5zähn.; Bfr. 5sp.

871. G. germanica. *Willd.* Deutscher E. Stgl. einfach
o. ästig, 1—vielbth., 2—10" h. B. et=lz., unt. vk. eif., gestielt;

ob. sitzend. KZähne lineal lz., 2 derselben gewöhnl. etwas breiter.
Bth. länger als die Internodien. — Fcht Wf. u. Hb.

(Blau.) Bkr. 4sp., Zipfel gefranzt, Schlund kahl.

872. Gentiana ciliata. *L.* Gewimperter Enzian. Stgl.
1—vielbth., 4—12" h., schlängelig, kantig. B. lineal lz. Bth. endst.
— Lechauen, Siebentischwd. — Gentianeen.

(Himmelblau.) (S. Nr. 15. 16. 19 21.)
K. 5sp.; Bkr. trichterig-radf., 5sp.

873. Polemonium coeruleum. *L.* Blaues Sperrkraut.
Stgl. 1½— 2' h., aufr., kahl, blattreich. B. vielpaarig gefiedert;
Blättch. eirund lz., unbeh. Bth aufr., drüsenh., anfangs gedrängt,
später rispig verlängert. KZipfel ei-lz., zugespitzt. Schlund der Bkr
durch den schuppenf., breiteren, behaarten Grund der 5 Stbf. ge-
schlossen. Gf. 1. N. 3sp. Kapsel 3klappig. — Im Gbsch eines
Wdthales zw. Mutterhf. u Feigenhf. u. in Hk. von Feigenhf. —
Polemoniaceen.

(Hellblau.) (S. Nr. 20. u. 124.)
K. kreiself.; Bkr. längl. glockig, in 5 Abschnitte geth.

874. Campanula Cervicaria. *L.* Natterkopfb. Glocke.
Stgl. aufr., 2 - 4' h., steifh. B. feingekerbt, die wurzelst. lz., in
den BStiel verschmälert; die stglst. lz. lineal; die ob. mit stglumfass.
Grund sitzend. Bth. sitzend, in end= u. seitenst. Köpfch. Buchten
des K. ohne Anhängsel. KZipfel stumpf. — Diebelthal hinter Straßberg. — Camp.

875. In Gärten im October blühend, im Frühjahr darauf
die Fr. reifend; im Wd. d. östl. Höhen wild, aber nicht zur Bth.
kommend:

Hedera Helix. *L.* Gem. Epheu. Stamm mit wurzelart.
Fasern kletternd. B. lederig, kahl, glänzend, eckig=5lappig; die ob.
u. die der blühenden Aestch. ganzrandig, eif. o. längl. eif. u. zugespitzt. BthDolden einfach, flaumig, gelbgrün. Blb. u. Stbgf. 5
—10. Beeren 5—10fächerig, schwarz — Araliaceen.

Die Juncaceen, Cyperaceen und Gramineen,

analytisch zusammengestellt.

(Nach Dr. Wirtgen.)

Juncaceen. *Rich.* Pg. kelchartig, fast spelzenartig trockenhäut., 6b. Stbf. 6, selten 3. Gf. 1, mit 3 Narben. Früchtch. 1.

Cyperaceen. *Juss.* Pg. durch Borsten angedeutet o. fehlend. Balgbth. v. Spelzen gebildet, in Rispen o. Aehren zsgestellt. B. lineal mit ganzen BScheiden. Stbf. 3. Antheren aufr. Gf. 1. N. 2, 3. Fr. eine 1samige Nuß.

Gramineen. *Juss.* Balgbth. wie vor., in der Achsel spelzen= artiger Deckb., einzeln o. zu mehrbth. Aehrchen verbunden, mit einer Vorspelze. Pg. schuppenartig. Stbf. 3, selten 2, 1. Frkn. frei, meist aus 2, meist mit dem Samen zu einer Karyopse verwachsenen Fruchtblättern gebildet. B. abwechselnd 2zeilig, lineal, mit gespaltenen BScheiden. Halm gegliedert, knotig.

Juncaceen. *Rich.*

Juncus. *L.* Kapsel vielsamig; Klappen in der Mitte mit Scheidewänden.

Luzula. *DC.* Kapsel 3samig, ohne Scheidewände.

Juncus. *L.* Simse.

A. Blattlose Simsen, B. fehlend. Halme am Grund bescheidet; un= fruchtbar. Halme pfriemenf. Deckb. üb. d. Spirre sich erhebend.

a. Mit 6 Stbgf.

875. J. glaucus. *Ehrh.* Meergrüne S. Das aufgerichtete Deckb. viel kürzer als der 1—2' h., tief gerillte, mit fächerig unter= brochenem Mark erfüllte, meergrüne Halm. Gf. fast so lg. als der Frkn. 6—8. — Fchte Orte.

b. Mit 3 Stbgf. Gf. s. kurz. Deckb. viel kürzer als der Halm.

876. J. effusus. *L.* Flatterige S. Gf. in der Vertiefung der Kapsel sitzend. H. 1—2' h. 6—8. — Grb., fcht. Orte.

877. J. conglomeratus. *L.* Geknäuelte S. Gf. auf einem, aus der Vertief. der Kapsel sich erhebenden, warzenf. Höcker sitzend. H. 2' h. 6—8. — W., Grb., Deuringen.

B. Ebensträußige Simsen. B. rinnig o. flach. Bth. in Ebenstr. o. einzeln.

a. Halm blattlos.

878. J. squarrosus. *L.* Sparrige S. B. lineal, grundst., rinnig. H. 1' h. 7—8. — Zw. Lechhf. u. d. Friedb. Brücke.

b. Halm beblättert.

879. J. compressus. *Jacq.* Zsgedrückte S. WStock ausb., kurz kriechend. Blh. in endst., zsgesetzter Spirre. H. ½—1½' h. 7. 8. — Fcht. Trft., an Wg.

880. J. bufonius. *L.* Kröten=S. W. einj., büschelig, faserig. PgB. Iz., zugespitzt, länger als die längl. stumpfe Kapsel. H. 2—10" h., graugrün. 6—9. — Fchte Ak. u. Wf.

C. Kopfblh. Simsen. B. meist stielrund. Blh. in kopff. Knäueln; die einzelnen Köpfch. ohne Gipfelblh.

a. Halm mit 2—3 rundl., querwandigen B.

881. J. sylvaticus. *Reich.* Wald=S. PgB. zugespitzt begrannt; die innern länger, an der Spitze zurückgebogen; alle kürzer als die eif., zugespitzt geschnäbelte Kapsel. H. 1½—2½' h. 6. 7. — Grb., Smpf.

882. J. lamprocarpus. *Ehrh.* Glanzfrüchtige S. PgB. gleichlang, gerade, kurz stachelspitzig; äußere spitz, innere stumpf; alle kürzer als die ei=lz., stachelspitzige Kapsel. H. 1—2' lg., meist liegend. 6. 7. — Fcht. Orte.

883. J. obtusiflorus. *Ehrh.* Stumpfblh. S. PgB. gleichlang, abgerundet stumpf, etwa so lg. als die eif., spitze Kapsel. H. 1½—3' h., meist aufr. 7. 8. — Grb., Bch., Wg. nach Derching.

884. J. alpinus. *Vill.* Alpen=S. PgB. wie vor.; aber die äußern unter der Spitze kurz stachelspitzig u. alle kürzer als die eif. längl., stachelspitzige Kapsel. H. bis 1' lg., oft liegend. 7. 8. — Lechkies.

b. Halm fadenf., mit fast borstl., obf. schmalrinnigen B.

885. J. supinus. *Mnch.* Sumpf=S. PgB. Iz., äußere spitz, innere stumpf. H. ⅓—1' h. 6. 7. — Grb. beim Stadtberger Ziegelstadel.

Luzula. *DC.* Hainsimse.

A. Spirre ebensträußig.

a. Spirre meist einfach. Samen mit Anhängsel.

886. L. pilosa. *Willd.* Behaarte S. Anhgf. b. S. sichelf., Ob. Aeste nach dem Verblühen zurückgebrochen. H. ¼—1' h., in lockern Rasen. 3—5. — Fcht. Lbwd.

b. Spirre mehrfach zsgesetzt. S. ohne Anhängsel.

887. L. albida. *DC.* Weißl. S. Spirre kürzer als die Hülle. Aeste 4th. H. 1—2' h. 6. 7. — Wälder der Höhen.

B. Spirren in eif. o. längl. Aehren.

888. L. campestris. *DC.* Gem. S. H. aufsteigend (3—8" h.) Seltenst. Aehrch. nickend. 3—5. — Hd., Trft.

889. L. multiflora. *Lej.* Vielblh. S. H. aufr. (½—1½' h.),

meist viele dicht gedrängt. Aehrch. alle aufr. 4—6. — Lbwb. bei Deuringen 2c.

Cyperaceen. *Juss.*

A. Bth. zwitterig.
  a. Bälge 2reihig.

Cyperus. *L.* Bälge zahlreich, die untern 1—2 kleiner, leer. Spirre zsgesetzt.

Schoenus. *L.* Bälge 6—9, die 2—3 untern leer. Bth. in Köpfch.

  b. Bälge von allen Seiten dachziegelig auf einander liegend.
    A. Die 3—4 untern Bälge kleiner u. unfruchtb.

Cladium. *P. Br.* Nuß bespitzt durch den bleibenden, ungegliederten Grund des Gf.

    B. Die unt. Bälge größer o. gleichgroß, 1—2 berf. unfruchtb.
      a. Borsten eingeschlossen o. fehlend.

Heleocharis. *R. Br.* Nuß durch den bleibenden, gegliederten Grund des Gf. bespitzt.

Scirpus. *L.* Nuß durch den bleibenden, ungegliederten Grund des Gf. bespitzt.

      b. Borsten hervortretend.

Eriophorum. *L.* Borsten wollartig, viel länger als d. Bälge.

B. Bth. eingeschlechtig.

Carex. *L.* Balg 1klappig, einen zweiten innern mit seinen Rändern zsgewachsenen, ein flaschenf. Pg. darstellenden, den Frkn. einschließenden Balg stützend.

Cyperus. *L.* Cypergras.

890. C. flavescens. *L.* Gelbl. C. N. 2. Nüßch. rundl. elf. H. 2—6" h. Bälge gelbl. mit grünen Rückenstreifen. 7. 8. — Smpf., Fußwg. nach Mühlhf., Schmutterth.

891. C. fuscus. *L.* Schwarzbraunes C. N. 3. Nüßch. ellipt. H. 3—8" h. Bälge schwarzbraun mit grünem Rückenstreifen. 7. 8. — Smpfwf, Fußwg. nach Mühlhf., Lechkies.

Schoenus. *L.* Knopfgras.

892. Sch. nigricans. *L.* Schwärzl. K. Köpfch. aus 5—10 Aehrch. zsgef., endst. Aeußeres Hüllblättch. schief aufstrebend. H. ¹/₂—1' h. B. pfrieml., halb so lg. als der Stgl. 5. 6. — Moore b. Lechebene, Lechf., Mühlhf.

893. Sch. ferrugineus. *L.* Rostb. K. Köpfch. aus 2—3 Aehrch. zsgef., auf d. Spitze d. Halms seitenst. Aeuß. Hüllb. steif aufr. B. pfrieml., viel kürzer als d. Halm. 5. 6 — Mit d. vor., Leitershf., Wertachthal.

Cladium. *P. Br.* Sumpfgras.

894. Cl. Mariscus. *R. Br.* Deutſches S. Blthſtand vielfach äſtig. Aehrch. kopff. knäuelig. H. 3—4′ h., beblättert. 7. 8. — Moor zw. Lechhſ. u. Statzling.

Heleocharis. *R. Br.* Sumpfbinſe.

A. Mit 2 N.
    a. W. kriechend. Nuß ſtumpfrandig. Balg zieml. ſpitz.

895. H. palustris. *R. Br.* Gem. S. Der unt. Balg das halbe Aehrch. umfaſſ. H. bläul. hellgrün, 1/2--11/2′ h. 5—7. — Sümpfe.

896. H. uniglumis. *Lk.* Einbalgige S. Der unt. Balg den Grund des Aehrch. ganz umfaſſ. H. glänzend grasgrün, 1/2— 3/4′ h. 5—7. — Smpf. zw. Lechhſ. u. St. Stephan.

    b. W. faserig. Nuß ſcharfrandig. Balg abgerundet ſtumpf.

897. H. ovata. *R. Br.* Eiförm. S. Aehre eif. kugelig, reichblth. H. walzl., 1/2′ h. 7. — Smpf., Flußuf., b. Lechhſ., Meringerau.

B. Mit 3 N.

898. H. acicularis. *R. Br.* Nadelf. S. Balg eif., ſtumpf. H. gefurcht 4ſeitig, 1—4″ h., borſtenf. 6. 7. — Fcht. Uf., Wöllenburg, zw. Göggingen u. Bergheim.

Scirpus. *L.* Binſe.

A. Mit einem einzelnen, am H. o. den Aeſten endſt. Aehrch.

899. Sc. pauciflorus. *Lightf.* Armbth. B. Aehrch. auf d. Spitze des H. N. 3. Oberſte Scheide des H. in ein kurzes B. endigend. Bälge ſtumpf, ſtachelſpitzig. H. 2—6″ h. 6. — Flußuf. u. Moorgründe, Statzling.

B. Aehrch. in ſcheinbar ſeitenſt. Spirren o. Knäueln.

900. Sc. setaceus. *L.* Borſtenf. B. Aehrch. zu 1, 2, 3. Bälge der Länge nach gefaltet. H. 1—4″ h., fadenf. 7. 9. — Teich- u. Bachränder b. Haardt, Wöllenbg. ꝛc.

901. Sc. lacustris. *L.* See-B. Aehrch. zahlreich, büſchelig gehäuft. Bälge glatt. H. 2—8″ h., grasgrün. 7. 8. — Steh. Waſſer.

C. Aehrch. in einer mehrfach zſgeſ., ebenſträuß. Spirre.

902. Sc. sylvaticus. *L.* Wald-B. Aehrchen in ſitzenden und geſtielten Büſcheln. Bälge ſtumpf, fein ſtachelſpitzig. H. 2— 4′ h. 7. 8. — Grb.; zw. Roſenauberg und Wertach; Lechhauf., Gailenbach.

D. Aehrch. 2reihig, genähert, in zſgedrückter, endſt. Aehre.

903. Sc. compressus. *Pers.* Zſgedrückte B. Aehrch. zahlreich, 6—8blth. H. 4—10″ h. 7. 8. — Uf., Ablaß ꝛc.

Eriophorum. *L.* Wollgras.

A. Mit einer einzelnen, gipfelst. Aehre.

904. E. vaginatum. *L.* Scheidiges W. B. am Rand
rauh. H. 1—1½' h. 4. 5. — Derchlng.

B. Mit einer gipfelst. u. mehrern seitenst. Aehren.
 a. B. au b. Spitze 3kantig. Alle Aehren zuletzt überhängenb.

905. E. latifolium. *Hoppe.* Breitb. W. B. flach. Blth=
Stiele rauh. H. ½—1½' h., stumpfkantig. 4. 5. — Moorwf.

906. E. angustifolium. *Roth.* Schmalb. W. B. lineal=
rinnig. BStiele glatt. H. ½—1½' h., fast stielrund. 4. 5. —
Sumpf. in Wdthl. b. westl. Höhen.

 b. B. 3kantig. Endst. Aehren aufr.

907. E. gracile. *Koch* Schlankes W. BthStiele filzig
rauh. H. 1—1½' h. 5. 6. — Sumpfmoore, Straßberg.

Carex. *L.* Segge.

I. Rotte. Einährige Seggen. Nur eine 1= o. 2geschlechtige Aehre.
 A. Aehren eingeschlechtig. N. 2. Fr. genähert.

908. C. dioica. *L.* Zweihäuf. S. WStock kriechend. B.
u. H. kahl. H. 3—6" h. 4. 5. — Sumpf. Bachuf. b. Lechfeldes.

909. C. Davalliana. *Smith.* Davall's S. W. faserig,
rasig. BRand u. H. rauh. H. 8—12" h. 4. — Sumpf., Bch.,
Gräben.

 B. Aehren zweigeschlechtig.

910. C. pulicaris. *L.* Floh=S. N. 2. Fr. längl., entfernt.
Balg abfällig. H. 4—6" h., rasig. 5. — Lechthlmoore, Wulfertshf.

911. C. capitata. *L.* Kopfige S. N. 2. Fr. flach zsge=
drückt, dicht gebrungen. Balg bleibend. H. 6—8" h. 5. — Sumpf.
b. Wdth. b. westl. Höhen.

II. Rotte. Zsgesetzte S. Aehre aus mehreren, oft zahlreichen Aehrch.
 zsgesetzt. Fr. flach convex o. plattgebrückt. N. 2.

 A. Obere u. untere Aehrch. mit Stplbth., bie mittl. mit Stbgfbth.

912. C. disticha, *Huds.* Zweizeilige S. W. mit lg.
Auslf. H. mit rauhen Kanten. Fr. schmalrandig. 5. — Grb.,
Sümpfe.

 B. Ob. Aehrch. mit Stbgfbth., unt. mit Stplbth.
 a. Fr. abstehend.

913. C. vulpina. *L.* Fuchsbraune S. H. scharf 3kantig
mit concaven Flächen (1—2' h.) Fr. 5nervig. 5. — Sumpf. Wdth.;
Anhaufer Thal.

914. C. muricata. *L.* Sperrfrüchtige S. H. 3kantig
mit ebenen Flächen, obh. rückw. scharf. Fr. sparrig, flach conver,
nervenlos o. unbeutl. nervig. 5. — Raine, Grasplätze.

b. Fr. aufr.

915. C. teretiuscula. *Good.* Rundl. S. H. oben stumpf 3kantig mit schwach gewölbten Flächen, ($^3/_4$—$1^1/_2'$ h.) Aehre zsgef. o. dopp. zsgef., dicht gehäuft. 5. — Smpf., Lechf., Haberskirch.

916. C. paniculata. *L.* Rispige S. H. 3kantig mit ebenen Flächen, rückw. scharf (1—3' h.). Aehren rispig. Fr. etwas gestreift, nicht gerippt. 5. — Smpf. Uf.; Wolfszahn, Griesbach.

817. C. paradoxa. *Willd.* Seltsame S. H. (1—2' h.) u. Aehren wie vor. Fr. auf der innern Seite mit 6, auf der äußern mit 10—12 Längsrippen. 5. — Smpf. am Straßberg.

C. Ob. Aehrch. mit Stplbth., untere mit Stbgfbth.; sämmtl. in einfacher Aehre wechselst.
a. WStock kriechend.

918. C. brizoides. *L.* Zittergrasartige S. Aehrch. etwas gekrümmt, strohgelb. Fr. lz., länger als ihre Deckschuppen. H. 1—2' h. 5. — Wd. b. westl. Höhen.

b. WStock dicht rasig, ohne Auslf. o. wenig kriechend.
a. Die untersten Aehrch. weit auseinander gerückt, in der Achsel eines langen, den Halm überragenden Dckb.

919. C. remota. *L.* Entferntährige S. H. schlank u. schwach, in einem Bogen überhängend (1—2' h.). 5. — Siebentischwd., Anwalbing, Derching

b. Aehrch. genähert o. wenig auseinander gerückt, alle mit kurzen Dckb.
aa. H. mit 3 scharfen, rückw. f. rauhen Kanten.

920. C. elongata. *L.* Verlängerte S. Aehre aus 6—10 etwas entfernten, längl. Aehren zsgef. H. 1—2' h. 5. — Fcht. WWf. der westl. Höhen.

bb. H. stumpfkantig, glatt, nur unt. b. Aehre rückw. schärfl.

921. C. stellulata. *Good.* Sternf. S. Aehre aus 3—5 etwas entfernten, kugeligen Aehrch. Fr. sparrig abstehend, in einen 2zähn., feingesägt rauhen Schnabel zugespitzt. H. $^1/_2$—1' h. 5. — Fchte Wf., Wbthäler.

922. C. leporina. *L.* Hasenpfoten=S. Aehre aus 5—6 genäherten, breit=ellipt. Aehrch. Fr. aufr. mit geflügeltem Rande. H. $^1/_2$—1' h. 6. — W. b. westl. Höhen.

923. C. canescens. *L.* Weißgraue S. Aehre aus 4—7, am Grund etwas entfernten, ellipt. Aehrch. Fr. aufr. abstehend, ungeflügelt, bdrf. gestielt. H. $^1/_2$—1' h. 5. — Smpf. im Anhauser Thal.

III. Rotte. Mehrährige S. Die endst. Aehre, zuweilen auch die obersten seitl. Aehren, mit Stbgfbth.; die seitl., wenigstens die unt., mit Stplbth.
A. Fr. mit einem kurzen, ganzrand., ausgerandeten o. kurz 2zähn. Schnabel.
a. R. 2. Fr. plattgedrückt, meist flach convex.
A. W. ohne Auslf. BScheiden netzig gespalten.

924. C. stricta. *Good.* Steife S. H. steif aufr., scharf=

kantig (1½ — 2′ h.) StbgfAehren 1, 2; StplAehren 2, 3, aufr.
Fr. flach, etwa 6nervig. 4. 5. — Sumpf. Uf.

925. C. vulgaris. *Fries.* Gem. S. H. schlaff (¼—1′ h.).
Unt. BScheiden netzig gespalten. Fr. etwas conver, nervenlos. Stbgf-
Aehren 1, 2; StplAehren 2—4 4. 5. — Sumpf., Grb.

 B. W. mit kriech. Auslf. BScheiden nicht netzig gespalten.

926. C. acuta. *L.* Spitzkantige S. Unt. Dckb. länger
als der (2—3′ h.) H. StbgfAehren 2, 3; StplAehren 3, 4. Fr.
deutl. gestreift. 5. — Uf., an der Wertach.

 b. N. Z. Fr. 3kantig.
 A. Fr. kahl. Endst. Aehre mit Stbgfbth.
 a. Dckb. des BthStandes am Grund nicht scheidenf.

927. C. limosa. *L.* Schlamm=S. W. mit Auslf. Fr.
rundl. oval, linsenf. zsgedrückt, kahl, vielnervig. StplAehren 1—2,
genähert. B. schmal lineal, faltig rinnig. H. 1′ h. 5. — Sumpf.
bei Straßberg.

 b. Dckb. des BthStandes am Grund scheidenf.
 aa. B. u. Scheiden beh. H. rückw. rauh.

928. C. pallescens. *L.* Bleiche S. Fr. elliptt. längl., schnabel=
.los, etwas zsgedrückt. StplAehren 2—3, nickend. H. 1′ h. 5. —
W. b. östl. u. westl. Höhen.

 bb. B. u. Scheiden kahl. H. glatt. W. mit Auslf.

929. C. panicea. *L.* Hirsenartige S. StbgfAehre einzeln,
StplAehren meist 2, lockerbth., alle aufr. H. 1′ h. 5. — Fchte
Ws., Flußuf.

930. C. glauca. *Scop.* Meergrüne S. StbgfAehren 1—2,
StplAehren 2—3, dicht früchtig, hängend. H. 1—1½′ h. 4. —
Fcht. Ws., Obsch., Flußuf.

931. C. alba. *Scop.* Weiße S. StbgfAehren einzeln, Stpl=
Aehren 2, meist 5bth., alle gestielt. Fr. kugelig eif. 4. — Lechauen.

 B. Fr. (eigentl. FrSchläuche) filzig o. beh.
 a. Dckb. am BthStand scheidenlos o. f. kurz scheidig. Fr. gedrängt.
 aa. Fr. kugelig bis kugelig vk. eif.

932. C. pilulifera. *L.* Pillentragende S. W. faserig.
Unt. Dckb. blattartig, aufr. abstehend. StplAehren rundl., meist 3,
genähert. H. ½—1′ h. 5. — WdSumpf; Straßberg.

933. C. tomentosa *L.* Filzige S. W. mit Auslf. Unt.
Dckb. meist wagr. abstehend. StplAehren walzl., 1, 2. H. ¾—
1¼′ h. 5. — Lechauen.

 bb. Fr. vk. eif. bis längl. vk. eif.
 aaa. W. faserig, gedrungen rasig.

934. C. montana. *L.* Berg=S. Fr. allmälig in ein f. spitzes
Schnäbelch. übergehend. Dckb. trockenhäutig, gestutzt mit Stachel=
spitze. H. 3—10′ h. 4. — W., Lechauen.

935. C. polyrrhiza. *Wallr.* Vielwurzlige S. Fr. an
d. Spitze plötzl. in einen stielrunden Schnabel zsgezogen. Dckb. häutig,
gegen die Spitze plötzl. verschmälert. H. 1′ h. mit s. langen B.
5. — W. d. westl. Höhen.

bbb. W. mit Ausls.

936. C. cricetorum. *Poll.* Heide=S. Fr. birnf., mit auf-
gesetztem, stumpfem Schnäbelch). Bälge wimperig gezähnelt, vk. eif.,
stumpf, weißl. berandet. H. 4—10″ h. 4. — Trk. Abhg., Mühlhausen, Wöllenbg.

937. C. praecox. *Jacq.* Frühzeitige S. Fr. vk. eif., mit
kurzem Schnabel. Bälge lz., mit langer Stachelspitze. H. 2—10″ h.
4. — Ws., Hd.

b. Dckb. am BthStand scheidenf., mit wenig entwickelter BSpreite.
Fr. locker stehend.

aa. H. mittelst.

938. C. humilis. *Leyss.* Niedrige S. BthStiele v. einem
häutigen, bloßen Dckb. umschlossen. H. 1 - 4″ h., kürzer als die
rinnigen B. 4. — Gbsch., Abhg. zw. Staßling u. Derching, bei
Lechhausen.

bb. Halme seitenst., mit ausb. mittelst. BRosette.

939. C. digitata. *L.* Gefingerte S. StplAehren meist 3,
etwas entfernt. Fr. so lg. als die ausgerandet gezähnelten Bälge.
H. 3—6″ h. 5. — W.; Wulfertshf.

940. C. ornithopoda. *Willd.* Vogelfußf. S. StplAehren
meist 3, dicht zsgestellt. Fr. länger als die etwas ausgerandeten,
nicht gezähnelten Bälge. H. 3 — 5″ h. 4. — Hd. d. Lechebene,
Wolfszahn, vor d. Spickel, Schinderhölzch.

B. Fr. in einen längern Schnabel auslf. Schnabel 2zähn. o. mit 2 Haarspitzen, selten 2lappig o. zahnlos. N. 3.

a. Fr. kahl.

A. Das unterste Dckb. des BthStandes mit einer Scheide. WStock
ohne Ausls. Nur eine StvgfAehre.

a. Dckb. kurzscheidig, zur Zeit der Reife weit abstehend o. zurückgebrochen. StplAehren kugelig eif. Fr. sparrig abstehend.

941. C. flava. *L.* Gelbe S. Fr. aufgeblasen mit zurück-
gekrümmtem Schnabel. StplAehren 2—3, zieml. genähert. H. ½
— 1′ h. 5. — Fcht. Flußuf., am Lech.

942. C. sempervirens. *Vill.* Immergrüne S. Fr. eif. lz.
mit feingesägt wimperigem, an d. Spitze trockenhäutig 2lapp. Schnabel.
StplAehren meist 3, lockerbth. 6. — Lechf.

943. C. Oederi. *Ehrh.* Oeder's S. Fr. klein mit geradem
Schnabel. H. 1—6″ h. 5. — Smpf., Grb.

b. Dckb. langſcheidig, aufr., meiſt ſo lg. o. lgr. als b. Aehre.
StplAehren eif. längl. o. ellipt. Fr. abſtehend.

aa. Bälge ſpitzig.

aaa. Alle Aehren aufr. Fr mit einem 2ſp, am Rand
feingeſägt rauhen Schnabel. BHäutch. eif., kurz,
abgeſchnitten.

944. C. Hornschuchiana. *Hoppe.* Hornſchuch's S. H.
glatt o. an d. Spitze etwas rauh (1' h.). StplAehren meiſt 3, die
unt. weit entfernt. Fr. eif., aufſtrebend. 5. — Fcht Wſ., Uf.

945. C fulva. *Good.* Braune S. H. rauh (1½—2' h.),
gelbgrün. StplAehren 2, die unt. hervortretend geſtielt. Fr. eif.,
aufgeblaſen, weit abſtehend. 5. — Fcht. Wſ.; Wulfertshf., am Lech

bbb. Die StplAehren hängend.

946. C. sylvatica. *Huds.* Wald = S. Aehren entfernt, locker=
bth. Fr. glatt, 3kantig, ellipt., in einen linealen, berandeten, 2ſp.,
am Rand kahlen Schnabel zugeſpitzt. StplAehren 4, lg. geſtielt,
lockerbth. H. 1—2' h. 6 — W. b. Wulfertshf.

bb. Bälge eif, ſtumpf, mit einer rauhen Spitze. Aehren
aufr. FrSchnabel innen kurz borſtig.

947. C. distans. *L.* Entferntährige S Fr kahl, nervig,
die ſeitenſt. Nerven etwas hervortretend. StplAehren meiſt 3, die
unt entfernt. H. 1—2' h. 5. — Fcht. Wſ. und Ufer; Lechf.,
Wulfertshf., Meringerau.

B. Dckb. des BthStandes ohne Scheide. Zähne des FrSchnabels
aus einander tretend. W. mit Auslf. Meiſt mehrere StbgfAehren.

a. Fr. auf beiden Seiten conver. StbgfAehren 1—3, Stpl=
Aehren 2—3, entfernt, aufr., gedrungenbth.

948. C. ampullacea *Good.* Flaſchen = S. H. ſtumpfkantig,
glatt (2' h.). Fr. weit abſtehend, faſt kugelig, aufgeblaſen 5. —
Grb., Weiher, Smpf.

949. C. vesicaria. *L.* Blaſen = S H. ſcharfkantig, rauh
(1—1½' h.) Fr. ſchief abſtehend ei=kegelf. 5. — Grb., Smpf.;
Leitershf., Diebelth, Anhauſer Thal.

b. Fr. vorn conver, hinten flach

950 C. paludosa. *Good.* Sumpf = S BScheiden netz=faſerig
geſpalten. Bälge der StbgfBth ſtumpf StbgfAehren 2—3, Stpl=
Aehren 2—3. H. 2—3' h. 5. — Uf.

951. C. riparia. *Curt.* Ufer = S. BScheiden geſchloſſen. Bälge
der StbgfBth. mit einer etwas ſteifen, längern Stachelſpitze. Stbgf=
Aehren 3—5, StplAehren 3—4. H. 2—4' h. 5. — Uf.; Fuchs=
bach b. Pferſee.

b. Fr. behaart.

952. C. filiformis. *L.* Fadenf. S Dckb. kurzſcheidig. B.
ſ. ſchmal, rinnig. Fr. längl. eif., gedunſen. StbgfAehren 1—2,

StplAehren 2—3. H. 1½—3′ h., ſtumpfkantig. 5. — Sumpf.;
Straßberg, Haberskirch.

953. C. hirta. *L.* Kurzh. S. Dckb. langſcheidig. Stbgf=
Aehren 2, StplAehren 2—3. B. flach, lineal. Fr. eif. H. ½
—2′ h., glatt. 5. — Flußſand, trk. Grb, Roſenauberg.

Gramineen. *Juss.*

Ueberſicht der Gruppen.

I. Aehrch. ohne Anſatz einer höhern Bth., 1bth., zwitterig, ſelten eingeſchlechtig,
mit je 3, wenigſtens in Rudimenten vorhandenen Hüllſpelzen. Einige o.
alle Aehrch. geſtielt, plattgedrückt.

Andropogoneen. *Kth.* Unterſte Hüllſp. größer als die obern.
Spelzen kraut= o. hautartig.

Paniceen. *Kth.* Unterſte Hüllſp. kleiner als die obern. Vor=
u. Deckſp. papierartig o. knorpelig.

II. Aehrch. ohne Endbth., oft mit Anſätzen höherer Bth. am Ende ihrer Achſe.

A. Bth. 1häuſ.

Olyreen. *N. v. Es.* StbgfBth. in endſt. Riſpe, StplBth. in
ſeitl. kolbenartigen Aehren.

B. Bth. zwitterig, o. theils zwitterig, theils eingeſchlechtig.

a. 2 Sff.

A. 4 Hüllſpelzen.

Phalarideen. *Kth.* BthStb. eine oft ährenähnl. Riſpe.

B. 2 Hüllſpelzen.

a. Aehrch. geſtielt, in einer entwickelten o. ſelten ährenähnl.
Riſpe.

aa. Aehrch. 1bth.

Alopecuroideen. *Koch.* Aehrch. v. d. Seite zſgedrückt. Sff.
lang, N. an der Spitze hervortretend. Aehrenähnl. Riſpe.

Agrostideen. *Kth.* Aehrch. wie vor. Sff. fehlend o. kurz,
N. am Grund hervortretend. Deutl. äſtige, ſelten ährenähnl. Riſpe.

Stipaceen. *Kth.* Aehrch. pfriemenf., v. Rücken her ein wenig
zſgedrückt. Sff. fehlend, kurz; N. an d. Seite hervortretend. Riſpe.

bb. Aehrch. 2= bis mehrbth.

aaa. Hüllſp. ſo lg. o. faſt ſo lg. als das ganze Aehrch.

Avenaceen. *Kth.* Sff. ſ. kurz o. fehlend; N. am Grund her=
vortretend. Deutl. äſtige, ſelten ährenartige Riſpe.

Sesleriaceen. *Koch.* N. fadenf., an der Spitze hervortretend.
(Aehre eif., meiſt einſeitswendig.)

bbb. Hüllſp. kürzer als die nächſte Bth.

Arundinaceen. *Kth.* Sff. verlängert; N. ſprengwedelig an
d. Seite hervortretend. Spindel des Aehrch. mit ſeidenartigen Haaren
beſetzt.

Festucaceen. *Kth.* Off. f. kurz o. fehlend; N. am Grund
o. an der Seite hervortretend. BthStand meist abwechſelnd 2zeil.,
riſpenartig. (Deckſp. zur Zeit der Reife mit je einem Glied d. zer=
brechenden Spindel abfallend.)

6. Aehrch. ſiß. o. f. kurz geſtielt in Aehren zſgeſtellt.

Hordeaceen. *Kth.* Aehrch. 1—mehrbth., abwechſelnd an den
entgegengeſetzten Seiten in den Ausſchnitten der Spindel ſitzend.

h. 1 Griffel.

Nardoideen. *Koch.* BthStd. eine einſeitige Aehre. Aehrch.
in den Ausſchnitten der Spindel ſitzend. N. fädl., aus der Spitze
der Bth. hervortretend.

Ueberſicht der Gattungen.

1. Gruppe. Olyreen. **Maisgräſer.**

Zea. *L.* Off. verwachſen, mit f. lg., kurz u. zart gewim=
perten N.

2. Gruppe. Andropogoneen. **Bartgräſer.**

Andropogon. *L.* Aehrch. an den Gelenken einer Aehre o.
gegliederten Riſpe gezweit, das eine ſitzend, zwitterig; das andere
geſtielt, nur mit StbgſBth.

3. Gruppe. Paniceen. **Hirſegräſer.**

Panicum. *L.* Aehrenähnl. o. ausgebreitete Riſpen o. fingerig
geſtellte Aehren. Aehrch. hinten gewölbt, vorn mehr o. weniger flach.
Hüllſp. wehrlos, die unterſte oft f. klein.

Setaria. *Beauv.* Aehrenf. Riſpe. Hüllſp. durch vorw. o. rückw.
gekehrte Zähnch. rauh.

4. Gruppe. Phalarideen. **Glanzgräſer.**

A. Aehrch. mit 1 Zwitterbth., bisweilen von 1 o. 2 leeren, begrannten o.
gewimperten Spelzen begleitet.

Anthoxanthum. *L.* Deckſp. kleiner als die innern Hüllſp.,
häutig, durchſichtig. Stbf. 2.

Phalaris. *L.* Deckſp. weit größer als die 2 innern Hüllſp.,
undurchſichtig, glänzend, gekielt. Stbf. 3.

B. Aehrch. mit 2 o. mehr Zwitterbth., ohne o. mit leeren Bth.

Hierochloa. *Gmel.* Deckſp. viel kürzer als das Aehrch. Die
Zwitterbth oben, unbeh. Stbf. 2.

5. Gruppe. Alopecuroideen. **Fuchsſchwanzgräſer.**

Alopecurus. *L.* Riſpe walzenf., ährenartig, mit ſpiralig ſtehen=
ben Aehren. Deckſp. 1. N. weichhaarig.

Phleum. *L.* Riſpe wie vor. Deckſp. 2. N. gefiedert.

6. Gruppe. Agrostideen. **Windhalmgräſer.**

Agrostis. *L.* Aeuß. Hüllſp. länger als die innern; Deckſp.
am Grund mit f. kurzen Haaren.

Apera *Adans.* Aeuß. Hüllſp. kürzer und ſchmäler als die innern.

Calamagrostis. *Roth.* Beide Hüllſp. ungefähr gleich lang, am Grund der Deckſp. ein mehrreihiger Kreis von langen Haaren.

7. Gruppe. Stipaceen. Pfriemengräſer.

Milium. *L.* Deckſp. unbegrannt, pergamentartig, die papierartige, glänzende Vorſp. umfaſſ.

8. Gruppe. Arundinaceen. Rohrgräſer.

Phragmites. *Trin.* Aehrch. 4—6bth., ihre Spindel mit langen, ſeidenartigen Haaren beſetzt

Molinia. *Moench* Aehrch. 2—5bth., ihre Spindel mit kürzeren, weichen Haaren beſetzt.

9. Gruppe. Sesleriaceen.

Sesleria. *Ard.* 2 faſt gleich große, gekielte, häutige, faſt das ganze Aehrch. umgebende Hüllſp.

10. Gruppe. Avenaceen. Habergräſer.

A. Aehrch. 2bth., unt. Bth. zwitterig, grannenlos; obere nur mit Stbgf., begrannt.

Holcus. ·*L.* Hüllſp. faſt gleichgroß, die Deckſp. überragend.

B. Aehrch. 2bth.; untere Bth. nur mit Stbgf., begrannt; obere zwitterig, grannenlos.

Arrhenatherum. *Beauv.* Unt. Hüllſp. weit kleiner als die ob., ſo lg. als die Deckſp.

C. Alle Aehrch. zwitterig.

Avena. *L* Deckſp. an d. Spitze 2zähn. o. geſpalten o. 2grannig, meiſt mit einer rückenſt., gewundenen, geknieten Granne.

Aira. *L.* Deckſp. an d. Spitze geſtutzt o. gezähnelt, über dem Grund o. auf der Mitte des Rückens mit einer in der Mitte einw. gebogenen o. faſt geraden Granne.

Triodia. *R. Br.* Deckſp. an d Spitze geſpalten, mit einem aus dem Spalt hervorgehenden Zahn o. einer Stachelſpitze.

Melica. *L* Deckſp. an d. Spitze ganz, unbegrannt.

11. Gruppe. Festucaceen. Schwingelgräſer.

A. Unt. Deckſpelze ſtumpf o. abgerundet.

Briza. *L.* Aehrch. hzf. Rispe ausgebreitet, einſeitig. Deckſp. bauchig gewölbt.

Glyceria. *R. Br.* Aehrch. außer der BthZeit walzenf. o. längl. Deckſp. halbröhrenf., auf dem Rücken abgerundet, vielnervig. Karyopſe ellipt. mit einer breiten und tiefen Furche.

Poa. *L.* Aehrch. eif mit gliedweiſe zerfall. Spindel. Deckſp. eif. o. lz., zſgedrückt, auf dem Rücken gekielt. Karyopſe ohne Furche.

B. Unt. Deckfp. fpitz o. begrannt.

   a. Aehrch. am Grund mit je einem kammart. Seitenährch. mit zahl=
reichen, bthlofen Spelzen verfehen.

Cynosurus. *L.* Rispe ährenähnl., deutl. einfeitig. Karyopfe
auf der innern Seite mit einer feichten Vertiefung.

   b. Aehrch. ohne kammart. Seitenährch.

     A. BthStand einfeitig.

Dactylis. *L.* Deckfp. gekielt, kurz begrannt. Rispe knäuel=
artig gelappt.

Festuca. *L.* Deckfp. auf dem Rücken abgerundet, lz. o. lz=
pfrieml.

     B. Aefte des BthStandes an gegenüberlieg. Seiten abwechf.

Koeleria. *Pers.* Rispe gedrungen, fchmal; Hauptfpindel ftiel=
rund; Spelzen kahl.

Bromus. *L.* Rispe locker, ausgebreitet; Hauptfpindel ftiel=
rund; Vorfp. an den Kielen kammf. gewimpert.

Brachypodium. *Beauv.* Aehre 2zeilig, Spindel 4kantig; Vorfp.
am Rand kammartig gewimpert.

   12. Gruppe. Hordeaceen. Gerftengräfer.

A. Aehrch. einzeln in den Ausfchnitten der Spindel fitzend.

   a. Karyopfe an der Spitze behaart.

Triticum. *L.* Aehre meift mit Gipfelährch; feitl. Aehrch. der
Spindel parallel, 3= o. mehrbth.

Secale. *L.* Wie vor., aber alle Aehrch. feitl., 2bth., felten
mit dem Anfatz einer dritten Bth.

   b. Karyopfe an der Spitze kahl.

Lolium. *L.* Mit einem Gipfelährch. Seitl. Aehrch. in den
Ausfchnitten der Spindel, fenkr. zu derfelben, fitzend, mehrbth.

B. Aehrch. zu 2 bis mehreren in d. Ausfchn. d. Spdl. fitzend.

Hordeum. *L.* Alle Aehrch. feitl., 1bth., ftets zu 3 in den
Ausfchnitten der Spindel.

Elymus. *L.* Aehre mit einem Gipfelährch. Aehrch. meift
mehrbth., zu je 2—4 in den Ausfchn. d. Spdl.

   13. Gruppe. Nardoideen. Narbengräfer.

Nardus. *L.* N. einfach, fädl., verlängert, aus der Spitze der
Bth. hervortretend.

———

      Zea. *L.* Mais.

954. Z. Mays. *L.* Türkifch Korn. H. 3—8' h. Bth.
1häuf. StbgfBth. endft., traubig rifpig; SiplBth. in bwlnkelft.
Aehren. Karyopfen rundl. nierenf., in 8, paarweife genäherten Reihen
der fleifchigen Achfe eingefügt. 6—8. — Cult.

Andropogon. *L.* Bartgras.

955. A. Ischaemum. *L.* Vielähriges B. H. 1—1¹/₂′ h.
Aehren 5—10, fingerig. Spelzen durchsichtig, 3, die mittl. begrannt.
7. 8. — Trk. Hügel; Pfannenstiel, Mühlhf, Scherneck.

Panicum. *L.* Hirse.

956. P. glabrum. *Gaud.* Kahler H. BthStand am Grund
fingerig, meist in 3 einseitswendige Aehren geth. Aehrch. ellipt.,
flaumig, auf den Nerven kahl. H. ¹/₂—³/₄′ h. 7. 8. — Brachäcker b. Kissing, zw. Anwalbing u. Scherneck.

957. P. Grus galli. Hühner-H. BthStand rispenf. Rispenäste ährenartig, einseitswendig. Aehrch. ellipt., begrannt, mit kurzen,
steifh. Stieleu. H. 1—3′ h. 7. 8. — Sand. Af. b. Wulfertshf.,
Mühlhf., Hainhofen.

958. P. miliaceum. *L.* Gem. H. Rispe weitschweifig, überhängend. Rispenäste rückw. scharf. Aehrch. an lg., dünnen, welligen
Stieleu. H. 1¹/₂—3′ h. 7. 8. — Cult. (Königsbrunn.)

Setaria. *Beauv.* Fennich, Hirsegras.

A. Zähnch. der Hüllen rückw. gekehrt.

959. S. verticillata. *Beauv.* Quirliger F. Rispe am
Grund oft unterbrochen. Spelzen d. Zwitterbth. zieml. glatt. 7. 8.
— Garten des Stiftes St. Stephan.

B. Zähnch. der Hüllen vorw. gerichtet. Rispe walzl.

960. S. viridis. *Beauv.* Grüner F. Spelzen d. Zwitterbth.
zieml. glatt, so lg. als die Spelzen der geschlechtslosen Bth. H. ¹/₂
—1¹/₂′ h. 7. — Auf cult. Land.

961. S. glauca. *Beauv.* Bläul. grüner F. Spelzen der
Zwitterbth. querrunzlig, dopp. so lg. als die Spelzen der geschlechtslosen Bth. H. ¹/₂—1′ h. 7. — Af.

Anthoxanthum. *L.* Ruchgras.

962. A. odoratum. *L.* Gem. R. Rispe ährenähnl. Unt.
Hüllsp. kaum halb so lg. als die zweite. Decksp. f. stumpf, Vorsp.,
Stbgf. u. Frkn. fast röhrenf. umgebend. Dichte Rasen bildend. H.
1—1¹/₂′ h. 6. 7. — Wf., Wd.

Phalaris. *L.* Glanzgras.

963. Ph. arundinacea. *L.* Rohrart. G. Rispe ausgebreitet,
einseitig. Aehrch. 1bth. mit 4 Hüllsp., büschelig zsgestellt. H. 2
—6′ h. 6. 7. — Uf. (var. picta, Bandgras, in Gärten cult.)

Hierochloa. *Gm.* Darrgras.

964. H. odorata. *Wahlbg.* Rispe ausgesperrt. BthStielch.
kahl. 5. — Obsch. am Lech, Wolfszahn, Gersthf.

Alopecurus. *L.* Fuchsschwanzgras.

A. Hüllsp. bis gegen die Mitte mit einander verwachsen.

965. A. pratensis. *L.* Wiesen-F. Ausd. mit kriechender W. Aeste der Rispe mit 4—6 Aehrch. H. 1—3' h. 5. 6. — Wf.

966. A. agrestis. *L.* Acker-F. Einj. Aeste der Rispe mit 1—2 Aehrch. Rispe walzenf., bbrf. verschmälert. BScheiden angedrückt. H. ³/₄—1¹/₂' h. 4—6. — Ak. zw. d. evang. Gottesacker u. dem Ziegelstadel.

B. Hüllsp. nur am Grund der Ränder mit einander verwachs.

967. A. geniculatus. *L.* Geknieter F. Aehrch. eif. längl. Granne der Decksp. gekniet, nah am Grund des Rückens entspringend, dopp. so lg. als das Aehrch. H. bis 1' lg., aufstrebend, rasenf. 6. 7. — Grb., Derching, Neufäß.

968. A. fulvus. *Sm* Aehrch. ellipt Granne der Decksp. gerade, ein wenig unterhalb d. Mitte des Rückens entspringend, kaum 1¹/₂mal so lg. als die Spelze. H. bis 1' lg., aufsteigend, schwache Rasen bildend. 6. — Grb., smpf. Wbwege; Wöllenbg., Banacker, Mühlhf.

Phleum. *L.* Lieschgras.

969. Ph. Boehmeri. *Wibl.* Böhmer's L. Rispe ährenf., walzl., gewöhnl. 1—2" lg. BthStielch. am Grund der ob. Spelze mit einer rudimentären Bth. H. 1—2' h. 6. 7. — Hügel zw. Derching u. Statzling.

970. Ph. pratense. *L.* Wiesen-L. Rispe walzenf., 1—5" lg. Ohne Ansatz zum 2ten Bthchen. Granne 3mal so lg. als die längl., quer abgestutzte, plötzl. zugespitzte Hüllsp. H. 1—3' h. 6. 7. — Wf.

Agrostis. *L.* Windhalm.

A. Alle B. flach, in der Knospe gerollt. Vorsp. ausgebildet, weit kleiner als die Decksp.

971. A. vulgaris. *With.* Gem. W. BHäutch. f. kurz, abgestutzt. Rispe eif., auch nach d. BthZeit ausgebreitet. H. ¹/₂— 1¹/₂' h. 7. — Trk. Wf, Raine, Flußuf.

972. A. stolonifera. *L.* Ausläufertrb. W. BHäutch. längl. Rispe schmal kegelf., nach d. BthZeit zsgezogen. H. 1' h., aufsteigend. 7. — Wf., Raine, Wd., Uf.

B. B. einfach in der Richtung der Mittelrippe zsgefaltet. WB. borstenf. Vorsp. fehlend o. f. klein.

973. A. canina. *L.* Hunds-W. Rispe eif.; Rispenäste während der BthZeit ausgespreizt, später zsgezogen. H. 1—2' h. 6. 7. — Hd. u. scht. Wf. b. Derching.

Apera. *Adans.* Windfahne.

974. A. Spica venti. *Beauv.* Gem. W. Rispe weitschweifig. Decksp. unt. d. Spitze lg. begrannt. Stbbeutel lineal längl. H. 1—3′ h. 6. 7. — Unt. d. Getreid.

Calamagrostis. *Roth.* Reithgras.

A. Granne aus der Spitze o. dem Winkel der Spelze.

975. C. littorea. *DC.* Ufer=R. Rispe abstehend. Aehrch. ohne Ansatz zu einer zweiten Bth. Haare länger als die Sp. H. 2—4′ h 8. — Lechuf., Ablaß.

B. Granne unterh. der Spitze aus dem Rücken der Spelze.

a. Haare am Grund d. Bth. lgr. o. so lg. als die Spelze mit ihrer Granne.

976. C. Epigejos. *Roth.* Land=R. Rispe straff, knäuelig lapplg. Granne gerade, ⅓ lgr. als die Vorsp. H. 3 —5′ h. 8. — Flußuf.

b. Haare am Grund d. Bth. kürzer als die Sp. Granne gekniet.

977. C. montana. *Host.* Berg=R. Granne kaum länger als die Vorsp. H. 1—3′ h. 8. — Empf. Torfmoore d. Lechebene, zw. Lechhf. u. Derching.

978. C. sylvatica. *DC.* Wald=R. Granne länger als die Decksp. H. 1½—3′ h. 8. — Wd. d. westl. Höhen.

Milium. *L* Hirsegras, Flattergras.

979. M. effusum. *L.* Ausgebreitetes H. Aehrch. unbe= grannt. Decksp. fast so lg. als die Hüllsp. Rispe abstehend H. 2—3′ h. 6. — Laubw., Lohwäldch., b. d. Friedb. Sägmühle.

Phragmites. *Trin.* Schilfrohr.

980 Ph. communis. *Tr.* Gem. Sch. Rispe ausgebreitet. Unterste Decksp ohne Bth. o. nur mit Stbgf. H. 4—12′ h. 8. — Uf., scht. Ak.

Sesleria. *Ard.* Seslerie.

981. S. coerulea. *Ard.* Blaue S. Aehre eif. längl., meist einseitswendig. Aehrch. 2—3bth. Unt. Decksp. in 2 - 4 Borsten u. eine Granne aus der Mitte endigend. H. ½—1½′ h. 4. — Moore d. Lechebene.

Holcus. *L.* Honiggras.

982. H. lanatus. *L.* Wolliges H. Granne der ob. Decksp. schwach gedreht, fast ganz von den Hüllsp. eingeschlossen. H. 1—2′ h., am freien Theil der Gelenke mit kurzen, weichen Haaren. 6—8. — Fcht. Wf., Uf, Wd.

983. H. mollis. *L.* Weiches H. Granne der ob. Decksp.

gekniet, länger als die Hüllsp. H. 1—3' h., kahl. 7. 8. — Grb.
in Wd.; Wöllenbg., Deuringen.

Arrhenatherum. *Beauv.* Glatthaber.

984. A. elatius. *M. g. K.* Hoher G., franzöſ. Raygras.
Rispenäſte an gegenüberliegenden Seiten abwechſ. 2zeiltg. Unt. Hüllsp.
ſo lg. als die Deckſp., kleiner als die obere Hüllsp. H. 2—4' h.
6. 7. — Wf., Hd., Hk.

Avena. *L.* Haber.

A. Frkn. an der Spitze behaart.

I. Echte Haberarten. Aehrch. nach d. Verblühen o. ſchon vorher
hängend. Hüllsp. 5—9nervig. Granne der Deckſp., wenn vorhanden,
rückenſt. (Rispe ausgebreitet, gleichſeitig, mit wagr. abſtehenden
Aeſten.) Einj.

985. A. sativa. *L.* Gebauter H. Spindel der Aehrch.
obw. kahl, weiter unten nur rauh o. ſpärl. beh. — H. 1—3' h.
6. 7. — Cult.

986. A. fatua. *L.* Spindel der Aehrch. ganz mit ſtrupp.
Haaren beſetzt. 7. 8. — Ak. am Roſenaubg.

II. Wildhaber. Aehrch. aufr. Hüllsp. 1—3nervig. Deckſp. auf dem
Rücken begrannt. Ausd.

987. A. pubescens. *L.* Weichh. H. Aehrch. 2—3bth. B.
u Scheiden zottig. Rispe gleichſeitig mit aufr. Aeſten. H. 1—3' h.,
graugrün. 5. 6. — Wf.

988. A. pratensis. *L.* Aehrch. 4—5bth. B. obf. rauh, nebſt
den Scheiden kahl. Rispe faſt traubig. H. 2—4' h., meergrün.
6. 7. — Trk. Hügel; Roſenaubg., Siebentiſchw. am Fußweg nach
dem Ablaß, Lohe.

B. Frkn. kahl.

III. Glanzhaber. Hüllsp. etwas kürzer als die Deckſp., 1—3nervig.
Deckſp. mit einer an der Mitte o. obh. d. Mitte des Rückens ent-
ſpringenden Granne. Aehrch. 3bth. Achſe beh.

989. A. flavescens. *L.* Gold=H. Rispe aufr., ausgebreitet.
Achſe beh.; Haare viel kürzer als die Bth. H. 2' h., glatt. 6. 7.
— Wieſen.

Aira. *L.* Schmiele.

990. A. caespitosa. *L.* Raſen=Sch. Rispenäſte wagr. abſtehend, am Grund 3bth. Hüllsp. kürzer als das Aehrch. Granne
ſo lg. als die Deckſp., ein wenig einw. gebogen. H. 2—4' h. 6. 7.
— Fchte Wf., Wd., Flußuf.

991. A. flexuosa. *L.* Geſchlängelte Sch. Rispenäſte
aufr. abſtehend, oben überhängend. Stielch. d. 2ten Bth. 1/4 ſo lg.
als die Bth. ſelbſt. Bth. über d. Grund begrannt. H. 1—2' h.,
aufr. 6—8. — Schatt. Wd., Mergenthau, Deuringen.

Triodia. *R. Br.* Dreizahn.

992. T. decumbens. *L.* Niederliegender D. Rispe
ährenähnl. Hüllsp. bauchig gewölbt, mit starkem Mittelnerv, alle
Decksp. umschließend. H. ¹/₂—1′ h. 8. — Lützelbg., v. Frdbg.
gegen die Paar.

Melica. *L.* Perlgras.

993. M. nutans. *L.* Nickendes P. Aehrch. zu 3–5, ge-
stielt, vk. eif., 2blth., nebst einem großen keulenf. Ansatz blüthenloser
Sp. Decksp. ungewimpert. Rispe zsgezogen, traubig; Spindel rückw.
f. scharf. 5. 6. — Wd., Auen.

Briza. *L.* Zittergras.

994. B. media. *L.* Mittl. Z. Rispe ausgebreitet, einseitig.
Aehrch. rundl. hzf., mehrblth., auf f. dünnen, rückw. schärfl. Stielen.
Spelzen wehrlos. H. 1—2′ h. 6. 7. — Wf.

Glyceria. *R. Br.* Süßgras.

A. Decksp. deutl. 7nervig. WStock kriechend. WScheiben der ganzen Länge
nach geschlossen.

995. G. spectabilis. *M. & K.* Ansehnl. S. H. aufr., 4—
7′ h. Rispe gleichmäß. ausgebreitet, aufr., f. ästig. Aehrch. längl.
o. lineal längl., 4—7blth. 6. 7. — Im Wasser, Grb. a. d. Wertach,
Aach, Stadtgrb.

996. G. fluitans. *R. Br.* Fluthendes S. H. aufsteigend,
1—2′ h. Rispe deutl. einseitig; unt. Aeste meist zu 2. Aehrch.
walzenf., 7—11blth., an die Aeste angedrückt. Decksp. längl. lz.,
spitz o. spitzl. 6. 7. — Grb., Smpf.

B. Decksp. schwach-5nervig. W. faserig. WScheiden nur am Grund geschlossen.

997. G. distans. *Whlbg.* Abstehendes S. Rispe später
gleichmäß. abstehend. Aehrch. 4—6blth. Blth. eif. längl., stumpf.
H. ¹/₂—1′ h. 6. — Lechdamm gegen d. Wolfszahn, am Hallgebäude.

C. Decksp. mit 3 hervortretenden Nerven. W. mit Auslf. kriechend.

998. G. aquatica. *Presl.* Wasser-S. Rispe ausgebreitet.
Aehrch. lineal, meist 2blth. Blth. längl., stumpf. 6. 7. — Grb.
im Schmutterth., b. Statzling.

Poa. *L.* Rispengras.

A. Unt. Decksp. mit 3 f. schwachen Nerven.
  a. W. faserig.
    A. Einjährig. Rispe einseitswendig, abstehend.

999. P. annua. *L.* Einjähriges R. H. zsgedrückt, ¹/₄
—1′ h. Aehrch. längl. eif., 3—8blth. 3—9. — Gartenland, Wf.,
Straßen.

B. Ausbauernd. Rispe ausgebreitet.

1000. P. bulbosa. *L.* Zwiebeliges R. H. am Grund
zwiebelartig verdickt, ³/₄—1' h. Aehrch. längl. Iz., mit einer häufigen,
sich Ig. hervorziehenden, Wolle zshängend, 4—6bth. 5. 6. — Nur
die Var. β vivipara (Bth. in blattige Knospen verwandelt) auf Wf.
an der Einmündung des Fußwegs in die Straße nach Mühlhf.

1001. P. alpina. *L.* Alpen-R. Blühende Halme (1' h.)
nebst den Büscheln am Grund v. gemeinschaftl. Scheiden eingeschlossen. Unt. Bhäutch. kurz, abgestutzt; ob. längl., spitz. Aehrch.
4—10bth. 6. — Kiesbänke des Lech.

1002. P. nemoralis. *L.* Hain-R. H. stielrund, bis über
die Mitte beblättert, 1—3' h. Bhäutch. s. kurz, fast fehlend. Aehrch.
2—5bth. 6. 7. — Trk. Laubw.

b. W. kriechend u. Auslf. treibend.

1003. P. compressa. *L.* Zsgedrücktes R. H. 2schneidig
zsgedrückt, ½—1¹/₂' h. Bhäutch. kurz, gestutzt. Aehrch. 4—9bth.
6. 7. — Abhg., Trft., Mauern; zw. Scherneck u. Au; Franzosenwall.

B. Unt. Decksp. mit 3 deutl. hervortretenden Nerven.

a. W. faserig o. s. kurz auslaufend.

1004. P. sudetica. *Hänke.* Sudeten-R. Bhäutch. kurz.
Unfruchtb. Büschel 2zeilig, flach zsgedrückt. Aehrch. 3—4bth. H.
1—3' h., dichte Rasen bildend. 6. — Fcht Wbthal zw. Deuringen
und Diedorf.

1005. P. trivialis. *L.* Gem. R. Bhäutch. b. ob. BScheiden
vorgezogen, längl, spitz. H. u. die etwas zsgedrückten BScheiden
rauh, 1—3' h. Aehrch. meist 3bth. 6. 7. — Fchte Wf.

b. W. mit lg. Auslf. weit umher kriechend.

1006. P. pratensis. *L.* Wiesen-R. Bhäutch. kurz, abgestumpft. H. 1—2' h., glatt. Aehrch. meist 5bth. 5. 6. — Wf.

Cynosurus. *L.* Kammgras.

1007. C. cristatus. *L.* Gem. K. Rispe ährenähnl., deutl.
einseitig. Aehrch. mehrbth. H. 1—2' h. 6. — Raine, Wf., Wd.

Dactylis. *L.* Knäulgras.

1008. D. glomerata. *L.* Gem. K. Rispe an 3kant. Spindel
2zeilig, deutl. einseitig gelappt. Aehrch. längl., meist 5bth. Decksp.
5nervig, auf der äuß. Seite gewölbt. 6. 7. — Wf.

Festuca. *L.* Schwingel.

Rispenäste fädl., unt. b. Aehrch. nur wenig verdickt. B. in
der Knospe u. größtentheils auch nach der Entwicklung einfach zsgefaltet, borstenartig v. fadenf.

A. BHäutch. 2öhrig. B. alle zsgefaltet, säbl. o. die halmst. flach.

1009. F. ovina. *L.* Schaf=Sch. W. faserig, dichte Rasen bildend. B. borstl. Rispe aufr., mit abstehenden Aesten. H. 1/2 —1½' h. 5. 6. — Wf, Weiden, Trft.

1010. F. heterophylla. *Lam.* Verschiedenblättr. Sch. W. wie vor. WB. borstl., HalmB. flach. Rispe schlaff, gewöhnl. überhängend. H. 2—4' h. 7. — Auen zw. St. Stephan u. Aach.

1011. F. rubra. *L.* Rother Schw. W. kriechend, Auslf. treibend, lockere Rasen bildend. WB. borstl., HalmB. flach. Rispe aufr. mit abstehenden Aesten. H. 1—2' h. 5. 6. — Wf., Raine, Rosenauberg.

B. BHäutch. nicht 2öhrig. B. meist flach. Rispe ausgebreitet o. etwas zsgezogen.

a. Frkn. an der Spitze behaart.

1012. F. sylvatica. *Vill.* Wald=Sch. Rispe aufr., mit abstehenden Aesten. B. steif. H. 1—2' h. 7. — Siebentischwd.

b. Frkn. kahl.

A. Decksp. unt. d. Spitze lg. begrannt.

1013. F. gigantea. *Vill.* Riesen=Sch. Rispe mit schlaff überhängenden Aesten. B. flach. BHäutch. kurz. H. 2 — 5' h. 6. 7. — Wb.; Scherneck, Wulfertshf., Hammel.

B. Decksp. wehrlos, o. selten f. kurz begrannt.

1014. F. arundinacea. *Schreb.* Rohrartiger Sch. Rispe ausgebreitet, überhängend. Aeste mit 5—15 Aehrch. H. 2—5' h. 6. — Obsch. d. Flußuf., Wd.

1015. F. elatior. *L.* Hoher Sch. Rispe etwas zsgezogen, während der BthZeit abstehend. Aeste mit 1—4 Aehrch. H. 1— 2' h. 6. 7. — Wf.

Koeleria. *Pers.* Kölerie.

1016. K. cristata. *Pers.* Kammf. K. Rispe gleichseitig, zsgezogen, fast ährenf. Spelzen gekielt. Unt. Decksp. zugespitzt, wehrlos o. stachelspitzig. H. 1—3' h. 6. 7. — Trf. Hügel, Weiden, Wld.

Bromus. *L.* Trespe.

A. Hüllsp. ungleich, die unt. f. klein, 1nervig, die ob. größer, 3nervig. Unt. Decksp. gekielt, 2sp. o. 2zähn.; obere 2tielig.

a. Aehrch. lg. begrannt. Ob. Decksp. auf den Rinnen rauhh. Aehrch. obw. breiter.

1017. B. sterilis. *L.* Taube T. H. kahl (1½—2½' h). Granne lgr. als die Spelze. Rispe locker, aufr., zuletzt überhängend. 6—8. — Schutt, Mauern.

1018. B. tectorum. *L.* Dach=T. H. obw. weichh. (1—2' h.).

Granne so lg. als die Spelze. Rispe einſeitswendig, nickend, mit
überhäng. Aeſten. 5. 6. — Raine zw. Mühlhf. u. Bergen.

b. Aehrch. kürzer begrannt, nach der Spitze hin ſchmäler. Ob. Deckſp.
am Rand f. kurz weichh. gewimpert.

1019. **B. erectus.** *Huds.* Aufr. T. Rispe aufr., gleichm.
ausgebreitet. Unt. B. gewimpert; BScheiden gewimpert o. kahl. H.
1—2½′ h. 5. 6. — Waldwſ., Gbſch.

1020. **B. asper.** *Murr.* Rauhe T. Rispe äſtig, ſchlaff
überhäng. BScheiden u. B. kurz ſteifh. H. 3—6′ h., rauhh. 6. 7.
— Wd.; Hammel, v. Friedbg. bis Scherneck.

B. Hüllſp. faſt gleich, die unt. ein wenig kleiner, 3—5—7nervig, die ob.
7—9nervig. Unt. Deckſp. längl., halbwalzl.; ob. Deckſp. ſtumpf, 2rinnig,
gewimpert.

1021. **B. secalinus.** *L.* Roggen=T. BScheiden kahl. Unt.
Spelze 7nervig, am Rand abgerundet, ſo lg. als die ob. Rispe
aufr. mit abſteh. Aeſten, nach d. BthZeit überhäng. H. 1—3′ h.
6. 7. — Af. unt. d. Saat.

1022. **B. racemosus.** *L.* Traubige T. B. u. unt. Scheiden
beh. Deckſp. an d. Seitenrändern abgerundet. Rispe aufr., nach d.
BthZeit zſgezogen o. etwas nickend. H. 2—3′ h. 6. — Wf. u.
Raine, Wöllenbg.

1023. **B. mollis.** *L.* Weiche T. B. u. BScheiden weichh.
Aehrch. eif. ellipt. Deckſp. genähert, breit ellipt. Rispe aufr. mit
abſteh., weichh. Aeſten, nach d. BthZeit dicht zſgezogen u. übhäng.
H. 1—2′ h. 5. 6. . — Wſ, an Wg.

1024. **B. arvensis.** *L.* Acker=T. B. u. BScheiden weichh.
Aehrch. lineal=lz. Granne gerade vorgeſtreckt, oft auſw. gebogen,
aber nicht gedreht. Rispe abſteh., bei d. Fruchtreife etwas überhäng.
H. 1—2′ h. 6. — Af. unt. d. Saat.

Brachypodium. *Beauv.* Zwenke.

1025. **B. sylvaticum.** *Beauv.* Wald=Z. W. faſerig. Aehre
einfach, meiſt überhäng. Grannen v. ob. Bth. lgr. als d. Spelze. H.
2—4′ h. 7. — Wd. zw. Friedbg. u. Scherneck; Straßbg.

1026. **B. pinnatum.** *Beauv.* Gefiederte Z. WStock kriechend.
Aehre meiſt. 2zeilig, überhäng. Grannen kürzer als die Spelze. H.
2—3½′ h. 6. 7. — Wd., Heiden.

Triticum. · *L.* Weizen.

A. Echter Weizen. Aehre deutl. 4kantig mit bleibender o. zerfallender
Spindel. Aehrch. armbth., ſitzend, locker deckend, bauchig o. zſgedrückt. ·
Deckſp. eif., längl., ſelten längl. lz. Cultiv.

a. Reife Karyopſe den Spelzen nicht anhängend, zuletzt herausfallend.

1027. **T. vulgaro.** *Vill.* Gem. W. Hüllſp. ungefähr ſo lg.
als die Deckſp., eif., obw. zſgedrückt gekielt, geſtutzt, unt. d. Spitze

ſtachelſpitzig o. begrannt. Aehre 4kantig; Aehrch. 4bth., 2 o. 3 Bth. fruchtbar. 6. 7.

b. Karyopſe eng v. d. Spelzen umſchloſſen, b. b. Reiſe nicht herausfallend.

A. Mit Gipfelährch.

1028. T. Spelta. *L.* Dinkel, Spelt, Kern. Hüllſp. breit eif., abgeſtutzt, 2zähnig, der vorb. Zahn ſchwach. Aehre undeutl. 4kantig; Aehrch. bbrf. etwas gewölbt, zuletzt mit ihrem Spindelglied abfall. 6. 7.

B. Ohne Gipfelährch.

1029. T. monococcum. *L.* Einkorn. Hüllſp. mit 3 ſpitzen, geraden Zähnen. Aehre zſgedrückt; Aehrch. 3bth., nur die unt. Bth. fruchtb. 8. — Bei d. Haunſtetter Bleiche.

B. Hundsweizen. Spindel der Aehre bleibend. Aehrch. ſchlank, mehrbth., eins gipfelſt. Deckſp. lz., ſelten lz. längl. Karyopſe den Spelzen anhäng. Ausd., wildwachſ.

1030. T. repens. *L.* Quecke. WStock kriechend. B. obſ. rauh. Aehrch. mit ſcharfer Spindel. Aehre 2zeilig. H. 2—4' h. 6—8. — Ak., Hecken.

1031. T. caninum. *Schreb.* Hundsweizen. W. faſerig. B. bbrf. rauh. Aehrch. mit zottiger Spindel. Aehre 2zeilig. H. 1—3' h. 7. — Gbſch.; Siebentiſchw., am Anhauſer Bach.

Secale. *L.* Roggen.

1032. S. cereale. *L.* Gem. R. Die 2 ſcharfgekielten, gleichlangen Hüllſp. etwas kürzer als die 2 ſcharfgekielten, gewimperten Deckſp. Karyopſe den Sp. nicht anhäng. Spindel zäh. H. 4—7' h. 5. 6. — Cult.

Lolium. *L.* Lolch.

A. Ausd., mit überwinternden, im flg. Jahre ährentragenden WBüſcheln. Deckſp. lz., krautig.

1033. L. perenne. *L.* Ausbauernder L., engliſch Raygras. B. in der Knoſpe einfach geſalzt. Aehrch. 1½mal ſo lg. als die Hüllſp., zur BthZeit nicht abſteh. Deckſp. ſtumpf o. ſpitz. H. 1 —2' h. 6—9. — Wſ., Weiden.

B. Einj., ohne überwint. WBüſchel. Deckſp. längl., am Grund knorpelig. Knoſpende B. gerollt.

1034. L. temulentum. *L.* Taumel-L. Hüllſp. ſo lg. u. lgr. als das Aehrch., mehr o. weniger begrannt. H. 1—3' h. 6. 7. — Ak. unt. d. Saat; b. prot. Gottesacker; zw. Bergh. u. Banacker.

1035. L. arvense. *Schrad.* Acker-L. Hüllſp. halb ſo lg. als das Aehrch., kurz begrannt o. unbegrannt. H. 1—2' h. 6. 7. — Leinäcker b. Stadtbergen.

Hordeum. *L.* Gerſte.

A. **Saatgerſte.** Bth. alle zwitterig o. die ſeitenſt. nur mit Stbgf. u. dieſe immer wehrlos. Cult.

    a. Aehre mehr o. weniger deutlich 6kantig.   .

    1036. H. vulgare. *L.* Gem. G. Aehre nickend, zſgedrückt 6kantig; mittl. Aehrch. entfernter, anliegend; die ſeitl. gedrängter, abſteh., ſo daß auf jeder Seite nur 2 Reihen fruchttragender Aehren deutl. hervortreten. Deckſp. lg. begrannt. 5. 6.

    1037. H. hexastichon. *L.* Sechszeilige G. Aehre aufr., deutl. 6kantig, weil alle Aehrch. 6 gleiche Reihen bilden. 5. 6.

    b. Aehre zſgedrückt.

    1038. H. distichon. *L.* Zweizeil. G. Alle Aehrch. an-liegend, das mittlere zwitterig, eif., begrannt; die ſeitenſt. nur mit Stbgf., lineal, wehrlos. 5. 6.

B. **Mäuſegerſte.** Aehrch. alle begrannt. Wildwachſ.

    1039. H. murinum. *L.* Mäuſe-G. Hüllſp. des mittl. Aehrch. lineal=lz., bewimpert. H. ½—1¼' h., raſenf. 7. 8. — An Wg., Mauern.

Elymus. *L.* Haargras.

    1040. E. europaeus. *L.* Gem. H. Aehrch. 2bth., o. 1bth. mit dem Anſatz einer 2ten, in der Mitte der Aehre zu dreien. Hüllſp. gerade, begrannt; unt. Deckſp. lg. begrannt. B. beiderſ. kahl. H. 2—4' h. 8. — Wbrand b. Mühlhf.

Nardus. *L.* Borſtengras.

    1041. N. stricta. *L.* Steifes B. Aehre 3ſeitig, nur auf 2 genäherten Seiten mit Aehrch. beſetzt. Aehrch. ſitzend, walzig. B. borſtenartig. H. ½—1' h. Dichte Raſen bildend. 5. 6. — Fcht. Wb. hinter Banacker; Leitershf., Luiſensruh, Kobel, Lohwäldchen.

Nachträge.

1) Mai. Nach 196. Gelbgrün. Alchemilla arvensis. *Scop.*
Acker=Fr. Stgl. fadenf., ästig, 2 — 4" h. B. handf. 3fp., am
Grund keilig, Zipfel vorn 3 — 5zähnig. Bth. bwinkelst., geknäuelt.
— Ak., Rosenauberg.

2) Mai. Nach 236. Blaßgrün, an der Spitze, wie die Stbf.,
lila. Thalictrum aquilegifolium. *L.* Akeleiblättr. Wiesen=
raute. K. fast blumenblattig, 4—5b. Bkr. fehlt. Stbf. zahlreich.
Rispe fast ebensträußig. Veräftlungen des BStiels mit Nb. Fr.
nußartig, 3kantig, glatt. — Obsch. u. Wbränder b. Lechauen, Sieben=
tischw., zw. Lechhf. u. Gerfthofen. — Ranunculaceen.

3) Mai. Nach 258. Rosenroth. Pedicularis palustris. *L.*
Sumpf=L. Stgl. 1' h., aufr., v. Grund an ästig. B. gefiedert,
Fiedern kleinlappig. K. 2lappig mit eingeschnitten gezähnten, krausen
Lappen. — Smpfwf., fcht. Flußuf.

4) Juni. Nach 350. Violett o. bläul. Medicago sativa. *L.*
Gebauter Schneckenklee. Stgl. aufr., 1—2' h. Blättch. aus=
gerandet, stachelspitzig; die der unt. B. längl. vk. eif., die der ob.
lineal keilig. BthStielch. kürzer als der K. u. das Deckb. Trb.
reichbth., längl. Hülsen wehrlos, fchneckenf, 2 — 3mal gewunden.
— Cult., auf Wf. u. an Flußuf. verwildert.

5) Juni. Nach 462. Grünl. weiß. Lithospermum officinale.
L. Gem. Steinsame. Stgl. 1—2' h, f. äftig. B. lz., f. rauh.
Nüffe glatt, weißl., glänzend. — Obsch. d. Flußuf. — Boragineen.

6) Juli. Nach 546. Gelbl. weiß. Astragalus glycyphyllos.
L. Süßholzb. Tragant. Stgl. niederliegend, 3—4' lg., fast
kahl. B. 5—6nervig; Blättch. eif. BthTraube eif. längl., mit b.
Stiele kürzer als das B. Aehren eif. längl. Hülsen lineal, fast
3kantig, gebogen, kahl, aufr., zuletzt zffchließend. — Wd., Hf., Ak.
bef. d. Wbränder der öftl. Höhen.

7) Juli. Nach 647. Violett. Scutellaria hastifolia. *L.*
Spießb. Helmkraut. Stgl. $\frac{1}{2}$—1' h. B. längl. lz., am Grund
bbrf. 1—2zähn., fast spießf. Bth. bwinkelst., gegenft., einerseits=
wendig, fast traubig. K. drüslg flaumig. BkrRöhre am Grund fast
rechtwinklig gekrümmt, vielmal länger als der K. — Fcht. Obsch.,
Flußuf., Wolfszahn, Meringerau.

8) Juli. Nach 685. Euphorbia platyphyllos. *L.* Breitb.
Wolfsmilch. Stgl. 1—2' h. B. lz., nach vorn etwas breiter,
spitz, von der Mitte an ungleich kleingesägt, mit hzf. Grund sitzend;
unt. vk. eif. Dolden 3—5fp. Aefte 3gabelig. Drüsen ganz. Kapsel
warzig, fast halbkugelig. S. glatt. — Lichte Wbstellen b. Anwalding,
Gerfthofen.

22

Alphabetisches Verzeichniß

der botanischen Gattungs- und Arten-Namen.